全国高等院校计算机职业技能应用规划教材

中小企业网络运营与维护教程

主　编　施吉鸣

副主编　张选波　陈俞强

中国人民大学出版社

·北京·

前　言

本书是作者长期在高等职业院校计算机网络专业教学实践中的教学教改成果积累和从事网络工程项目过程中的工程项目经验结晶。

本书中设计的项目取材于真实企业园区网络建设工程项目，是针对中小型网络运营与维护中涉及的技术，精选真实网络工程项目案例加以提炼和虚化而来的。

本书以“基于工作过程的高职项目课程体系”为指导，按照基于工作过程的项目化课程的教学模式编写。

本书以网络工程项目实践为主线，注重理论联系实际，配有大量的图解，并有相应的练习以激发读者对问题的进一步思考。每个项目都分解为若干任务完成，在每次项目任务的准备阶段都有需求分析、方案设计和相关知识作为铺垫，项目任务实施过程和步骤描述详尽，还配有项目任务的测试验收方法，符合工程项目组织实施的一般规律。

本书主要内容包括小型企业网络组建、中型企业网络组建、中小企业互联网接入、中小企业网络互联、中小企业网络安全等5个章节。小型网络组建项目包括对等网络组建、办公网络组建和无线网络组建任务；中型网络组建项目包括企业间网络连接、企业间网络隔离和企业间网络互通任务；互联网接入项目包括ADSL接入互联网、代理服务器接入互联网和光纤专线接入互联网任务；网络互联项目包括静态路由实现网络互联、RIP路由实现网络互联和OSPF路由实现网络互联任务；网络安全项目包括服务器和客户端的安全保障、交换机的安全配置和企业园区网络出口的安全设置任务。

本书从实用性、易用性出发，突出重点、内容丰富、语言通俗易懂。通过完整的工程项目训练，读者可以掌握中小型企业网络运维和管理中的各种网络技术，包括中小型企业网络方案设计，交换机、路由器等网络设备的配置和管理技术，常用的网络工具使用方法，网络的故障诊断与维护等技术。

本书适于高等职业院校计算机专业及相关专业使用，也可作为在职人员培训、网络管理员学习和提高以及计算机网络爱好者自学的教材。

本书配套的实验环境的设备选型主要以锐捷产品为主。

本书在编写过程中聘请星网锐捷网络有限公司教育行业部锐捷网络全国技能竞赛技术总监、实验室教学咨询组经理、锐捷网络大学教育研究院经理、资深高级讲师、高级课程开发师张选波和东莞职业技术学院陈俞强老师作为本书的副主编。宁波开发数字科技园网络中心沈德孟工程师参与了本书的编写工作。

为了方便教学，本书配有电子课件，相关教学资源请登录www.crup.com.cn/jiaoyu免费下载。

编　者

目　录

第1章　小型企业网络组建项目

小型企业网络通常是指那些在一个较小的区域内组成的规模较小的计算机网络。小型企业网络属于局域网（Local Area Network，LAN）范畴。

按照定义，局域网是指在某一区域内由多台计算机互联成的计算机组。“某一区域”可以是同一办公室、同一建筑物、同一企业和同一园区等，一般是方圆几千米以内。局域网可以实现文件管理、应用软件共享、打印机共享、工作组内的日程安排、电子邮件和实时通信服务等功能。局域网是封闭型的，可以由企业办公室内的若干台计算机组成，也可以由一个园区内的上千台计算机组成。

一个小型企业办公网络就是最常见的小型网络。这种常见的网络形式，可能会存在于一个房间，或出现在一个办公区域、一个家庭或者一个网吧，甚至是一个楼层内部，如图1—1所示。小型企业网络同样也具有复杂网络所具有的各种关键应用技术。

图1—1　一个小型企业办公网络环境

我们把本项目分解成对等网络组建、办公网络组建和无线网络组建等三个任务来完成。在项目的全部任务的实施过程中，我们要学习为一个企业组建小型办公网络，以实现企业办公室内部的信息共享和协同工作，提供全方位的无纸化办公环境。

在项目任务的实施过程中，可以接触到网络的常见应用技术，熟悉组建小型企业网络的方法。

1.1 对等网络组建任务

教学重点：

运用网络设备的连接、IP 地址配置、资源共享配置和 ICS 的设置等技术组建企业小型网络。

教学难点：

IP 地址配置、ICS 的设置。

1.1.1 应用环境

这是某企业园区内一家刚创业成立的公司，使用的计算机只有两台。为了工作上的方便，公司打算组网让两台计算机共享资源和接入 Internet（互联网）。

网络中每台计算机的地位平等，网络中每台计算机无主从之分，都有同等的地位。

允许使用其他计算机内部资源。任一台计算机都可以设定共享资源供网络中其他计算机使用，又可以共享其他计算机中的资源和接入 Internet。

1.1.2 需求分析

把分散的两台计算机连接起来，可以使用交叉网线（即交叉双绞线）连接，形成双机互联网络。

共享网络软硬件资源，包括共享打印机、共享文件夹和共享上网。

在两台计算机的环境下，可以让其中一台计算机采用双网卡连接，通过 ICS 或者 CCProxy 等共享软件实现 Internet 共享。计算机较多的小型网络也可以采用交换机结合路由器接入 Internet。

1.1.3 方案设计

计算机网络，是指将地理位置不同的具有独立功能的多台计算机及其外部设备，通过通信线路连接起来，在网络操作系统、网络管理软件及网络通信协议的管理和协调下，实现资源共享和信息传递的计算机系统。

最庞大的计算机网络就是 Internet。它由非常多的计算机网络通过许多路由器互联而成。而最简单的计算机网络就只有两台计算机和连接它们的一条链路，即两个结点和一条链路了。

为了满足公司计算机共享软硬件资源和共享上网的需求，可以组建在一间办公室内的对等网络。组建对等网络的过程中，要确定网络的拓扑结构，选择合适的传输介质，进行硬件连接，设置资源共享。

方案中的双机互联网络，如图 1—2 所示。双机互联网络同样具有所有完整网络必须具有的组成部分：网络通信介质和网络设备。

需要使用双绞线把公司的两台计算机连接起来。其中的一台计算机配置和启用 ICS 服务。这台计算机需要安装两块网卡，一块用于内部网络的连接，另一块用于同 Internet 接入设备——路由器——的连接。

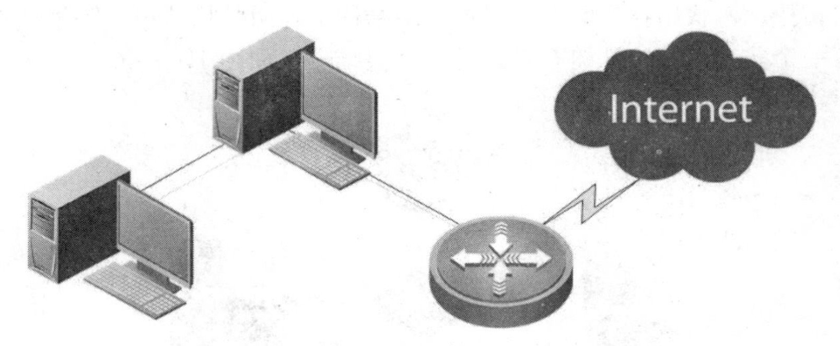

图 1—2　两台计算机互联和接入 Internet

ICS 是 Windows 系统针对小型网络或家庭网络提供的一种 Internet 连接共享服务。ICS 允许网络中有一台电脑通过接入设备接入 Internet，通过启用这台电脑上的 ICS 服务，网络中的其他电脑就可以共享这个连接来访问 Internet 的资源。

内部网络中通过 ICS 访问 Internet 的电脑不能使用静态的 IP 地址，必须由 ICS 电脑的 DHCP 服务器进行配置，每一台客户机在启动时，IP 地址被指定在 192.168.0.2 到 192.168.0.254 的范围内，子网掩码为 255.255.255.0。

1.1.4　相关知识：计算机网络的概念、组成和分类

1. 计算机网络的概念

计算机网络是利用通信设备和线路将地理位置不同的、功能独立的多个计算机系统互联起来，以功能完善的网络软件即网络通信协议、信息交换方式及网络操作系统等实现网络中资源共享和信息传递的系统。它的最主要的功能表现在两个方面：一是实现资源共享，包括硬件资源和软件资源的共享；二是在用户之间交换信息。计算机网络的作用是不仅使分散在网络各处的计算机能共享网上的所有资源，并且为用户提供强有力的通信手段和尽可能完善的服务。

2. 网络的组成和分类

计算机网络通常由三个部分组成：它们是资源子网、通信子网和通信协议。所谓通信子网就是计算机网络中负责数据通信的部分；资源子网是计算机网络中面向用户的部分，负责全网络面向应用的数据处理工作；而通信双方必须共同遵守的规则和约定就称为通信协议，它的存在与否是计算机网络与一般计算机互联系统的根本区别。从这个意义上说，计算机网络是计算机技术和通信技术发展的产物。

按计算机网络覆盖的地理范围的大小，一般分为广域网和局域网，也有的划分再增加一个城域网。顾名思义，所谓广域网就是地理上距离较远的网络连接形式，例如著名的 Internet 就是典型的广域网。而一个局域网的范围通常不超过 10 千米，并且经常限于一个单一的建筑物或一组相距很近的建筑物。企业的办公网络和园区网络都属于局域网范畴。

3. 组成局域网的基本设备及其连接方式

构成任何一个简单局域网，必须有基本的网络设备，组成构件一般有：服务器、客户机、交换机、路由器、网卡、RJ45 接口、网线等网络设备和材料。

网络的连接形式有很多种，主要有星状、树状、总线、环状、网状等拓扑结构。

星状拓扑把所有的计算机都连接到一个交换机上。如果把星状拓扑进一步发展和补充，

就发展为树状拓扑。树状拓扑实际上是一种分层结构，在树状拓扑中，除根结点外的每个结点都有且只有一个父结点，整株树有且只有一个根结点，如图 1—3 所示。

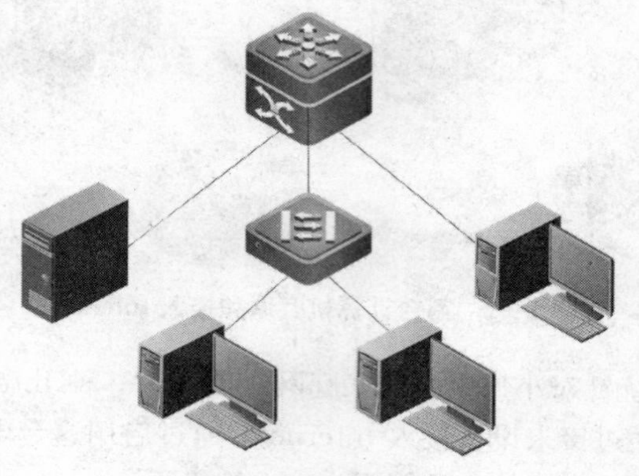

图 1—3　树状拓扑

树状拓扑是常见的局域网连接形式，它适用于分支管理和控制的网络系统。易于扩展、易于隔离故障是树状拓扑的优点。树状拓扑的缺点与星状拓扑类似：若根结点出现故障，会引起全网不能正常工作；父结点故障，则其下属的所有子结点之间的联系将全部中断。

1.1.5　相关知识：服务器和客户机

计算机是网络中必不可少的基本设备，网络的核心就是计算机。网络中的计算机一般可分为服务器和客户机两类。

1. 服务器

网络中的服务器实际上就是一台高性能计算机，大多数时候服务器是网络的核心，当然简单的对等网络没有服务器。

作为网络的核心结点，服务器承担了网络 80%信息的存储和处理。根据在网络中所承担的功能和服务的不同，网络服务器又可分为文件服务器、邮件服务器、域名服务器、打印机服务器、数据库服务器、实时通信服务器等不同类型。

网络服务器的硬件设备与普通计算机相似，也由处理器、硬盘、内存、总线等组成。一些简单的网络就使用普通的 PC 来承担服务器工作，但更多复杂的网络中需要使用专用的服务器，一般是针对具体的网络应用定制的，因而它与微机在处理能力、稳定性、可靠性、安全性、可扩展性、可管理性等方面存在很大差异。

随着人们对网络的数据处理能力、安全性等要求越来越高，对网络中服务器的要求也提出了更高的要求。

专用网络服务器与普通 PC 的主要区别在于：专用服务器具有更好的安全性和可靠性，更加注重系统的数据吞吐能力，采用了双电源、热插拔、SCSI RAID 硬盘等技术，当然价格也比较昂贵，如图 1—4 所示。

2. 客户机

网络中服务器之外的计算机也称为客户机，一般使用普通的 PC 承担。客户机既可以从网络服务器上获得提供的服务，也可以共享网络服务器上的文件、打印机和其他资源。

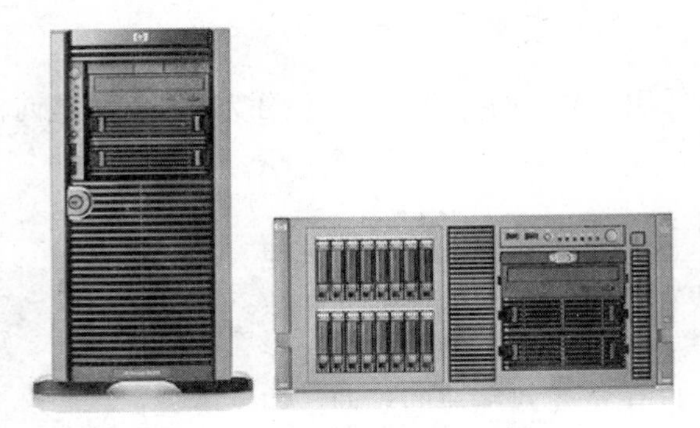

图 1—4　网络专用服务器

1.1.6　相关知识：网卡与 MAC 地址

1. 网卡

网卡又称网络适配器或网络接口卡（NIC），集成在计算机主板或插在计算机主板插槽中。网卡的作用是将计算机处理的数据转换为能够通过介质传输的信号。

网卡由驱动程序和硬件两部分组成。驱动程序使网卡和网络操作系统兼容，实现 PC 与网络的通信，支持硬件通过数据总线实现 PC 和网卡之间的通信。在网络中，如果一台计算机没有网卡，或者没有安装驱动程序，那么这台计算机将不能和其计算机通信。

2. MAC 地址

每块网卡都由唯一的 MAC 地址进行标识。MAC 地址也叫做物理地址，用于区别不同的计算机。MAC 地址由 48 位二进制数组成，通常分为 6 段，一般用十六进制数表示，如 00-16-36-FC-52-3C。

对于 Windows XP 操作系统，在“开始”菜单中选择“运行”命令，在“运行”窗口中输入“cmd”命令，转到命令行操作环境，输入显示机器 TCP/IP 设置值的命令“ipconfig/all”，可以查到该机器网卡的 MAC 地址，如图 1—5 所示。

```
C:\WINDOWS\system32\cmd.exe
        Description . . . . . . . . . . . : VMware Virtual Ethernet Adapter for
VMnet1
        Physical Address. . . . . . . . . : 00-50-56-C0-00-01
        Dhcp Enabled. . . . . . . . . . . : No
        IP Address. . . . . . . . . . . . : 192.168.128.1
        Subnet Mask . . . . . . . . . . . : 255.255.255.0
        Default Gateway . . . . . . . . . :

Ethernet adapter 本地连接:

        Connection-specific DNS Suffix  . : domain
        Description . . . . . . . . . . . : Marvell Yukon 88E8038 PCI-E Fast Eth
ernet Controller
        Physical Address. . . . . . . . . : 00-16-36-FC-52-3C
        Dhcp Enabled. . . . . . . . . . . : Yes
        Autoconfiguration Enabled . . . . : Yes
        IP Address. . . . . . . . . . . . : 192.168.1.109
        Subnet Mask . . . . . . . . . . . : 255.255.255.0
        Default Gateway . . . . . . . . . : 192.168.1.1
        DHCP Server . . . . . . . . . . . : 192.168.1.1
        DNS Servers . . . . . . . . . . . : 221.12.33.227
                                            221.12.1.227
        Lease Obtained. . . . . . . . . . : 2009年10月4日 15:40:21
        Lease Expires . . . . . . . . . . : 2009年10月4日 17:40:21
```

图 1—5　计算机 TCP/IP 设置值中包含网卡的 MAC 地址

1.1.7 相关知识：传输介质

在网络中，传输介质用于连接网络设备，一般分为有线和无线两种，常用的有线介质有双绞线和光缆。

1. 双绞线

双绞线是局域网中最常用的传输介质，与其他传输介质相比，双绞线在传输距离、信道宽度和数据传输速度等方面均受到一定限制，但是因为其安装简单、价格低廉，所以还是受到用户的欢迎，如图 1—6 所示。

图 1—6 六类非屏蔽双绞线

双绞线每根线外部包有绝缘层，并使用不同的颜色来标记，互相绝缘的金属导线，按一定密度互相绞在一起，这样使电磁辐射和外部电磁干扰减到最小，因为每一根导线在传输中辐射的电磁波，会被另一根导线上发出的电磁波抵消，扭线越密其抗干扰能力就越强。“双绞线”的名字也由此而来，典型的双绞线有 4 对。

双绞线可分为非屏蔽双绞线（UTP）和屏蔽双绞线（STP），我们平时接触比较多的是非屏蔽双绞线。常见的双绞线有五类线、超五类线、六类线以及最新的七类线。

五类线传输频率为 100MHz，用于语音传输和传输速率为 100Mbps 的数据传输，是较为常用的以太网线缆。超五类线具有衰减小、串扰少、信噪比高、时延误差小等特点，性能得到很大提高。超五类线主要用于千兆以太网（1 000Mbps）。

六类线的传输频率为 1～250MHz，它支持 2 倍于超五类线的带宽。六类线的传输性能远远高于超五类线，适用于传输速率高于 1Gbps 的网络。

七类线是一种 8 芯屏蔽线，每对都有一屏蔽层，8 根芯外还有一个屏蔽层，适用于传输速率高达 10Gbps 的网络。七类线和五类、六类线还有明显的差别，即前者的接口与现在的 RJ45 不兼容，另外七类系统只基于屏蔽电缆，而五类、六类布线系统既可以使用 UTP 也可以使用 STP。

双绞线的最大传输距离为 100 米。

EIA/TIA 的布线标准中规定了两种双绞线的线序 568A 与 568B，如图 1—7 所示。

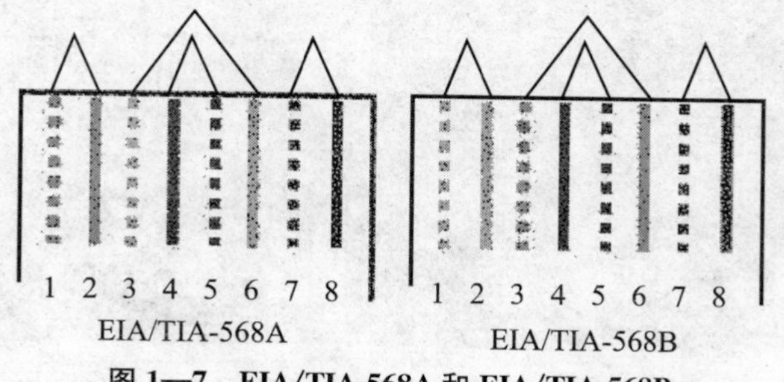

图 1—7 EIA/TIA-568A 和 EIA/TIA-568B

标准 568A：绿白—1，绿—2，橙白—3，蓝—4，蓝白—5，橙—6，棕白—7，棕—8；

标准 568B：橙白—1，橙—2，绿白—3，蓝—4，蓝白—5，绿—6，棕白—7，棕—8。

根据双绞线两端水晶头做法是否相同，制作后的双绞线有直连线和交叉线之分，如图 1—8 所示。

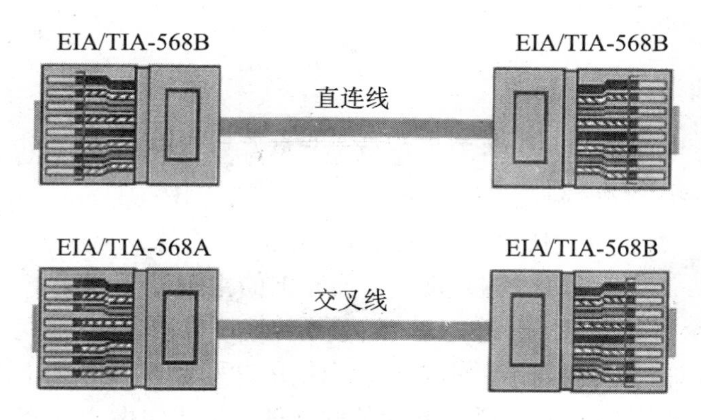

图 1—8　直连线和交叉线

2. 光缆

光纤是光导纤维的简写，是一种利用光在玻璃或塑料制成的纤维中的全反射原理而达成的光传导工具。通常光纤与光缆两个名词会被混淆，多数光纤在使用前必须由几层保护结构包覆，包覆后的缆线即被称为光缆，如图 1—9 所示。

光缆的结构可以分为三层：光纤包层和由橡胶或塑料制成的护套，微细的光纤封装在塑料护套中，使得它能够弯曲而不至于断裂，如图 1—10 所示。

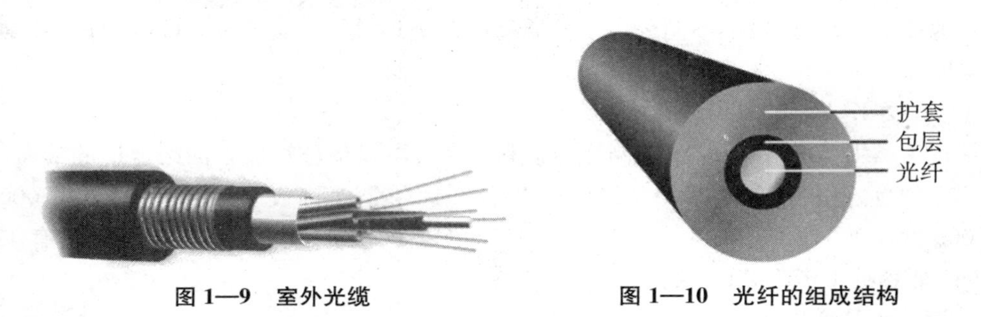

图 1—9　室外光缆　　**图 1—10　光纤的组成结构**

光纤通信是以光波作为信息载体，以光纤作为传输介质的通信方式。通常，光纤的一端的发射装置使用发光二极管或一束激光作为光源，将光源在电脉冲作用下产生的光脉冲传送至光纤，光纤的另一端的接收装置使用光敏元件检测脉冲，当其检测到光脉冲时便可还原出电脉冲。

光缆最大的优点是具有很大的带宽。光束在光纤内传输，不受电磁干扰、传输稳定、质量高，适于高速网络和骨干网。目前光纤被广泛地应用于通信中，在计算机网络的传输介质中占有重要的地位。

3. 无线传输介质

无线传输是指在两个通信设备之间不使用任何物理连接，而是通过空间传输的一种通信技术。无线传输介质主要有无线电波、红外线等。

无线局域网络（Wireless Local Area Networks，WLAN）是局域网络与无线通信技术相结合的产物。它通过无线的方式进行计算机通信，与传统有线局域网相比，WLAN 具有速度快、可移动、易扩展、成本低的特点。近年来，WLAN 得到了快速的发展，成为宽带接入的主要技术之一。

1.1.8 相关知识：IP 地址

IP 是英文 Internet Protocol 的缩写，意思是“网际互联的协议”，也就是为计算机网络相互连接进行通信而设计的协议。IP 协议是著名的 TCP/IP（Transport Control Protocol/Internet Protocol——传输控制协议/网际协议）协议的一部分。

按照 TCP/IP 协议规定，每个连接在 Internet 上的主机需要分配一个 32 位的地址。IP 地址用二进制来表示，每个 IP 地址长 32 位，位换算成字节，就是 4 个字节。为了方便人们的使用，IP 地址经常被写成十进制的形式，中间使用符号“.”分开不同的字节。于是，上面的 IP 地址可以表示为“10.0.0.1”。IP 地址的这种表示法叫做“点分十进制表示法”，这显然比那么长一串的 1 和 0 容易记忆得多。

我们可以指定一台计算机具有多个 IP 地址。另外，通过特定的技术也可以使多台服务器共用一个 IP 地址，这些服务器在用户看起来就像一台主机似的。

1. IP 地址类型

最初设计互联网络时，为了便于寻址以及层次化构造网络，每个 IP 地址包括两个标识码（ID），即网络 ID 和主机 ID。同一个物理网络上的所有主机都使用同一个网络 ID，网络上的一个主机（包括网络上的计算机、服务器和路由器等）有一个主机 ID 与其对应。

IP 地址根据网络 ID 的不同分为 5 种类型，A 类地址、B 类地址、C 类地址、D 类地址和 E 类地址：

（1）A 类 IP 地址。

一个 A 类 IP 地址由 1 字节的网络地址和 3 字节主机地址组成，网络地址的最高位必须是“0”，地址范围 1.0.0.1～126.255.255.254（二进制表示为：00000001 00000000 00000000 00000001～01111110 11111111 11111111 11111110）。可用的 A 类网络有 126 个，每个网络能容纳 1 677 214 个主机。

（2）B 类 IP 地址。

一个 B 类 IP 地址由 2 个字节的网络地址和 2 个字节的主机地址组成，网络地址的最高位必须是“10”，地址范围 128.1.0.1～191.255.255.254（二进制表示为：10000000 00000001 00000000 00000001～10111111 11111111 11111111 11111110）。可用的 B 类网络有 16 384 个，每个网络能容纳 65 534 主机。

（3）C 类 IP 地址。

一个 C 类 IP 地址由 3 字节的网络地址和 1 字节的主机地址组成，网络地址的最高位必须是“110”，地址范围 192.0.1.1～223.255.255.254（二进制表示为：11000000 00000000 00000001 00000001～11011111 11111111 11111110 11111110）。C 类网络可达 2 097 152 个，每个网络能容纳 254 个主机。

（4）D类IP地址。

D类地址用于多点广播（Multicast）。D类IP地址第一个字节以“1110”开始，它是一个专门保留的地址。它并不指向特定的网络，目前这一类地址被用在多点广播（Multicast）中。多点广播地址用来一次寻址一组计算机，它标识共享同一协议的一组计算机。

地址范围224.0.0.1～239.255.255.254。

（5）E类IP地址。

以“1111”开始，E类地址保留，仅作实验和开发用。

2. IP地址掩码

IP地址掩码又称网络地址掩码，是一个32位地址，用于屏蔽IP地址的一部分以区别网络标识和主机标识。地址规划组织委员会规定，用“1”代表网络部分，用“0”代表主机部分。A、B、C三类网络的缺省掩码见表1—1。

表1—1　A、B、C三类网络的缺省掩码

类型	二进制数表示的掩码	点分十进制数表示的掩码
A	11111111 0000000 0000000 00000000	255.0.0.0
B	11111111 11111111 00000000 00000000	255.255.0.0
C	11111111 11111111 11111111 00000000	255.255.255.0

3. 特殊含义的IP地址

（1）广播地址。

TCP/IP协议规定，主机部分各位全为1的IP地址用于广播。所谓广播地址是指同时向网上所有的主机发送报文的地址。如192.168.1.255就是C类地址中的一个广播地址，将信息送到此地址，就是将信息送给网络地址为192.168.1.0的所有主机。全“1”的IP地址255.255.255.255是当前子网的广播地址。

（2）网络地址。

TCP/IP协议规定，主机位全为“0”的网络地址被解释成“本”网络，如192.168.1.0地址。全零0.0.0.0地址指任意网络。

（3）回送地址。

A类网络地址的第一段十进制数为127是一个保留地址，用于网络测试和本地机进程间通信，称为回送地址（Loopback Address）。一旦使用回送地址发送数据，协议软件立即返回信息，不进行任何网络传输。网络地址为127的分组不能出现在任何网络上，只用于本地机进程间测试通信。

（4）私有地址。

公有地址（Public address）由Inter NIC（Internet Network Information Center因特网信息中心）负责。这些IP地址分配给注册并向Inter NIC提出申请的组织机构。通过它直接访问因特网。

私有地址（Private address）属于非注册地址，专门为组织机构内部使用。以下列出的是留用的内部私有地址：

A类：10.0.0.0～10.255.255.255；

B类：172.16.0.0～172.31.255.255；

C类：192.168.0.0～192.168.255.255。

1.1.9 实施过程

1. 双绞线制作

（1）材料准备。

RJ45 插头（俗称水晶头）若干，5 类双绞线若干，压线钳 1 把，测线仪 1 个。

（2）制作步骤。

① 准备好 5 类线、RJ45 插头和一把专用的压线钳，如图 1—11 所示。

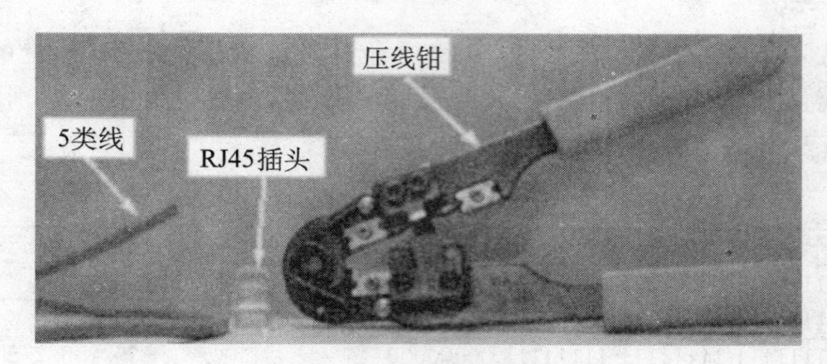

图 1—11 双绞线制作步骤 1

② 用压线钳的剥线刀口将 5 类线的外保护套管划开（小心不要将里面的双绞线的绝缘层划破），刀口距 5 类线的端头至少 2 厘米，如图 1—12 所示。

③ 将划开的外保护套管剥去（旋转、向外抽），如图 1—13 所示。

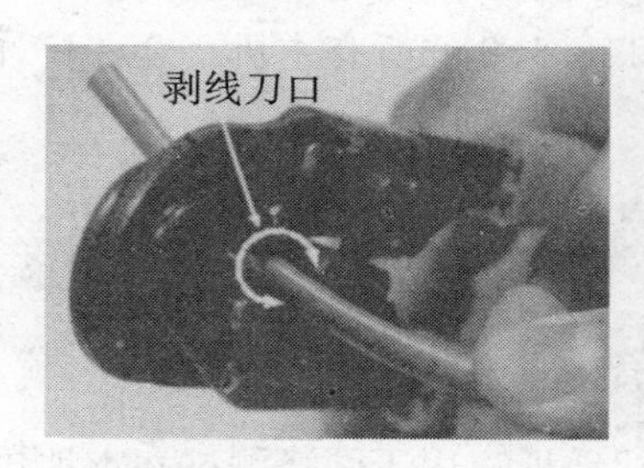

图 1—12 双绞线制作步骤 2

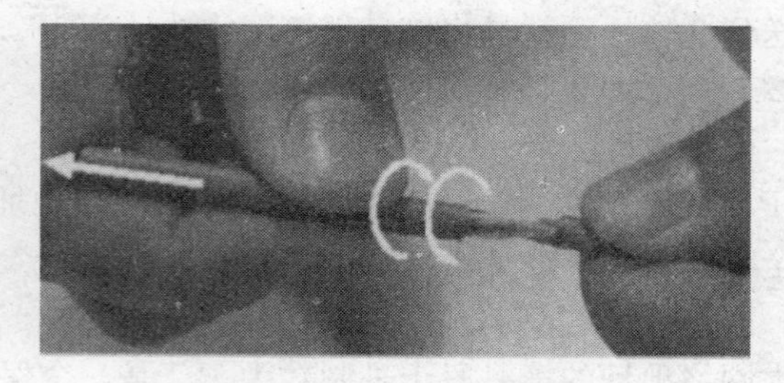

图 1—13 双绞线制作步骤 3

④ 露出 5 类线电缆中的 4 对双绞线，如图 1—14 所示。

⑤ 按照 EIA/TIA-568B 标准和导线颜色将导线按规定的序号排好，如图 1—15 所示。

⑥ 将 8 根导线平坦整齐地平行排列，导线间不留空隙，如图 1—16 所示。

⑦ 准备用压线钳的剪线刀口将 8 根导线剪断，如图 1—17 所示。

⑧ 剪断电缆线。请注意：一定要剪得很整齐。剥开的导线长度不可太短（10～12mm）。可以先留长一些。不要剥开每根导线的绝缘外层，如图 1—18 所示。

⑨ 将剪断的电缆线放入 RJ45 插头试试长短（要插到底），电缆线的外保护层最后应能够在 RJ45 插头内的凹陷处被压实。反复进行调整，如图 1—19 所示。

⑩ 在确认一切都正确后（特别要注意不要将导线的顺序排列反了），将 RJ45 插头放入压线钳的压头槽内，准备最后的压实，如图 1—20 所示。

图 1—14　双绞线制作步骤 4

图 1—15　双绞线制作步骤 5

从左至右依次为：白橙、橙色、白绿、蓝色、白蓝、绿色、白棕、棕色

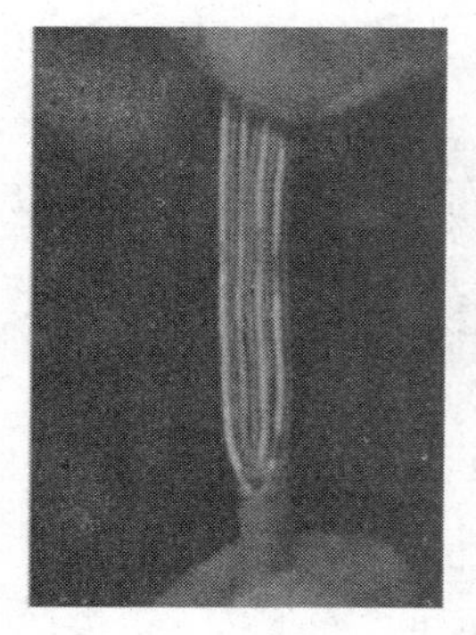

图 1—16　双绞线制作步骤 6

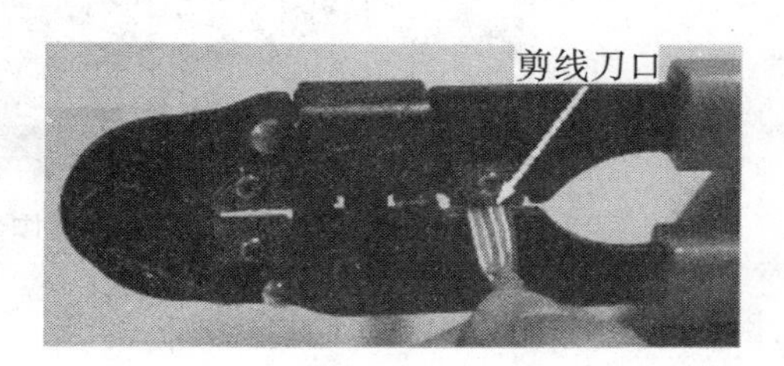

图 1—17　双绞线制作步骤 7

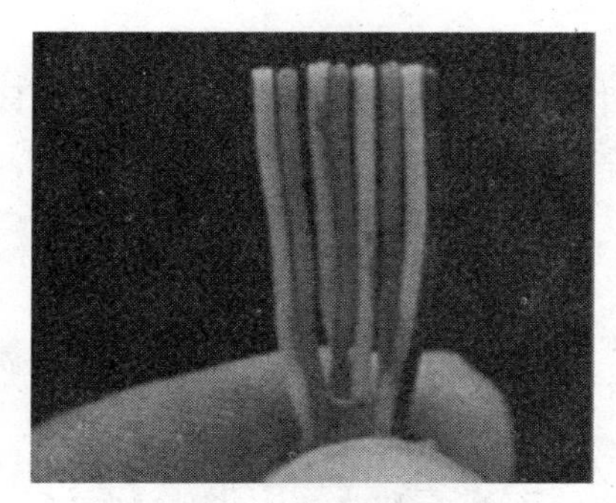

图 1—18　双绞线制作步骤 8

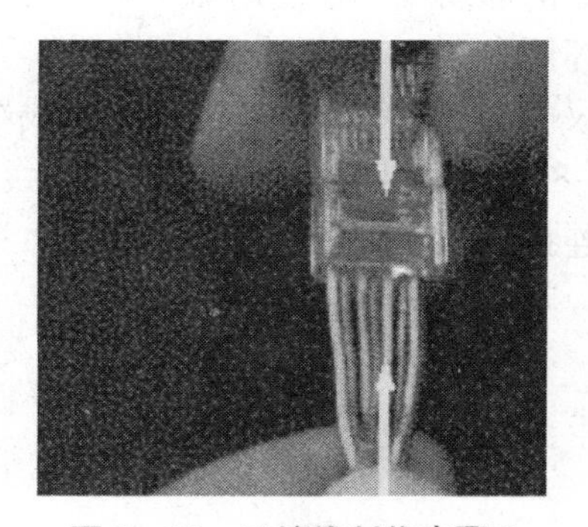

图 1—19　双绞线制作步骤 9

图 1—20　双绞线制作步骤 10

⑪ 双手紧握压线钳的手柄，用力压紧，如图 1—21 步骤 a 和步骤 b 所示。请注意，在这一步骤完成后，插头的 8 个针脚接触点就穿过导线的绝缘外层，分别和 8 根导线紧紧地压接在一起。

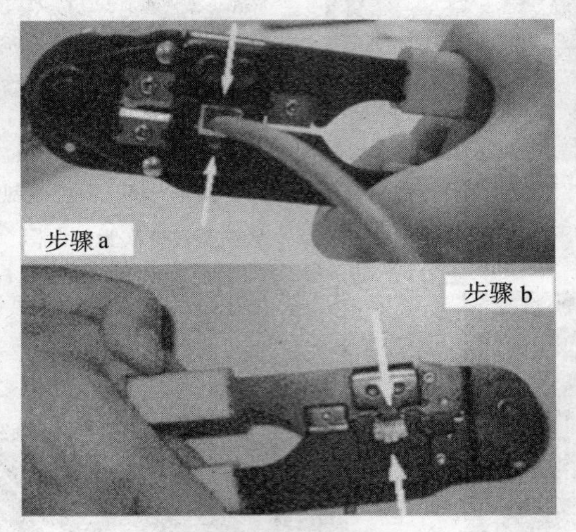

图 1—21　双绞线制作步骤 11

重复以上的步骤，按照要求制作另一端，做好一根完整的双绞线，如图 1—22 所示。

（3）双绞线测试。

制作好的双绞线，在使用前应用测线仪检查一下，因为断路不仅会导致无法通信，而且还可能损坏网卡。

测线仪由两部分组成：主控端和测线端。主控端有开关可以控制测试过程，具有和线序对应的 1～8 号指示灯，用来显示被测试线缆的连通情况。测线端有一个 RJ45 口，用来与主控端线缆连接，如图 1—23 所示。

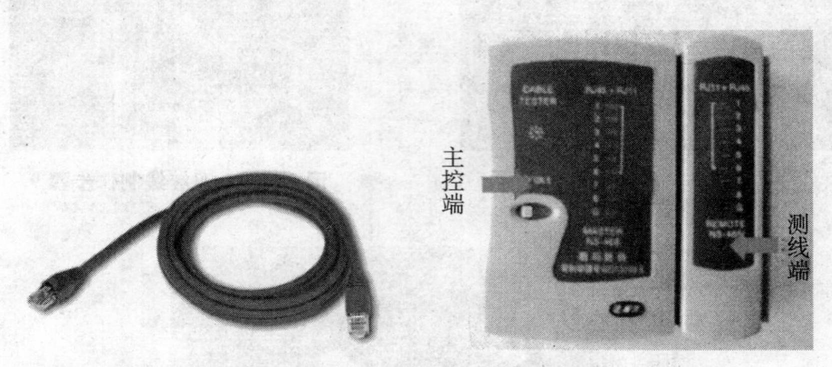

图 1—22　制作完整的双绞线　　　**图 1—23　测线仪**

测试制作好的双绞线的连通性时，把两个 RJ45 插头分别插在测线仪的两个插口中，确认线路连接好后，打开测线仪主控端的开关，如果看到左右各 8 个指示灯顺序闪亮，则表明双绞线连通正常，如果有某个指示灯不亮，则表明这条线有问题，整根双绞线需要更换或重新制作。

2. 组成对等网络并共享 Internet

（1）设备和材料准备。

双绞线若干，集成网卡的计算机 2 台，网卡 1 块。

（2）网络设备连接。

将双绞线两端 RJ45 插头插入两台机器各自网卡的 RJ45 接口中。

选择其中一台作为与 Internet 接入设备连接的计算机。在这台计算机中另外加装一块网卡。这一块用于同 Internet 接入设备连接。将双绞线一端 RJ45 插头插入加装的网卡 RJ45 接口中，另一端插入 Internet 接入设备。

这样即可按照图 1—2 的设计要求连接好网络。

（3）协议设置。

完成接线以后，还需要对每台计算机进行一些协议设置。打开“网络连接”，选择“本地连接”图标右击，选择快捷菜单中的“本地连接属性”，选择“本地连接属性”对话框中的“Internet 协议（TCP/IP）”选项，再按“属性”按钮，如图 1—24 所示。确保每台计算机的 TCP/IP 协议的属性设置为“自动获得 IP 地址”和“自动获得 DNS 服务器地址”。

（4）文件共享设置。

对每台计算机，都设置文件共享。选择打开我的电脑，选择磁盘分区或文件夹后点击右键，会出现一个“共享和安全”功能菜单，点击该功能后，会出现如图 1—25 所示的共享属性选项卡。将“在网络上共享这个文件夹”选项勾选之后，然后系统会让用户填写共享名字，并设置权限。默认状态下，共享名字是文件夹或磁盘分区的卷标，如无特殊需要，不要更改共享名字。

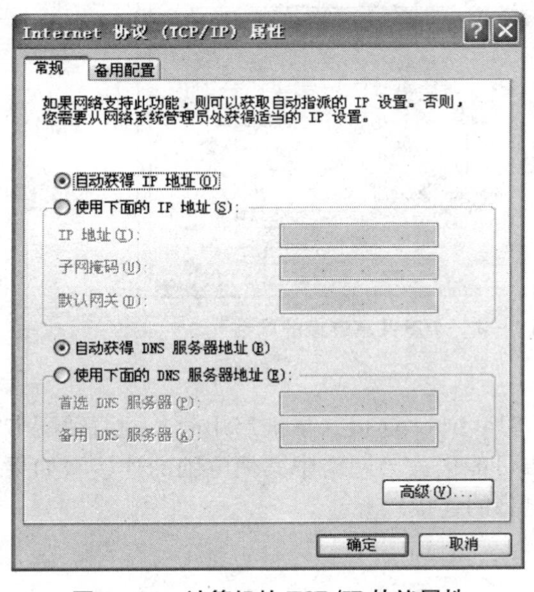

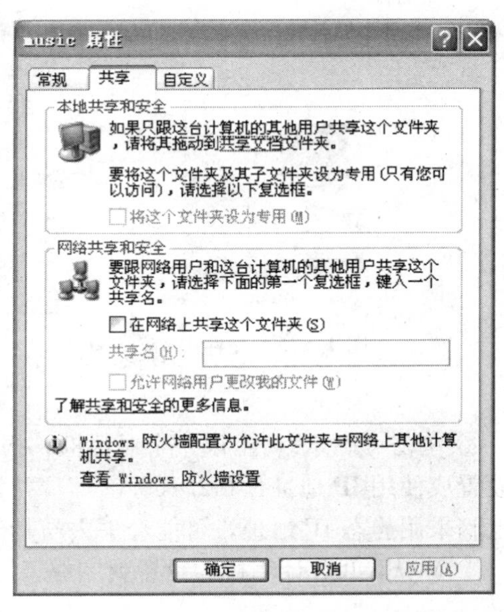

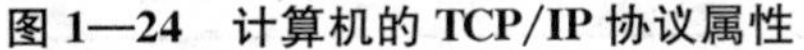
图 1—24　计算机的 TCP/IP 协议属性

图 1—25　共享属性选项卡

文件夹被共享之后，会出现一个如图 1—26 所示的手托着文件夹的图标。在另外一台计算机的“运行”中输入 IP 地址或者计算机名字就可以访问到共享文件夹了。

（5）ICS 服务的启用。

Windows 提供的 ICS 服务为小型办公网络接入 Internet 提供了一个方便经济的解决方案。ICS 允许网络中有一台计算机通过接入设备接入 Internet，要求这台计算机是基于 Windows 的系统，通过启用这台计算机上的 ICS 服务，网络中的其他计算机就可以共享这个连接来访问 Internet 的资源。

这里要把与 Internet 接入设备连接的计算机设置 ICS 服务，我们把它称为 ICS 计算机，ICS 计算机为网络中的所有计算机提供网络地址转换，同时它又成为一台 DHCP 和 DNS 服务器来提供地址分配和名称解析服务。

① 在 ICS 计算机上，以管理员的身份登录到 Windows 系统中。

② 打开“网络和拨号连接”文件夹，如果不存在已经建立好的连接，双击“新建连接”图标，启动 Windows 网络连接向导，根据 ISP 提供的设置来完成与 ISP 的连接。如果存在建立好的同 ISP 的连接，并希望使用这个连接作为共享连接，直接进行下一步操作即可。

③ 在共享连接的图标单击右键，选择“属性”，然后单击“共享”标签页，选中“启用此连接的 Internet 连接共享”复选框，如果希望内部网络中的另一台电脑试着访问外部资源时，能自动拨此连接，则选中“启用请求拨号”复选框，如图 1—27 所示。

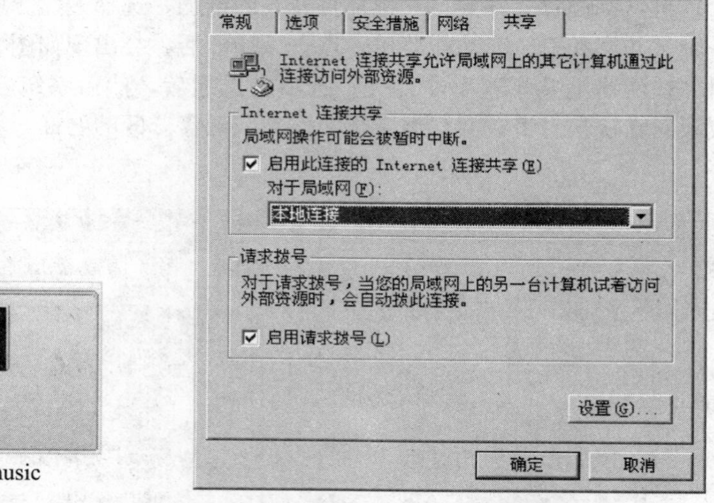

图 1—26　文件夹被共享

图 1—27　ICS 共享连接的属性

④ 单击“确定”，出现一个对话框，提示“Internet 连接共享被启用时，网络适配卡将被设置成使用 IP 地址：192.168.0.1”，并警告可能失去与网络中其他电脑的连接（如果原来电脑采用静态 IP 地址，可能会失去与其他电脑的连接）。

⑤ 确认，ICS 计算机的设置就完成了。

教学提示：

如果网络中已经存在 DHCP 或 DNS 服务，那么 ICS 将不会生效。

ICS启用后，将会对ICS电脑的系统设置进行如下的更改：

IP地址：使用保留的IP地址192.168.0.1，子网掩码255.255.255.0；

IP路由：共享连接建立时创建；

DHCP分配器：范围是192.168.0.0，子网掩码255.255.255.0；

DNS代理：通过ICS启用；

ICS服务：开始服务；

自动拨号：启用。

内部网络中通过ICS访问Internet的电脑不能使用静态的IP地址，必须由ICS电脑的DHCP分配器进行重新配置，每一台客户机在启动时，IP地址被指定在192.168.0.2到192.168.0.254的范围内，子网掩码为255.255.255.0。

确保客户机的TCP/IP协议的属性设置为“自动获得IP地址”和“自动获得DNS服务器地址”。

ICS电脑初始化设置完成并通过登录Internet验证连接正确后，重新启动所有的客户机。

ICS计算机上同Internet接入设备连接的网卡属性需要询问网络管理员后设置，以保证能够正确连接Internet。

（6）测试验收。

测试两台机器的连通性。在每台机器的Windows XP操作系统“开始”菜单中选择“运行”命令，在“运行”窗口中输入“cmd”命令，转到命令行操作环境，输入显示机器TCP/IP设置值的命令“ipconfig”查询该机器的IP地址，如图1—28所示。

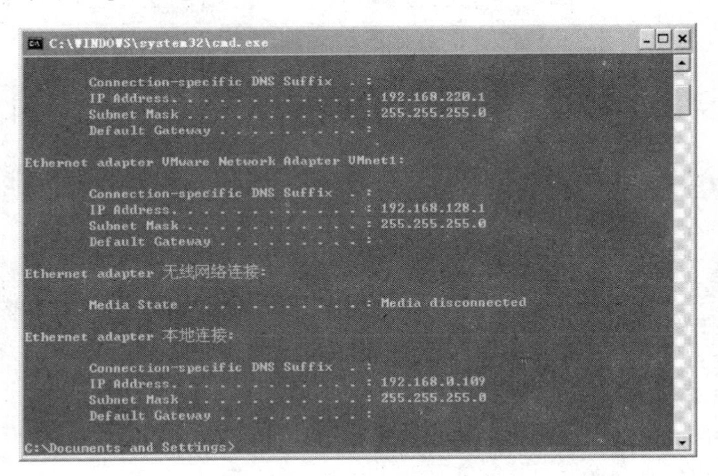

图1—28　用“ipconfig”命令查询机器的IP地址

查询结果显示两台机器的IP地址分别是192.168.0.101和192.168.0.109。在IP地址是192.168.0.101的机器上接着用“ping 192.168.0.109”命令测试与IP地址是192.168.0.109的机器的连通性，应该得到192.168.0.109的回应信息，如图1—29所示。

测试两台机器的都能够共享对方共享文件夹。在每台机器的Windows XP操作系统“开始”菜单中选择“运行”命令，在“运行”窗口中输入“\\192.168.0.109”命令，如图1—30所示。

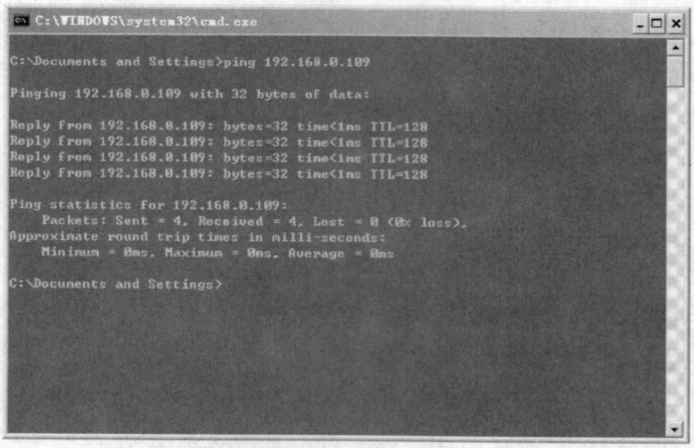

C:\WINDOWS\system32\cmd.exe
C:\Documents and Settings>ping 192.168.0.109
Pinging 192.168.0.109 with 32 bytes of data:
Reply from 192.168.0.109: bytes=32 time<1ms TTL=128
Reply from 192.168.0.109: bytes=32 time<1ms TTL=128
Reply from 192.168.0.109: bytes=32 time<1ms TTL=128
Reply from 192.168.0.109: bytes=32 time<1ms TTL=128
Ping statistics for 192.168.0.109:
Packets: Sent = 4, Received = 4, Lost = 0 (0% loss),
Approximate round trip times in milli-seconds:
Minimum = 0ms, Maximum = 0ms, Average = 0ms
C:\Documents and Settings>

图 1—29　测试两台机器的连通性

运行
请键入程序、文件夹、文档或 Internet 资源的名称，Windows 将为您打开它。
打开(O):
\\192.168.0.109
确定
取消
浏览(B)...

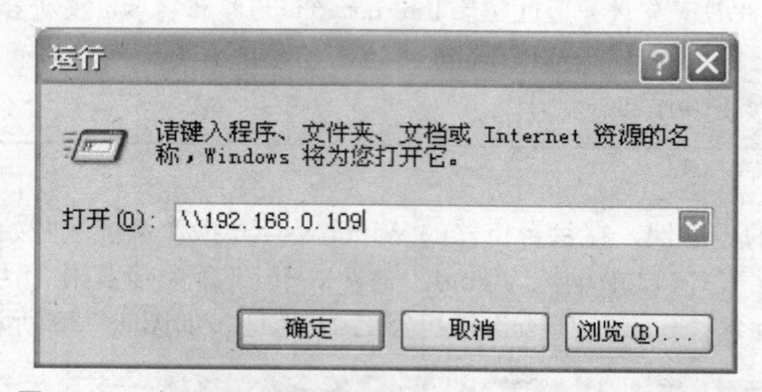

图 1—30　在“运行”窗口中输入“\\ 192. 168. 0. 109”命令

应该能够访问到 IP 地址是 192. 168. 0. 109 的机器的共享文件夹，如图 1—31 所示。

jim (192.168.0.109)
文件(F)
编辑(E)
查看(V)
收藏(A)
工具(T)
帮助(H)
后退
搜索
文件夹
地址(D)
\\192.168.0.109
转到
网络任务
添加一个网上邻居
查看网络连接
设置家庭或小型办公网络
为家庭或小型办公室设置无线网络
查看工作组计算机
显示联网的 UPnP 设备的图标
cd-rom
music
打印机和传真
任务计划
4 个对象

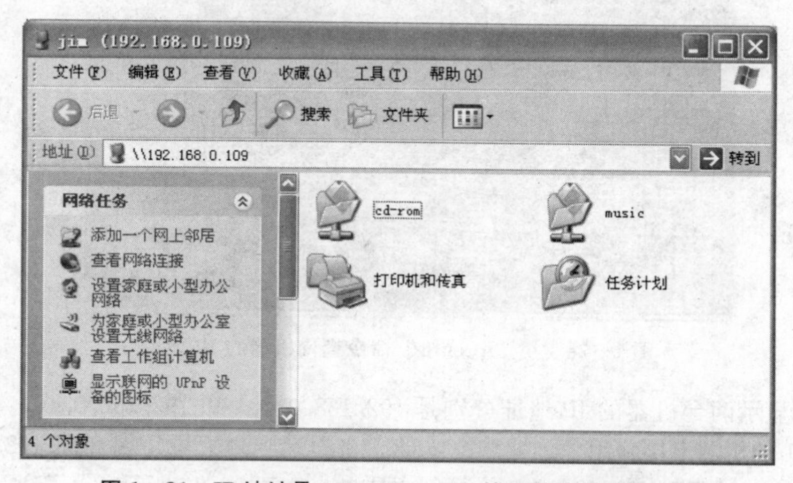

图 1—31　IP 地址是 192. 168. 0. 109 的机器的共享文件夹

测试两台机器都能够连接并共享 Internet 资源。打开 IE 浏览器，应该能够访问 Internet 上的网站，如图 1—32 所示。

图 1—32　访问 Internet 上的网站

1.1.10　任务小结

通过本任务的学习，我们需要了解组建小型网络所必需的基本知识，包括网络的概念、组成和分类，组成局域网的基本设备，网络的基本拓扑结构，网卡的功能，网卡 MAC 地址知识，网络传输介质的知识和网络 IP 地址知识。在完成任务中需要具备网络设备的连接、IP 地址配置、资源共享配置和 ICS 的设置等技术。

计算机网络的主要功能是提供硬件和数据资源的共享和传输。把计算机直接连接起来就形成了最简单的对等网，对等网络又称工作组，网上各台计算机有相同的功能，无主从之分，任一台计算机都可作为服务器，设定共享资源供网络中其他计算机所使用。通过 ICS 或者 CCProxy 等共享软件还能够实现网上所有计算机 Internet 共享。对等网络是小型局域网常用的组网方式。

由于对等网络不需要专门的服务器来做网络支持，也不需要其他的组件来提高网络的性能，因而组网成本较低，适用于人员少、网络服务较少的中小型企业或家庭中。

1.1.11　练习与思考

1. 在常用的传输介质中，带宽最宽、信号衰减最小、抗干扰最强的一类传输介质是(　　)。

A. 双绞线　　B. 无线信道　　C. 光纤　　D. 同轴电缆

2. 下列接口类型中，支持局域网的是(　　)。

A. RJ11　　B. RJ32　　C. RJ44　　D. RJ45

3. 用双绞线制作交叉线的时候，如果一端的标准是 EIA/TIA 568A，那么另外一端的线序是(　　)。

A. 白绿 绿 白橙 蓝 白蓝 橙 白棕 棕

B. 白橙 橙 白绿 蓝 白蓝 绿 白棕 棕

C. 白棕 棕 白蓝 绿 白绿 蓝 白橙 橙

D. 棕白 棕 绿 白蓝 蓝 白绿 橙 白橙

4. 在 IEEE 802.3 物理层标准中，100BASE-T 标准采用的传输介质为(　　)。

A. 双绞线　　B. 红外线　　C. 光纤　　D. 光缆

5. 局域网的典型特性是(　　)。

A. 数据传输速率高、范围大、误码率高

B. 数据传输速率高、范围小、误码率低

C. 数据传输速率低、范围小、误码率低

D. 数据传输速率低、范围小、误码率高

6. 以太网的连接拓扑结构形式为(　　)。

A. 环状　　B. 网状　　C. 总线　　D. 以太

7. 屏蔽双绞线（STP）的最大传输距离是(　　)。

A. 100m　　B. 185m　　C. 500m　　D. 2000m

8. 10.0.0.0 是(　　)类 IP 地址。

A. A　　B. B　　C. C　　D. D

9. 设某一台联网的计算机的 IP 地址为 202.194.36.38,，子网掩码为 255.255.255.248，则该计算机在此子网的主机号为(　　)。

A. 4　　B. 6　　C. 8　　D. 32

10. IPv4 把 IP 地址分为(　　)类。

A. 2　　B. 3　　C. 4　　D. 5

11. 一个 IP 的 C 类网络最多可以包括(　　)个网络设备。

A. 253　　B. 254　　C. 255　　D. 256

12. 测试网络连通性的常用命令是(　　)。

A. tracert　　B. netstat　　C. ping　　D. ipconfig

1.2 办公网络组建任务

教学重点：

用交换机的连接、配置和管理技术组建企业办公网络，同时搭建 FTP 和 RTX 服务器作为企业办公的网络应用服务。

教学难点：

交换机的配置、FTP 和 RTX 服务器的配置和管理技术。

1.2.1 应用环境

随着公司业务的发展，与创业初期相比，企业的规模也日渐扩大，公司新添置了一批电脑设备。公司希望组建办公网络来提高工作效率、节省运营成本、规范单位管理，借此来使决策变得迅速科学，提高企业的竞争力和凝聚力。

1. 原有网络需要升级改造

在原有对等网络的基础上，要把新添置的一批电脑设备连接到网络，形成企业的办公网络。

2. 网络应用服务日渐增多

包括文件共享、资料上传下载、协同工作等的网络应用服务日渐增多。

1.2.2 需求分析

为了把多台计算机接入网络，采用可网管和提供较多端口的接入交换机把新添置的一批电脑设备连接到网络，形成有规模的企业办公网络。

使用可网管的交换机组建的网络，可以加强网络的优化和配置管理功能，以便有效管理网络并且保证全网内设备的安全。

提供办公网络中主要硬件资源（打印机、服务器）和数据资源（软件、文件）的共享环境。

在办公网络中配置网络服务器，用网络服务器集中提供包括数据资源共享、协同工作等日益增多的网络应用服务。

1.2.3 方案设计

用接入交换机可以把多个计算机设备连接在一起，组成一个网络。在网络中使用交换机可使网络更加智能并且管理更加方便，同时网络的速度也大大提高。

用接入交换机组建的企业办公网络，网络拓扑结构示意如图 1—33 所示。

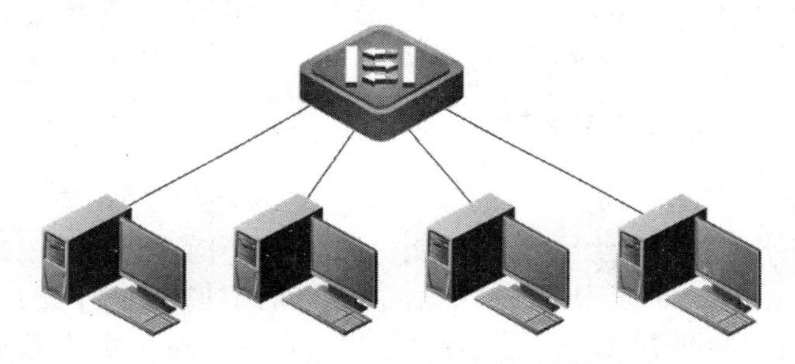

图 1—33 用接入交换机组建的网络示意图

接入交换机端口密集，通常有 24～48 个端口，满足了企业内部计算机设备的大量接入，方便组成一个办公网络。

网络服务器是整个网络的核心，承担着网络大量信息的存储和管理工作，处理来自网络上工作站的信息访问请求，因此服务器也被称为网络的灵魂。在网络内部规划和搭建网络服务器提供专门的信息和资源，可以满足网络的共享服务，提高网络内部的工作效率。

方案中设计的是一个有几十台计算机的企业办公网络。网络服务器可以提供以下的各种服务，包括 Internet 接入服务、打印共享服务、文件共享服务和协同工作服务等。

Internet 接入服务采用与 1.1 节相同的解决方案，即 Windows 为小型办公网络接入 Internet提供 ICS 服务。

打印共享服务相对容易，可以采用与 1.1 节文件共享设置类似的办法，配置网络打印机共享。

在网络服务器通过设置 Windows 的提供的 IIS 服务开启 FTP 文件共享服务。

在网络服务器安装 RTX（Real Time eXchange）提供协同工作服务，企业员工可以采用丰富的沟通方式进行实时沟通。

1.2.4　相关知识：局域网的广播和冲突机制

由于计算机本身无法提供很多端口，因此，以前经常通过一根同轴电缆把计算机连接起来，形成串行网络的结构，这就是早期曾经得到应用的总线联网形式。总线网的故障检测和隔离比较困难，单点故障会影响整个网络，并且管理起来很麻烦。不久后人们便使用一个网络互联设备——集线器来替代容易发生故障的总线，把所有计算机通过双绞线连接到集线器从而形成星状网络。

但基于集线器的网络仍是一个共享介质的局域网，源计算机的信号是通过集线器以广播的形式发送到目的计算机的，多台设备如果同时传输信息，信息就会在通信介质上产生信号的叠加，称为碰撞。

冲突就是来自两台不同计算机的通信信号在同一时刻位于同一传输介质时，造成信号意义无法识别。

以太网技术中，冲突是一个正常组成部分，但过度冲突会降低网络速度或者使网络停止运行。虽然 IEEE 规划了 CSMA / CD（载波监听多路访问/碰撞检测）局域网数据传输技术，用于解决网络内部由于广播传输带来的冲突问题，但是 CSMA/CD 技术没有从根本上解决广播传输带来的冲突，共享式局域网“竞争带宽”的广播传输方式使得冲突在传输中几乎不可避免。

1.2.5　相关知识：交换式局域网

1. 交换式局域网的概念

在交换式局域网中，用比集线器更加智能化的交换机作为网络互联设备，它不像集线器那样以广播形式传输信号，而是根据网络中信息所携带的计算机网卡地址来有选择地传输信号，从而避免了网络的冲突干扰，大大地提高了网络速度。现在的局域网几乎都使用交换机作为网络互联设备。

2. 交换机的工作原理

传统的交换机是从网桥发展来的，交换机是一个简化、低价、高性能和端口集中的网络互联设备，交换机能基于目标 MAC 地址转发信息，而不是以广播方式传输。

交换机中存储并且维护着一张计算机网卡地址（也称作 MAC 地址）和交换机端口的对应表，它对接收到的所有帧进行检查，读取帧的源 MAC 地址字段后，根据所传递数据包的目的地址，按照对应表进行转发，每一个数据包能独立地从源端口送至目的端口，避免了和其他端口发生冲突，如果是对应表中没有的地址就转发给所有的端口。

☞**阅读资料**

广播风暴：处于同一个网络的所有设备，位于同一个广播域。一台设备发出的广播，会传遍整个局域网，如果很多设备同时这样发的话，那几乎就是风暴了。当网络上的设备越来越多，广播所占用的时间也会越来越多，多到一定程度时，就会对网络的正常信息传递产生影响，轻则造成传送信息延时，重则造成网络设备从网络上断开，甚至造成整个网络的堵塞、瘫痪，这就叫广播风暴。

帧（Frame）：是网络中传输的一种数据格式，一般是 OSI 模型中数据链路层的数据格式，帧携带有发送设备和接收设备的网卡地址信息。

3. 交换机的基本功能

交换机的基本功能包括地址学习、帧转发及过滤、环路避免。

(1) 地址学习（Address Learning)。交换机能够记录所有连接到其端口设备的 MAC 地址，交换机内有一张 MAC 地址表，里面存放着所有连接到端口设备的 MAC 地址及相应端口号的映射关系，如图 1—34 所示。

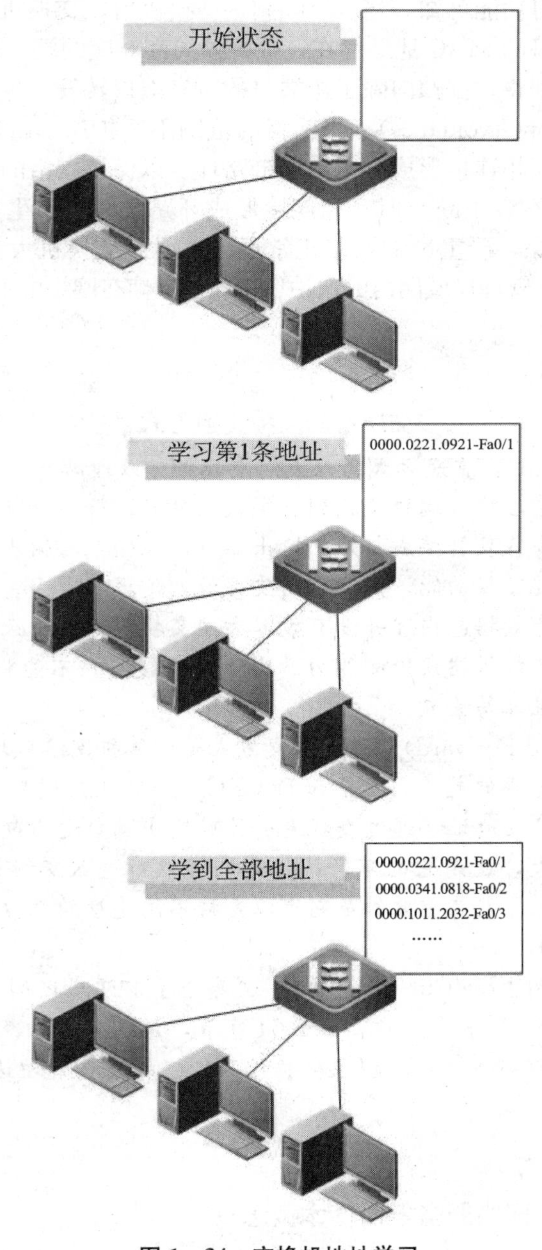

图 1—34　交换机地址学习

当交换机被初始化时，其MAC地址表是空的，此时如果有数据帧到来，交换机就向除了源端口之外的所有端口转发，并把源端口和相对应的MAC地址记录在地址表中。以后每收到一个信息都查看地址表，有记录的就按照地址表中对应的地址转发，没有记录的就把信息转发给除源端口之外的所有端口，并记录下端口和MAC地址的对应信息。直到连接到交换机的所有的计算机都发送过数据之后，交换机最终建立完整的MAC地址表。

（2）帧转发及过滤。交换机最基本的功能就是把网络中一台设备的信息转发到另一台设备上。交换机是智能化的设备，不再广播式转发，而是有针对地把数据转发到指定的设备上。由交换机的地址学习功能可知，当一个帧到达交换机后，交换机通过查找MAC地址表来决定如何转发。如果目的MAC地址存在，则将帧向其对应的端口转发。如果在表中找不到目的地址的相应项，则将数据帧向除了源端口的所有端口转发。

（3）环路避免（Loop Avoidance）。当网络的范围不断扩展，出现多台交换机互相连接时，经常把交换机之间互相连接形成一个交换链路环，以保持网络的冗余性和稳定性，一台交换机出现问题，链路不会中断。但互相连接形成环路之间会产生广播风暴、多帧复制和MAC地址表不稳定等现象，严重影响网络正常运行。因此交换机大都通过使用生成树STP（Spanning-tree）协议，来管理局域网内的这种环路，避免帧在网络中不断兜圈子现象的发生。

☞阅读资料

交换机的三种交换方式

直通式（Cut-through）：直通方式的以太网交换机可以理解为在各端口间是纵横交叉的线路矩阵电话交换机。它在输入端口检测到一个数据包时，检查该包的包头，获取包的目的地址，启动内部的动态查找表转换成相应的输出端口，在输入与输出交叉处接通，把数据包直通到相应的端口，实现交换功能。由于不需要存储，延迟非常小、交换非常快，这是它的优点。它的缺点是，因为数据包内容并没有被以太网交换机保存下来，所以无法检查所传送的数据包是否有误，不能提供错误检测能力。由于没有缓存，不能将具有不同速率的输入/输出端口直接接通，而且容易丢包。

存储转发（Store and Forward）：存储转发方式是计算机网络领域应用最为广泛的方式。它把输入端口的数据包先存储起来，然后进行CRC（循环冗余码校验）检查，在对错误包处理后才取出数据包的目的地址，通过查找表转换成输出端口送出包。正因如此，存储转发方式在数据处理时延时大，这是它的不足，但是它可以对进入交换机的数据包进行错误检测，有效地改善网络性能。尤其重要的是它可以支持不同速度的端口间的转换，保持高速端口与低速端口间的协同工作。

碎片隔离（Fragment Free Cut-through）：这是介于前两者之间的一种解决方案。它检查数据包的长度是否够64个字节，如果小于64字节，说明是假包，则丢弃该包；如果大于64字节，则发送该包。这种方式也不提供数据校验。它的数据处理速度比存储转发方式快，但比直通式慢。

1.2.6 相关知识：网络服务器的基本概念

网络服务器（Server）是指在网络环境中为客户机（Client）提供各种服务的特殊计算

机。从服务器的概念可以看出，服务器也是计算机的一种，只不过它是为其他计算机提供各种共享服务，如硬盘空间、数据库、文件、打印等的高性能计算机。客户机则是指在网络中普通用户使用的计算机，它以向服务器申请需要的资源、服务器做出相应应答的形式利用服务器的资源。

根据网络服务器服务功能的不同，可以把它们分为Web服务器、FTP服务器、DNS服务器、数据库服务器、即时通信服务器等。根据对响应性能的不同需求，这些服务可以由一台或多台网络服务器承担。

1. IIS服务器

IIS（Internet Information Server，互联网信息服务）是一种Web（网页）服务组件，其中包括Web服务器、FTP服务器、NNTP服务器和SMTP服务器，分别用于网页浏览、文件传输、新闻服务和邮件发送等方面，它使得在互联网和局域网上发布信息成了一件很容易的事。

☞阅读资料

Web是一种超文本信息系统，这种系统使Internet采用超文本和超媒体的信息组织方式，将信息的链接扩展到整个Internet上。Web通过提供超文本链接，使得文本不再像一本书一样是固定的和线性的，而是可以从一个位置跳到另外的位置。你可以从中获取更多的信息，可以转到别的主题上，想要了解某一个主题的内容只要在这个主题上点一下，就可以跳转到包含这一主题的文档上。

FTP（File Transfer Protocol）是Internet上传送文件的协议，是为了能够在Internet上互相传送文件而制定的文件传送标准，即规定了Internet上文件如何传送。通过FTP协议，就可以跟Internet上的FTP服务器进行文件的上传（Upload）或下载（Download）。

DNS（Domain Name Server，域名服务器）。在Internet上域名与IP地址之间是一一对应的，域名虽然便于人们记忆，但机器之间只能识别IP地址，它们之间的转换工作称为域名解析，域名解析需要由专门的域名系统服务器DNS来完成。

2. RTX即时通信服务器

腾讯通RTX（Real Time eXchange）是腾讯公司推出的企业级即时通信平台，可以搭建在办公网络中，包括服务器和客户机，图1—35所示。企业员工可以轻松地通过服务器所配置的组织架构查找需要进行通信的人员，并采用丰富的沟通方式进行实时沟通，如文本消息、文件传输、直接语音会话或者视频等形式，可满足不同办公环境下的沟通需求。

RTX的基本功能如图1—36所示。

（1）即时沟通交流：方便、快捷地即时消息发送与接收，提供不同颜色字体的文字，提供个性化展示。

（2）状态展示：提供查看联系人在线状态信息，可以方便、清晰地了解联系人的在线状态。

（3）组织架构：可清晰看到由树形目录表达的多层次企业组织架构，是实时更新的电子通讯录。

（4）联系人分组：支持常用联系人分组，把最频繁的联系人划入同一分组中管理。

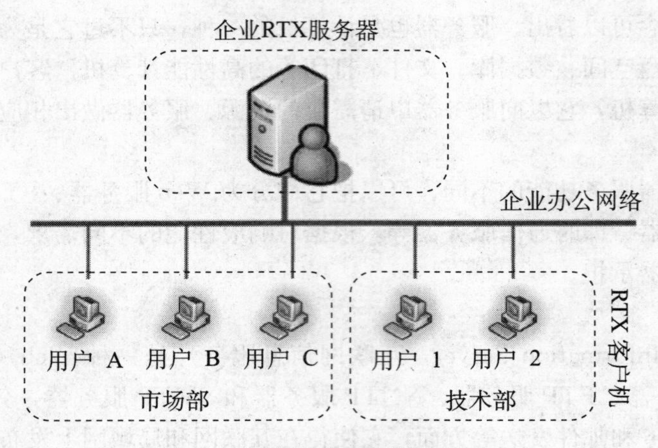

图 1—35　RTX 企业内部应用架构

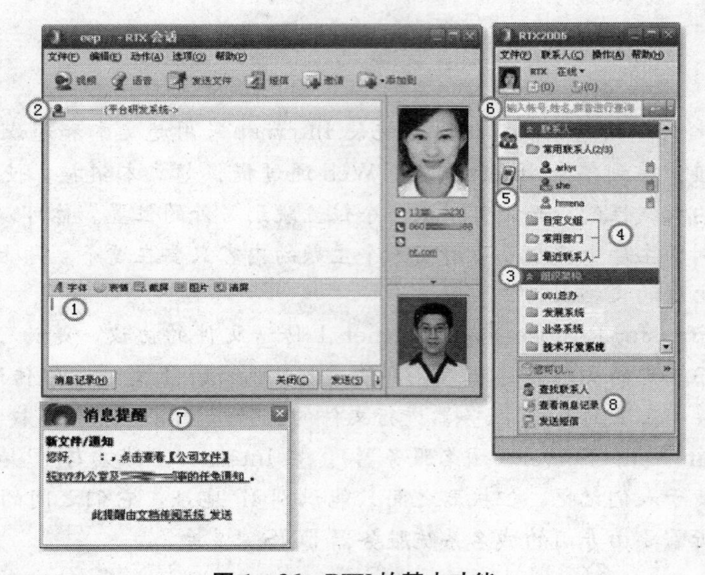

图 1—36　RTX 的基本功能

（5）通讯录：提供公司外的联系人资料管理，可以进行分组，发短信，拨打电话。

（6）快速搜索栏：提供快捷搜索条，可以悬浮到桌面任何地方，提供账号、拼音、中文姓名的模糊查找。

（7）消息通知：提供广播消息和系统消息，通知用户关键信息。

（8）历史消息查看器：对所有消息的历史记录进行查看、查找、归类。

RTX 着力于帮助企业员工提高工作效率，减少企业内部通信费用和出差频次。使团队和信息工作者进行更加高效的沟通。

1.2.7　实施过程：组建办公网络

1. 配置和管理交换机

（1）设备材料准备。

交换机 1 台，Console 连线 1 根，网线若干根，配置和测试用计算机 3 台。

（2）网络设备连接。

交换机是局域网最重要的连通设备，局域网的管理大多涉及交换机的管理。交换机分为可网管交换机和不可网管交换机两种。可网管交换机可以被管理、监控，具有智能性。它具有端口监控、划分 VLAN 等不可网管交换机不具备的特性，因此安装可网管交换机的网络更具有智能性和安全性。一台交换机是否为可网管交换机从外观上可以分辨出来：可网管交换机的正面或背面一般有一个网管配置 Console 端口，如图 1—37 所示。随交换机还会有条附带的 Console 连线，如图 1—38 所示。

图 1—37　可网管交换机的网管配置 Console 端口

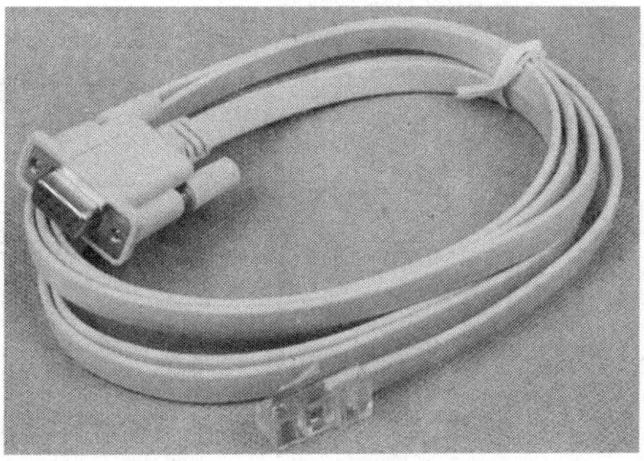

图 1—38　交换机附带的 Console 连线

按照如图 1—39 所示的结构连接交换机和配置测试用计算机。

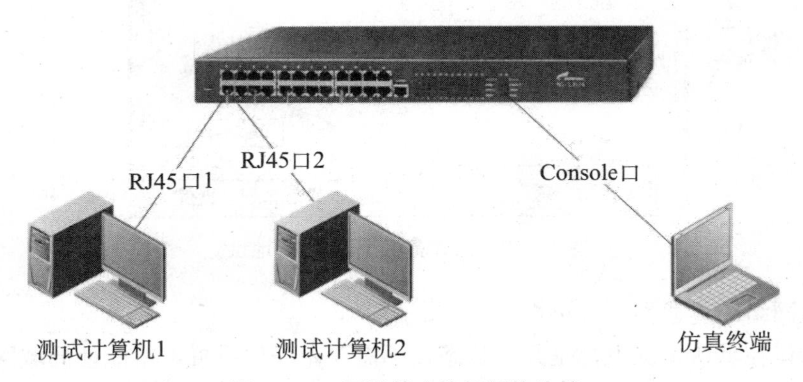

图 1—39　可网管交换机网络连接

其中作为交换机配置用的计算机称为仿真终端，将 Console 连线一端插入仿真终端主机的 Com 口（即串行口），另一端插入交换机的 Console 口。

另外两台测试计算机用网线连接交换机的 RJ45 口。

给所有设备加电。在交换机加电的过程中，会看到所有以太网接口处于红灯闪烁的状态，此时，设备在自动检查接口状态。当设备处于稳定状态时，有线路连接的接口会处于绿灯点亮状态，表示该线路处于连通状态。

（3）配置计算机 IP 地址。

网络处于连通状态以后，还需要对联网的每台计算机进行 TCP/IP 协议设置，设置的主要内容是配置计算机 IP 地址。

打开“网络连接”，选择“本地连接”，右击选择快捷菜单中的“属性”选项，在“本地连接属性”窗口中选择“Internet 协议（TCP/IP）”选项，再按“属性”按钮。按照如表 1—2 所示的计算机 IP 地址规划表，为计算机 1 设置 IP 地址，默认网关部分暂不配置，如图 1—40 所示。用同样的方法为计算机 2 设置 IP 地址。

表 1—2　　测试计算机 IP 地址规划表

测试计算机	IP 地址	子网掩码	默认网关
PC1	192.168.0.101	255.255.255.0	
PC2	192.168.0.102	255.255.255.0	

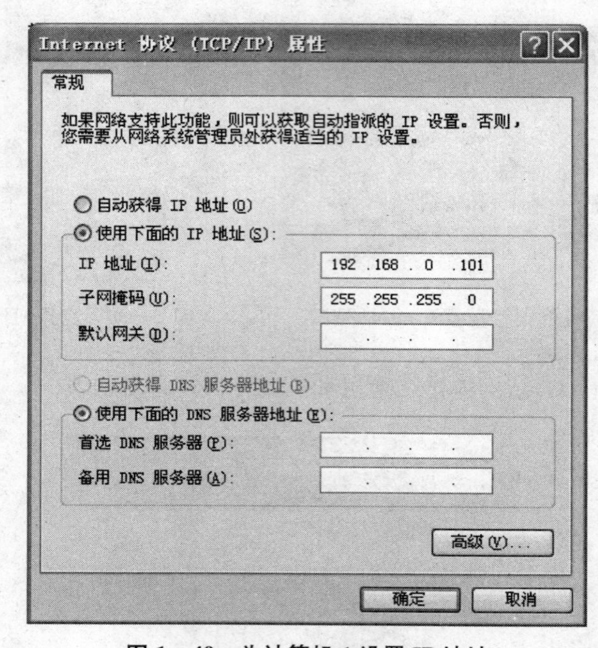

图 1—40　为计算机 1 设置 IP 地址

(4) 测试网络的连通性。

交换机端口在默认情况下都是开启状态，不需要做任何设置，就能使局域网互通。

“ping”命令是网络测试中最实用的命令，凡是使用 TCP/IP 协议的机器都可用“ping”命令来测试网络的连通性。

在计算机 1 的“开始”菜单中单击“运行”选项，在对话框中输入“cmd”命令并单击“确定”按钮进入命令操作状态。输入测试网络连通命令“ping 192.168.0.102”，如果连通应有 Reply from 192.168.0.102 数据返回，否则表明网络不通，如图 1—41 所示。

(5) 配置交换机仿真终端。

对交换机的配置和管理通过计算机来进行，即把一台 PC 配置成为连接交换机的仿真终端设备。

打开 PC 操作系统提供的“超级终端”程序，配置 PC 成为交换机仿真终端。启动超级终端软件，建立超级终端和交换机连接，首先填写连接名称，如图 1—42 所示。然后选择连接仿真终端 PC 串口名称 COM5，如图 1—43 所示。

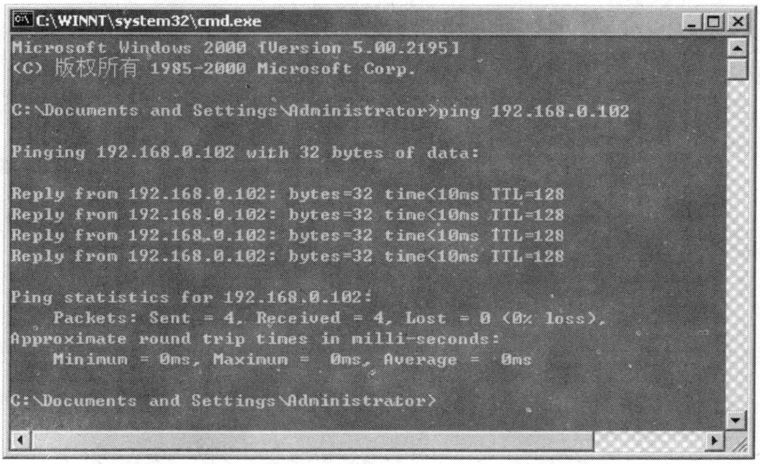

C:\WINNT\system32\cmd.exe
Microsoft Windows 2000 [Version 5.00.2195]
(C) 版权所有 1985-2000 Microsoft Corp.
C:\Documents and Settings\Administrator>ping 192.168.0.102
Pinging 192.168.0.102 with 32 bytes of data:
Reply from 192.168.0.102: bytes=32 time<10ms TTL=128
Reply from 192.168.0.102: bytes=32 time<10ms TTL=128
Reply from 192.168.0.102: bytes=32 time<10ms TTL=128
Reply from 192.168.0.102: bytes=32 time<10ms TTL=128
Ping statistics for 192.168.0.102:
Packets: Sent = 4, Received = 4, Lost = 0 (0% loss),
Approximate round trip times in milli-seconds:
Minimum = 0ms, Maximum = 0ms, Average = 0ms
C:\Documents and Settings\Administrator>

图 1—41

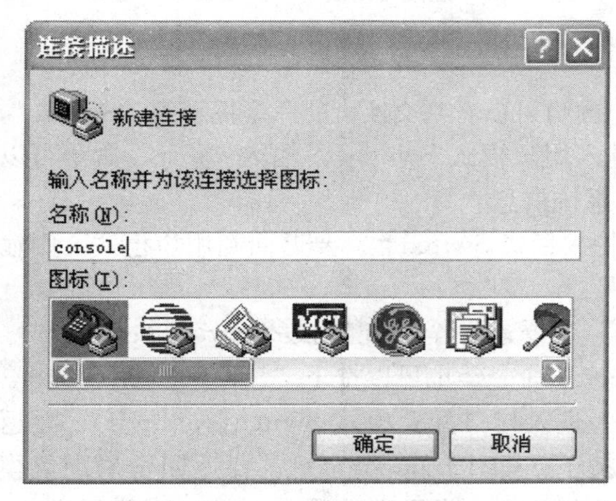

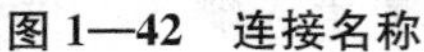

连接描述
新建连接
输入名称并为该连接选择图标:
名称(N):
console
图标(I):
确定
取消

图 1—42　连接名称

连接到
console
输入待拨电话的详细信息:
国家(地区)(C):
中华人民共和国 (86)
区号(E):
0574
电话号码(P):
连接时使用(N):
COM5
确定
取消

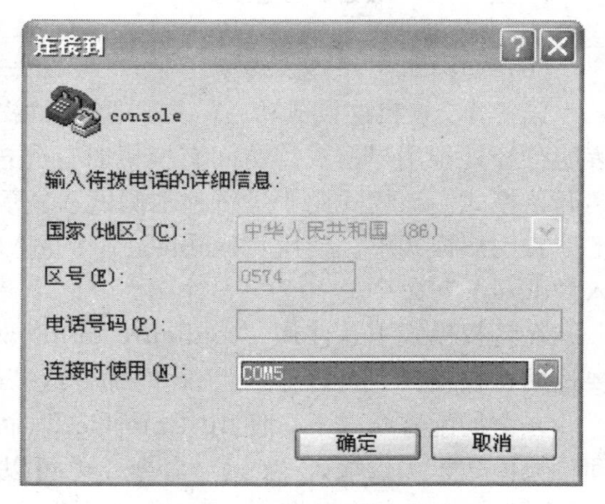

图 1—43　仿真终端的连接端口

配置连接端口后，设置设备之间的通信参数：每秒位数 9 600、数据位 8、停止位 1、无奇偶校验、无数据流控制，如图 1—44 所示。

设置完以上参数，单击“确定”按钮就会弹出设备和交换机正常连接的“超级终端”窗口，如图 1—45 所示。

☞**阅读资料**

对交换机的配置管理常见的有通过 PC 对交换机进行管理、通过 Telnet 对交换机进行远程管理、通过 Web 对交换机进行远程管理和通过 SNMP 管理工作站对交换机进行管理四种方式。在四种管理交换机的方式中，后三种方式均要连接网络，因此交换机第一次使用时，必须采用第一种方式对交换机进行配置，这种方式并不占用交换机的带宽，因此又称为“带外管理”(Out of Band)。

图 1—44　设备之间连接参数

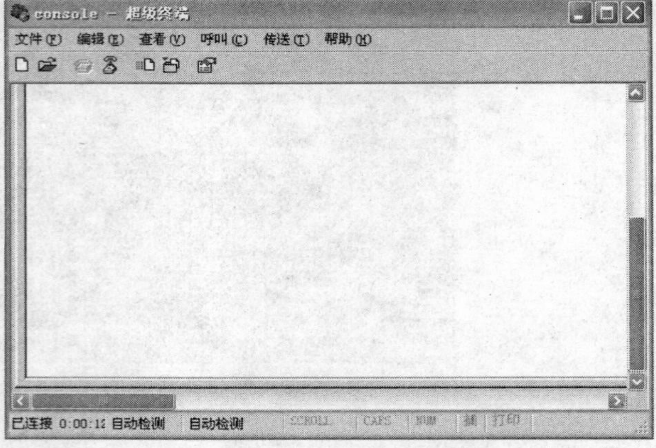

图 1—45　连接成功后的"超级终端"窗口

(6) 交换机工作模式转换。

设备和交换机连接成功后，在"超级终端"窗口可以看到交换机的命令提示符"Switch〉"，表明已经处于用户模式。访问交换机时首先进入用户模式 Switch〉，输入"exit"命令可以离开该模式。该模式用于进行基本测试、显示系统信息。

在用户模式下，使用"enable"命令进入特权模式 Switch＃。要返回到用户模式，则输入"disable"命令。

在特权模式下，使用"configure terminal"命令进入全局配置模式 Switch(config)＃。要返回特权模式，可以输入"exit"命令或"end"命令，也可以按下"Ctrl＋Z"组合键。

在全局配置模式下，使用"interface"命令进入接口配置模式 Switch(config-if)。要返回特权模式，可以输入"end"命令，也可以按下"Ctrl＋Z"组合键。要返回全局配置模式，可输入"exit"命令。在"interface"命令中必须指明要进入哪一个接口配置子模式。使用该模式可以配置交换机的各种接口。

在全局配置模式下，使用"vlan vlan-id"命令进入 VLAN 配置模式 Switch(config-vlan)＃。使用该模式可以配置 VLAN 参数。要返回特权模式，可以输入"end"命令，也可以按下"Ctrl＋Z"组合键。要返回全局配置模式，可以输入"exit"命令。

☞**阅读资料**

可网管交换机的工作模式可分为：用户模式、特权模式和配置模式（包括全局模式、接口配置子模式、VLAN 工作子模式、线程工作子模式）三种。

当 PC 和交换机建立连接，配置好仿真终端时，首先处于用户模式（User EXEC 模式）。在用户模式下，可以使用少量用户模式命令，命令的功能也受到一些限制。用户模式命令的操作结果不会被保存。

由用户模式进入特权模式（Privileged EXEC 模式）必须输入进入特权模式的命令：enable。在特权模式下，用户可以使用所有的特权命令，可以使用命令的数目也增加了很多。

通过“configure terminal”命令，可以由特权模式进入配置模式。在配置模式下，可以使用更多的命令来修改交换机的系统参数。

使用配置模式（全局配置模式、接口配置子模式等）的命令会对当前的配置产生影响。如果用户保存了配置信息，这些命令将被保存下来，并在系统重新启动时再次执行。要进入各种配置模式，首先必须进入全局配置模式。从全局配置模式出发，可以进入接口配置等各种配置子模式。

使用“?”可获得帮助。交换机管理界面分成若干不同的模式，用户当前所处的命令模式决定了可以使用的命令。在命令提示符下输入问号（?），可以列出每个命令模式可以使用的命令。可以通过不同的方式获得不同的帮助效果。

也可以使用 Tab 键获得帮助，按下 Tab 键会自动补齐命令的剩余字母。交换机的操作系统命令可以使用命令的前几个字母，然后按回车键可以自动执行对应的操作。

命令行操作进行自动补齐或命令简写时，要求所简写的字母必须能够唯一区别该命令。如 Switch＃conf 可以代表 configure，但 Switch＃co 无法代表 configure，因为 co 开头的命令有两个 copy 和 configure，设备无法区别。

注意区别每个操作模式下可执行的命令种类。交换机不可以跨模式执行命令。

交换机的操作系统支持历史缓冲区技术，该缓冲区记录了当前提示符下最近使用的命令，可以使用“↑”和“↓”方向键将以前操作过的命令重新调出使用。利用该技术可以避免重新输入长而且复杂的命令。

（7）配置管理交换机。

```
Switch>
Switch>enable
Switch# show version                              !查看交换机的版本信息
Switch# show version
System description    :Red-Giant Gigabit Intelligent Switch(S2126S) By Ruijie Network
System uptime           :2d:13h:29m:5s
System hardware version:3.3                       !设备的硬件版本信息
System software version:1.66(8) Build Dec 22 2006 Rel
System BOOT version     :RG-S2126G-BOOT 03-03-02
System CTRL version     :RG-S2126G-CTRL 03-11-02  !操作系统版本信息
Running Switching Image :Layer2                   !两层交换机
Switch#

Switch# configure terminal
Switch(config)# interface fastethernet 0/3        !进行 Fa0/3 的端口模式
Switch(config-if)#speed 100                       !配置端口速率为 100Mbps
Switch(config-if)#duplex half                     !配置端口的双工模式为半双工
Switch(config-if)#no shutdown                     !开启该端口,使端口转发数据
Switch(config-if)#end

Switch#
```

教学提示：

配置端口速率参数有 100（100Mbps）、10（10Mbps）、auto（自适应），默认是 auto；配置双工模式有 full（全双工）、half（半双工），默认是 auto

```
Switch# show interface fastethernet 0/3                !查看交换机端口的配置信息

Interface    :FastEthernet100BaseTX 0/3
Description:
AdminStatus:up                                          !查看端口的状态
OperStatus   :down
Hardware     :10/100BaseTX
Mtu          :1500
LastChange   :2d:13h:38m:46s
AdminDuplex:Half                                        !查看配置的双工模式
OperDuplex   :Unknown
AdminSpeed   :100                                       !查看配置的速率
OperSpeed   :Unknown
FlowControlAdminStatus:Off
FlowControlOperStatus:Off
Priority     :0
Broadcast blocked              :DISABLE
Unknown multicast blocked      :DISABLE
Unknown unicast blocked        :DISABLE

Switch#

Switch# configure terminal                                  !为交换机配置管理地址
Switch(config) # interface vlan1                            !打开交换机的管理 VLAN
Switch(config-if) # ip address 192. 168. 0. 1 255. 255. 255. 0   !管理地址
Switch(config-if) # no shutdown                             !VLAN 设置为启动状态
Switch(config-if) # end

Switch#
```

教学提示：

交换机端口在默认情况下是开启的，AdminStatus 是 Up 状态，但如果该端口没有连接其他设备，OperStatus 是 Down 状态。

```
Switch# show ip interface                                   !查看交换机接口信息

Interface              :VL1
Description            :Vlan 1
OperStatus              :down
```

```
ManagementStatus      :Enabled
Primary Internet address:192.168.0.1/24
Broadcast address       :255.255.255.255
PhysAddress             :001a.a907.05a4

Switch#


Switch# show interfaces vlan1                                    !查看管理VLAN1信息

Interface   :Vlan 1
Description :
AdminStatus :up
OperStatus  :down
Hardware    :-
Mtu         :1500
LastChange  :2d:13h:22m:9s
ARP Timeout:3600 sec
PhysAddress:001a.a907.05a4
ManagementStatus:Enabled
Primary Internet address:192.168.0.1/24
Broadcast address      :255.255.255.255

Switch#

Switch# show running-config                                      !查看配置信息

System software version :1.66(8) Build Dec 22 2006 Rel
Building configuration...
Current configuration :404 bytes
!
version 1.0
!
hostname Switch
vlan 1
!
enable secret level 1 5 &t>H.Y*TtpC,tZ[VprD+S(\Wr=G1X)sv
enable secret level 14 5 '9tj9=G1~Z7R:>H.R3u_;C,t:ZU0<D+S
enable secret level 15 5 &t;C,tZ[tp<D+S(\pr=G1X)sr:>H.Y*T
!
interface fastEthernet 0/3
  speed 100
  duplex half
!
interface vlan 1
  no shutdown
```

```
  ip address 192.168.0.1 255.255.255.0
!
snmp-server community public ro
end

Switch#

!配置交换机管理信息
Switch# copy running-config startup-config
Switch# write memory
Switch# write    !将当前运行的参数保存到 flash 中用于系统初始化时初始化参数
Switch# delete flash:config.text    !永久删除 flash 中配置的文件
Switch#
```

☞**阅读资料**

交换机硬件组成

CPU：提供控制和管理交换机功能，控制和管理所有网络通信的运行，在交换机中，CPU 的作用通常没有那么重要。因为大部分的交换计算由一种称为专用集成电路 ASIC 的芯片来完成。

ASIC 芯片：ASIC 芯片是交换机内部的硬件集成电路，用于交换机所有端口之间直接并行转发数据，以提高交换机高速转发数据的性能。

RAM、ROM：和计算机一样，RAM 主要用于辅助 CPU 工作，对 CPU 处理的数据进行暂时存储；ROM 主要用于保存交换机操作系统的引导程序，固化保存设备启动引导程序。

Flash：Flash 用来保存交换机的操作系统程序以及交换机系统的配置文件信息等，它可读、可写、可存储，具有读写速度快的特点。

```
Switch# ping 192.168.0.101    !测试计算机和交换机连接之间的连通性,有数据返回表明网络连通,否则表明网络不通
Switch#
Switch# ping 192.168.0.102    !测试计算机和交换机连接之间的连通性,有数据返回表明网络连通,否则表明网络不通
Switch#
```

教学提示：

show mac-address-table、show running-config 查看到的都是当前生效的配置信息，该信息存储在交换机 RAM 中，当交换机掉电重新起动时会重新生成新的 MAC 地址表和配置信息。

2. 在 IIS 中开启 FTP 服务器

(1) 开启 FTP 服务。

选择测试计算机 1 作为网络服务器。在计算机 1 中单击“开始”菜单，打开“控制面

板”—“管理工具”，在管理工具窗口中选择“Internet 服务管理器”图标打开“Internet 信息服务”窗口，单击“默认 FTP 站点”项目，如图 1—46 所示。

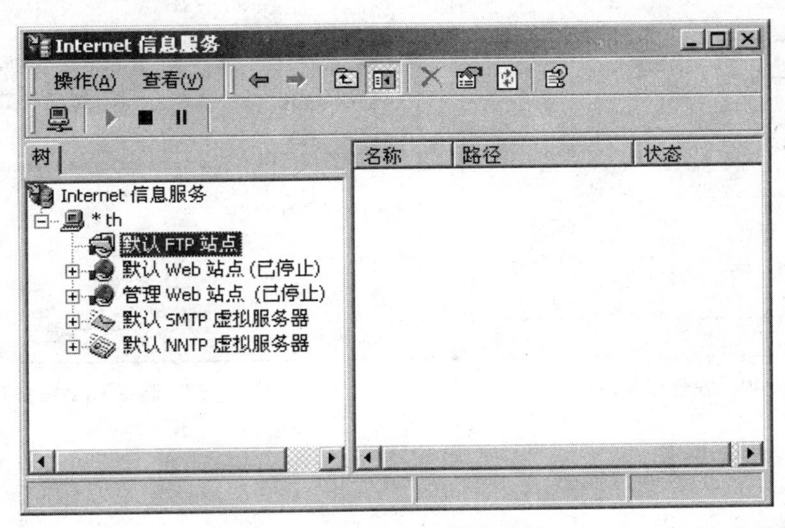

图 1—46　Internet 服务窗口

在 Internet 信息服务中右击已存在的“默认 FTP 站点”，选择“属性”，如图 1—47 所示。

IP 地址是动态 IP，可选择“全部未分配”，FTP 的默认端口是 21。然后指定该 FTP 站点的主目录路径，设置用户的访问权限，如需要赋予访问者上传的权限，这里也应该选中“写入”，如图 1—48 所示。

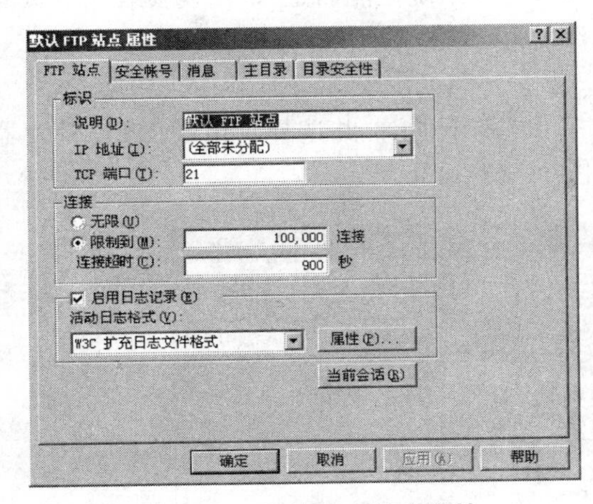

图 1—47　默认 FTP 站点属性

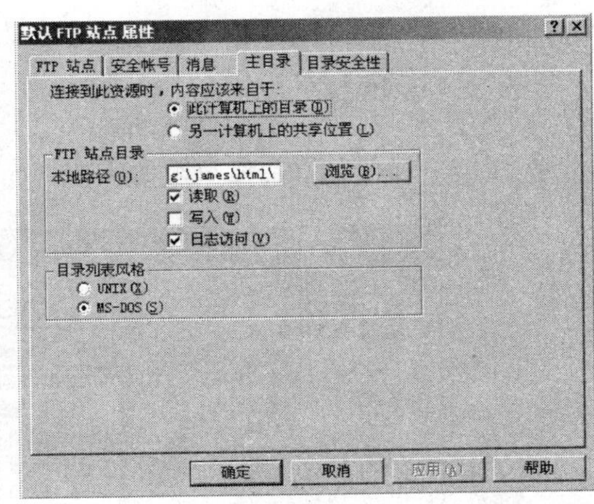

图 1—48　主目录和用户访问权限设置

安全账号中如选中只允许匿名连接，则 FTP 只对匿名用户开放，如图 1—49 所示，单击“确定”设置完毕。

（2）测试验证 FTP 服务。

打开测试计算机 2 的 IE 浏览器，在地址栏中输入“ftp：//192.168.0.101”，应该能看到 FTP 服务器上的内容，如图 1—50 所示。

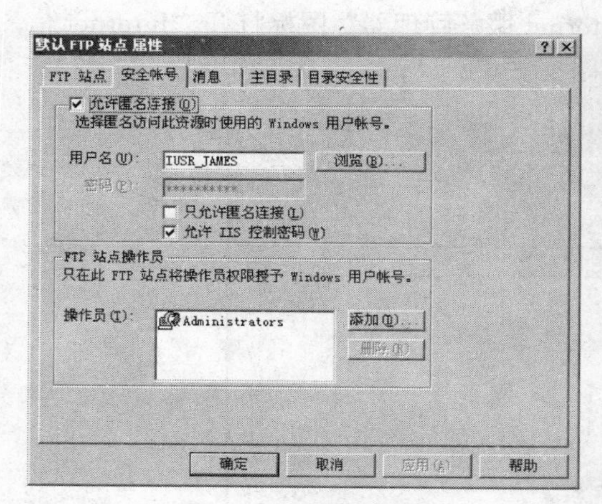

图 1—49　安全账号设置

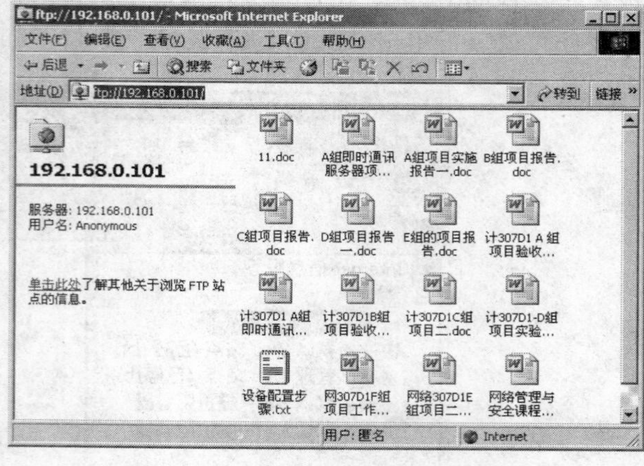

图 1—50　测试 FTP 服务器

3. RTX 安装与配置

（1）RTX 安装。

RTX 安装包及使用手册等详细资料可以通过如下网址下载：http：//rtx. tencent. com/rtx/download/index. shtml。

把下载解压缩得到的 RTX 服务端安装文件 RTXSxxx. exe 和 RTX 客户端安装文件 RTXCxxx. exe 放到作为网络服务器的测试计算机 1 的本地硬盘目录中。

双击运行 RTXSxxx. exe 服务端安装包文件，阅读说明单击“下一步”，跳过引导页；仔细阅读 RTX 的许可协议说明，确认后，单击“我同意”，跳过许可协议页；选择安装路径，单击“安装”按钮，耐心等待几分钟（时间长短以系统性能而定）；出现安装完成页面，单击“完成”按钮，完成服务端软件的安装操作。

（2）配置组织架构及用户。

点击“开始”菜单，指向“所有程序”，指向“腾讯通”，并选择腾讯通 RTX 管理器；在左边选择用户管理组，选择组织架构页，如图 1—51 所示。

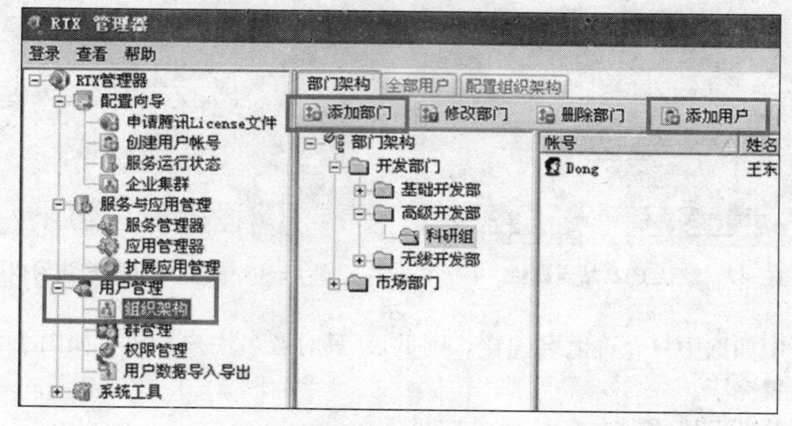

图 1—51　RTX 管理器

点击“添加部门”，输入部门名称（如开发组），按“确定”；重复可添加多个部门。

点击“添加用户”，输入账号（如 lisa、tom 等）、RTX 号码、姓名、手机号并分配密码，在对话框下方为该用户选择部门，如刚才添加的开发组，按“确定”；重复可添加多个用户。

（3）安装客户端。

在测试计算机 2 的 IE 地址栏输入“http：//192.168.0.101：8012”，点击网页的“下装客户端安装程序”，即可下载客户端安装包，如图 1—52 所示。

双击运行 RTXCxxx.exe 客户端安装包文件。阅读说明按“下一步”，跳过引导页；仔细阅读 RTX 的许可协议说明，“确认”后，按“我同意”，跳过许可协议页；选择安装路径，按“安装”按钮；耐心等待几分钟（时间长短以系统性能而定）；出现安装完成页面，按“完成”按钮，完成客户端软件的安装操作。

（4）登录 RTX 并操作验证。

在测试计算机 2 点击“开始”菜单，指向“所有程序”，指向“腾讯通”，并选择腾讯通 RTX；弹出 RTX 登录界面，在账号/密码位置，输入配置用户中的账号和对应的密码（如 lisa），并输入服务器地址（192.168.0.101），端口号默认 8000；在本机上，选择联系人菜单，再查找联系人，输入 tom，查找，右键点击添加到常用联系人，在主界面的联系人分组中就可以看到 tom 已经在线（账号前显示为蓝色图标），如图 1—53 所示。

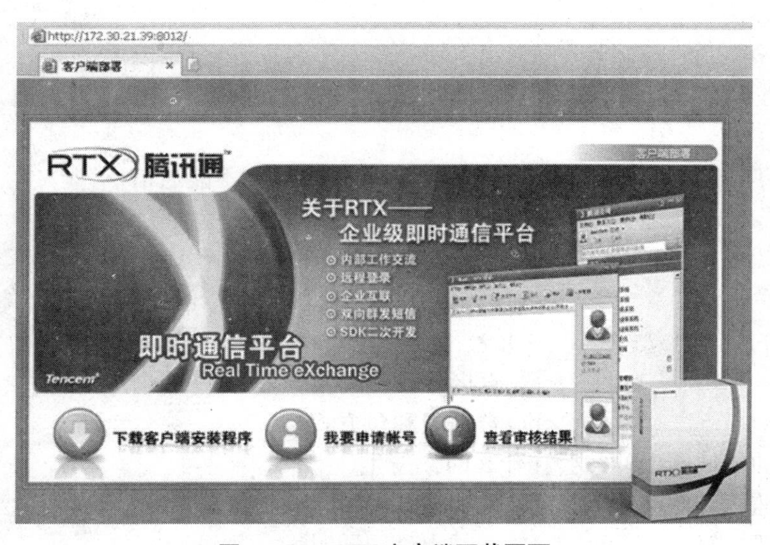

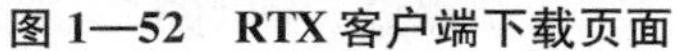
图 1—52　RTX 客户端下载页面

图 1—53　RTX 客户端主窗口

双击 tom 账号，弹出对话窗口，即可进行对话；也可在主面板的“组织架构”里直接找到 Tom 进行对话。

腾讯通 RTX（Real Time eXchange）是腾讯公司推出的企业级即时通信平台，与 QQ、

MSN 等即时通信软件有类似的使用方法。使用过 QQ、MSN 的用户可以很快适应和熟练使用 RTX。

1.2.8 任务小结

通过本任务的学习，可以了解局域网的广播和冲突的机制、交换式局域网的概念、交换机的工作原理和基本功能、网络服务器的基本概念、IIS 服务器和即时通信服务器的功能。

本任务用可网管的接入交换机作为办公网络的网络连接设备。接入交换机是具有端口密集特点的网络互联设备，在局域网中被广泛地应用于设备的大量接入。通过 PC 与交换机直接相连和通过 Telnet 对交换机进行远程管理是可网管交换机配置较为常见的访问方式。

通过任务实施过程，可以掌握交换机的连接、配置和管理技术，网络基本故障测试与排除方法。

网络服务器承担网络管理、响应客户机信息请求等功能，根据其作用的不同可分为 Web 服务器、FTP 服务器、DNS 服务器、即时通信服务器等，满足网络内部用户的不同应用需求。

服务器资源的共享是网络最基本的功能和特征。在一个用于企业办公的网络中，网络服务器的各种服务功能对于及时顺畅的信息沟通、提高生产效率和管理质量起到了至关重要的作用。

通过任务实施过程，可以掌握 FTP 服务器和 RTX 即时通信服务器的配置和管理技术。

1.2.9 练习与思考

1. 交换机工作在 OSI 七层模型的(　　)。

A. 第一层　　B. 第二层　　C. 第三层　　D. 第三层以上

2. 当交换机处在初始状态下时，连接在交换机上的主机之间互相通信，采用(　　)通信方式。

A. 单播　　B. 广播　　C. 组播　　D. 不能通信

3. 以下对局域网的性能影响最大的是(　　)。

A. 拓扑结构　　C. 介质访问控制方式

B. 传输介质　　D. 网络操作系统

4. 局域网中两种主要的介质访问方式是(　　)。

A. 数据报和虚电路方式　　B. 直接方式和间接方式

C. 竞争方式和 C 令牌方式　　D. 数据报和包方式

5. 使用 CSMA/CD 技术的局域网中冲突会在什么时候发生(　　)。

A. 一个结点进行监听，监听到网络空闲　　B. 一个结点从网络上收到信息

C. 网络上某个结点有物理故障　　D. 两结点试图同时发送数据

6. 计算机局域网中，通信设备主要指(　　)。

A. 计算机　　B. 通信适配器　　C. 路由器　　D. 交换机

7. 在 Windows XP 中要为主机设置 IP 地址，与之相关联的图标是(　　)。

A. 我的文档　　B. Internet Explorer　　C. 回收站　　D. 网上邻居

8. Internet 网站域名地址中的 com 表示(　　)。

A. 政府部门　　B. 商业部门　　C. 网络服务器　　D. 一般用户

9. 园区网络中，公司 A 和公司 B 已经分别组建了自己的办公网络，并且网络操作系统都选用了 Windows 2000 Server，将这两个办公网互联的简单方法是选用(　　)。

A. 交换机　　B. 中继器　　C. 路由器　　D. 网关

10. FTP 的端口号是(　　)。

A. 21　　B. 22　　C. 23　　D. 80

11. 腾讯通 RTX 客户机如果是初始登录，系统会要求输入(　　)。

A. 网络服务器的地址　　B. RTX 服务器的地址

C. 应用服务器的地址　　D. 文件服务器的地址

1.3 无线网络组建任务

1.3.1 应用环境

随着信息技术的推广应用，人们可以越来越方便、快速、移动地接入和访问网络。笔记本电脑的普及以及无线局域网客户端产品价格的逐步下降，使得越来越多的人开始了解和熟悉无线局域网技术。

为了使企业办公网络延伸到如会议室、室外广场等有线局域网难以延伸或无法延伸到的场合，需要规划建设无线局域网，把其作为有线局域网有益的补充，使企业的员工和客户体会到随时、随地、移动接入技术带来的好处。

1. 网络无线接入设备选择

需要选择无线局域网的设备，提供企业办公网络无线接入服务。

2. 客户机无线接入企业办公网络

笔记本电脑等设备通过网络无线接入设备接入企业办公网络。

1.3.2 需求分析

在组建无线局域网时需要用到的无线局域网的设备有：无线客户端适配器、无线局域网接入点、无线路由器。

根据企业办公网络无线接入需求，可以在已有的办公网络中设置无线局域网接入点，有无线客户端适配器的计算机都可以无线上网。

1.3.3 方案设计

在实际的应用中，如果需要把无线局域网和有线局域网连接起来，或者有数量众多的计算机需要进行无线连接，通常采用以无线 AP 为中心的 Infrastructure 模式。

Infrastructure 无线局域网模式给用户提供更多的选择，既可以是纯粹的无线局域网，也可以是无线和有线混合局域网结构。

本方案选用 Infrastructure 结构的无线局域网模式。在原有的有线局域网中设置无线接入设备 AP，无线 AP 的 RJ45 端口接入原有的有线局域网。无线局域网和有线局域网计算机之间的通信通过无线 AP 进行连接，由无线 AP 转发信息，实现网络资源的共享。

组建后的网络具有无线和有线的混合局域网结构，如图 1—54 所示。

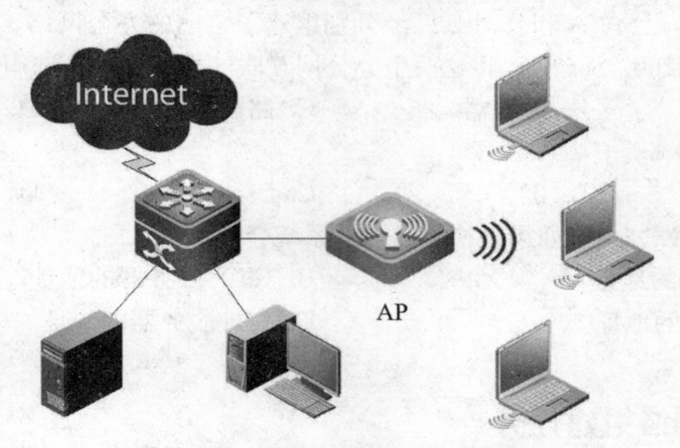

图 1—54 无线和有线混合局域网结构

1.3.4 相关知识：无线局域网

1. 无线通信概念

无线局域网主要是通过无线电波来通信。无线电波不仅能用来传送广播和电视节目，探测某些目标，引导轮船和飞机的航行，控制火箭和卫星遥控和遥测等，还可以进行网络通信。

无线电波通信包括无线电波、微波、卫星通信和移动通信等，它们分别具有不同的传输速率和传输距离，支持不同的通信类型。

无线电波虽然属于公共的传输介质，但考虑到安全，无线电波又是国家管制的资源，经过申请后由政府相关组织分配使用。相关频段划分给不同的领域使用，常见的划分为：

中波（中频），300kHz～3MHz，主要用于对国内的无线电广播。

短波（高频），3～300MHz，主要用于远距离国际无线电广播、远距离无线电话及电报通信、无线电传真、海上和航空通信等。

微波，300MHz～300GHz，用于地面电视、调频广播、移动通信、导航、雷达定位测速、卫星通信等传输。

考虑到无线电在工业、科学、医疗和航空等领域的广泛使用，美国联邦通信委员会对使用无线电的计算机通信，开放了无需申请就可以使用的 ISM（Industrial Scientific and Medical）频段，使用的传输频段以 2.4GHz 和 5.8GHz 作为无线网络传输信号频点。

2. 无线局域网概念

无线局域网是计算机网络技术与无线通信技术结合的产物，与有线局域网的安装和通信过程一样，只是无线局域网是利用无线电波信号作为信息的传输媒介。

有线局域网的传输媒介主要是铜缆或光缆。在某些场合，有线局域网的布线要受到环境条件的限制：工程量大；费用昂贵、耗时多；线路容易损坏；网中的各结点不易移动；网络的扩展受到限制。而无线局域网具有“无线”的特点，正好弥补有线局域网安装和建设中的不足。

无线局域网覆盖范围一般视环境而定，如一般标准不加天线，在室内开放空间覆盖范围为 100～250m；在办公室等半开放空间覆盖范围为 35～50m；在室外则视建筑物间隔、材质及遮蔽情况而定，覆盖范围最远可达 20km。

无线局域网具有像传统局域网一样的特性和优势，无线局域网抗干扰性强、保密性好。但无线局域网也有缺点，它的数据传输速率还不太令人满意，在有线局域网中 100Mbps 已经是最基本速率标准，虽然无线局域网最高也有 100Mbps 标准，但现在使用更多的是 54 Mbps 标准，实际网络速度可能还会更低。

无线局域网并不是用来取代有线局域网技术的，而是用来弥补有线局域网的不足，是对有线联网方式的一种扩展和补充，可进一步扩展有线局域网的应用范围。

简单的无线局域网一般由无线接入点（AP）、无线网卡以及计算机等设备组成。无线 AP 是无线局域网和有线局域网之间沟通的桥梁，在无线 AP 覆盖范围内的无线计算机与无线 AP 之间的连接是通过无线信号方式实现的。无线网卡是无线局域网和计算机连接的中介，在无线信号覆盖区域中，无线计算机通过无线网卡，以无线电信号方式接入到局域网中。

3. 无线局域网通信协议

由于无线局域网也是局域网的一种分类，和有线局域网一样，IEEE 组织也为无线局域网的通信规划了一系列的通信标准。到目前为止，IEEE 组织正式发布的无线局域网协议主要包括：IEEE 802.11、IEEE 802.11a、IEEE 802.11b、IEEE 802.11g，分别对应于不同的传输标准。

IEEE 802.11 是 IEEE 组织制定的第一个无线局域网通信标准，主要用于解决办公网和园区网中用户与用户终端的无线接入。业务主要限于数据存取，速率最高只能达到 2Mbps。由于它在传输速率和传输距离上都不能满足人们的需要，因此 IEEE 又相继推出了 IEEE 802.11a 和 IEEE 80.11b 两个新标准。

IEEE 802.11b 标准是对 IEEE 802.11 的修正，IEEE 802.11b 标准传输速率提高到 11Mbps，与普通的 10Base-T 有线网持平。IEEE 802.11b 使用的是开放的 2.4GHz 频段，使用时无需申请，可直接作为有线网络的补充，也可独立组网，灵活性很强。

IEEE 802.11a 是 IEEE 802.11b 标准的修正，解决速度的问题，因此 IEEE 802.11a 使用 5.8GHz 频段传输信息，避开了微波、蓝牙以及大量工业设备广泛采用的 2.4GHz 频段，在数据传输过程中，干扰大为降低，抗干扰性强，因此传输速率提高到 54Mbps。

IEEE 802.11g 仍使用开放的 2.4GHz 频段，以保证和目前很多设备的兼容性。但它使用了改进的信号传输技术，在 2.4GHz 频段把速度提高到了 54Mbps 进行传输。

IEEE 802.11g 是目前被看好的无线局域网标准，传输速率可以满足各种网络应用的需求。更重要的是，它还向下兼容 IEEE 802.11b 设备，但在抗干扰上仍不及 IEEE 802.11a。

4. 无线局域网组网模式

组建无线局域网时，可供选择的方案主要有两种：一种是无中心无线 AP 结构的 Ad-hoc 网络模式，一种为有中心无线 AP 结构的 Infrastructure 网络模式。这两种组网方式，在无线局域网规划中，都被广泛应用，各有优缺点，各有不同应用场合。

（1）Infrastructure 模式是目前最常见的无线局域网架构，这种架构包含一个或者多个无线 AP，通过无线电波与无线终端连接，可以实现无线终端之间的通信。接入点再通过电缆与有线局域网连接，从而构成无线局域网与有线局域网之间的通信，如图 1—55 所示。

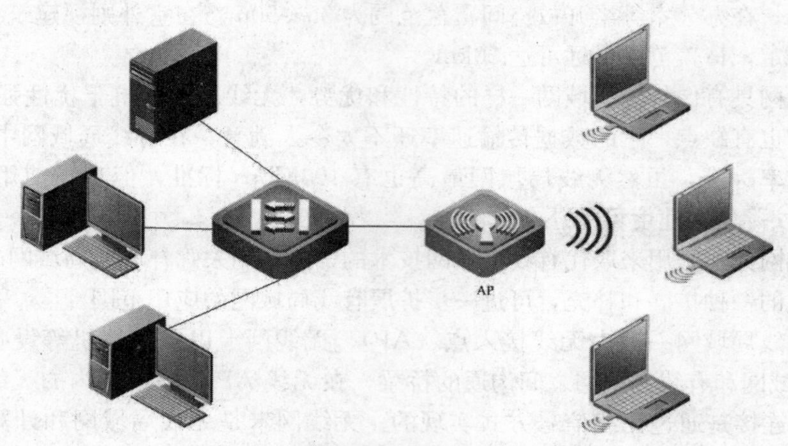

图 1—55 无线局域网的 Infrastructure 模式

（2）Ad-Hoc 模式又称为无线对等网模式。Ad-Hoc 模式利用多块无线网卡，自由组成一个局域网。构成一种临时性的、松散的局域网组织方式，实现点对点与点对多点设备的连接，如图 1—56 所示。不过这种方式要求设备必须要配置有相同的 SSID，而且处于同一个信道才能建立相同的无线连接，不能直接连接外部网络。

图 1—56 无线局域网的 Ad-Hoc 模式

1.3.5 实施过程

1. 配置无线 AP

（1）设备材料准备。

交换机 1 台，无线 AP1 台，配置和测试用台式计算机 1 台，有无线网卡的笔记本电脑 1～2 台，网线若干根。

（2）网络设备连接。

把 PC3 和无线 AP 分别用网线连接到交换机的 2 个 RJ45 端口，如图 1—57 所示。开启并确保设备正常工作。

图 1—57　无线和有线连接的混合局域网

（3）网络设备 IP 地址配置。

在笔记本 PC1 上，打开“网络连接”，选择如图 1—58 所示的“无线网络连接”图标，右击选择快捷菜单中的“无线网络连接属性”，选择“无线网络连接属性”对话框中的“Internet 协议（TCP/IP）”选项，再单击“属性”按钮，按照表 1—3 的规划设置 IP 地址。用同样的方法配置笔记本 PC2 的 IP 地址。

表 1—3　　测试计算机 IP 地址规划表

测试计算机	IP 地址	子网掩码	默认网关
无线 AP	192.168.0.200	255.255.255.0	
笔记本 PC1	192.168.0.101	255.255.255.0	
笔记本 PC2	192.168.0.102	255.255.255.0	
台式机 PC3	192.168.0.103	255.255.255.0	

图 1—58　笔记本网络连接窗口中有无线网络连接图标

（4）无线 AP 配置。

双路双频三模室内型 RG-P-720 无线 AP 的缺省 IP 地址是：192.168.2.2，子网掩码是

255.255.255.0。通过 IE 浏览器初次访问 RG-P-720 的步骤是：先将台式机 PC3 的 IP 地址配置成静态 IP 地址，并在 192.168.2.0 子网内，子网掩码为 255.255.255，输入 RG-P-720 的缺省 IP 地址 https：//192.168.2.2；输入管理员登录信息，访问 RG-P-720Web 管理界面。缺省的管理员登录信息为：用户名：admin，密码：admin01。

当成功登录后，管理菜单会显示在每个页面的上部，如图 1—59a 所示。可以从这里选择“Network”，单击“Edit”按钮，按照表 1—3 的规划配置无线 AP 的 IP 地址，如图 1—59b 所示。当点击了“Apply Changes”按钮后，为了保存当前的参数，RG-P-720 需要重新启动。接着按照表 1—3 的规划修改台式机 PC3 的 IP 地址值。确保网络上的所有设备都在同一个网段。

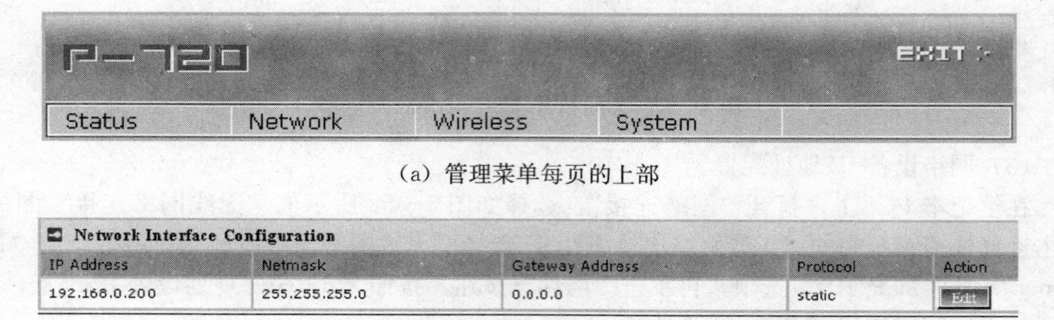

（a）管理菜单每页的上部

（b）配置无线 AP 的 IP 地址

图 1—59

无线 AP 重新启动后，通过台式机 PC3 可以重新登录无线 AP 的 Web 管理界面，查看到系统的配置信息，如图 1—60 所示。

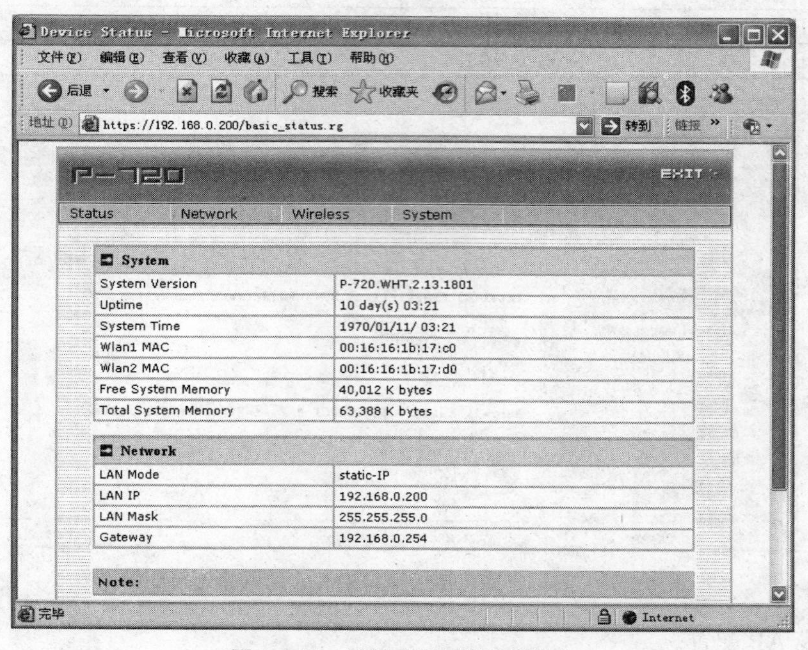

图 1—60　无线 AP 系统配置信息

(5) 笔记本无线接入。

笔记本电脑在无线网卡安装成功后，在桌面的任务栏上会显示“无线网络连接”图标，如图 1—61 所示。

图 1—61　任务栏上显示有“无线网络连接”图标

双击任务栏“无线网络连接”图标，出现如图 1—62 所示的“无线网络连接”窗口。笔记本电脑能自动搜索无线网络，显示已经通过 P-720 无线 AP 接入网络。

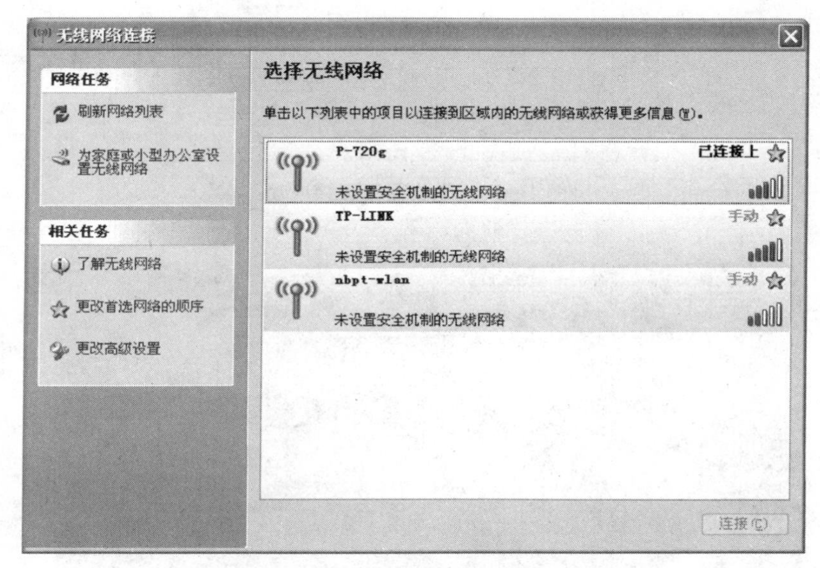

图 1—62　“无线网络连接”窗口

2. 测试验收

在笔记本 PC1“网络连接”窗口，选择“无线网络连接”图标，双击打开“无线网络连接状态”对话框，应该显示配置成功后无线局域网的连接状态，如图 1—63 所示。

在笔记本 PC1 的“开始”菜单中单击“运行”选项，在对话框中输入“cmd”命令并单击“确定”按钮进入命令操作状态。输入测试网络连通命令“ping 192.168.0.103”，如果和台式机 PC3 连通应有 Reply from 192.168.0.103 数据返回，否则表明有线网络不通，如图 1—64 所示。

1.3.6　任务小结

通过本任务的学习，了解了无线通信原理、无线局域网通信协议、无线局域网的概念以及无线局域网的组网模式。

Infrastructure 模式的无线局域网架构包含一个或者多个无线 AP，通过无线电波与无线终端连接，可以实现无线终端之间的通信。

基于无线 AP 的无线局域网技术可以很好地解决无线局域网接入有线局域网的问题，无

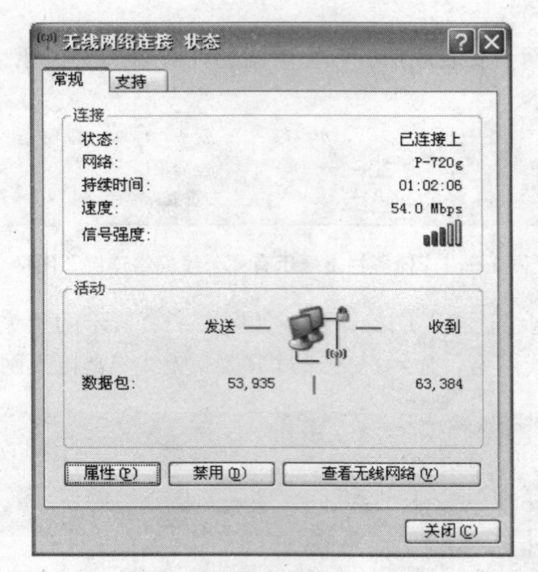

图 1—63　无线网络连接成功

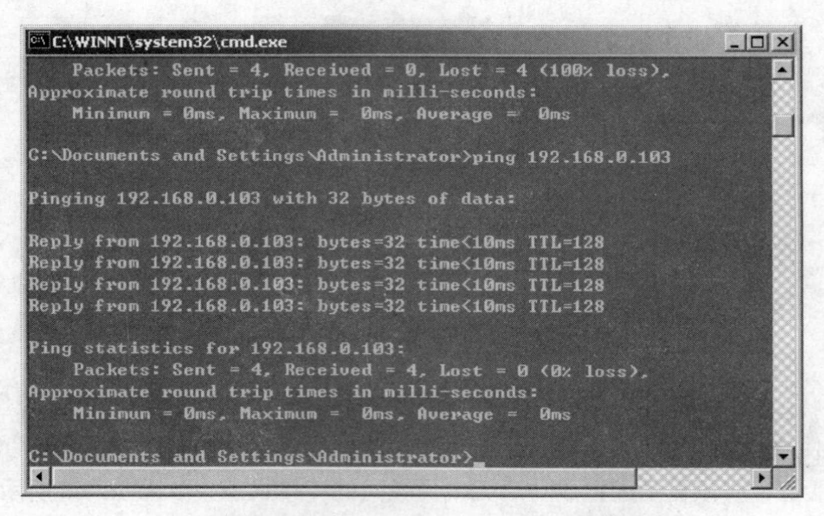

图 1—64　测试与 192.168.0.103 的网络连通性

线和有线的融合是目前企业网络组建的最为常见的技术解决方案。

在组建无线局域网的过程中，需要掌握无线 AP 和无线网卡安装调试技术，无线局域网信号搜索方法，连通性测试技术，并会排除其网络故障。

1.3.7　练习与思考

1. 下列属于无线通信线路上使用的传输介质是(　　)。

A. 双绞线　　B. 光缆　　C. 同轴电缆　　D. 红外线

2. 无线局域网是属于(　　)类型的网络。

A. LAN　　B. WAN　　C. MAN　　D. 以上选项都不是

3. 目前使用许多无线设备标注的网络传输速度是 54Mbps，实际传输速率是(　　)。

A. 54Mbps　　B. 大于 54Mbps

C. 小于 54Mbps　　D. 标准传输速率的一半左右

4. 按无线通信协议标准，无线网卡可分为(　　)。

A. IEEE 802.11　　B. IEEE 802.11a　　C. IEEE 802.11c　　D. IEEE 802.11d

5. 无线组网模式包括(　　)。

A. Ad-Hoc　　B. Infrastructure　　C. 无线 AP　　D. 无线路由

6. 以下(　　)是无线局域网工作的频段。

A. 2.0GHz　　B. 2.4GHz　　C. 2.5GHz　　D. 5.0GHz

7. 无线局域网的通信协议有(　　)。

A. IEEE 802.11a　　B. IEEE 802.11b　　C. IEEE 802.11c　　D. IEEE 802.11d

8. 关于 IEEE 802.11g 的说法正确的是(　　)。

A. IEEE 802.11g 使用开放的 5.8GHz 频段，传输速率提高到了 54Mbps

B. IEEE 802.11g 使用开放的 5.8GHz 频段，传输速率提高到了 100Mbps

C. IEEE 802.11g 使用开放的 2.4GHz 频段，传输速率提高到了 54Mbps

D. IEEE 802.11g 使用开放的 2.4GHz 频段，传输速率提高到了 11Mbps

9. 无线局域网中使用的通信原理是(　　)。

A. CSMA　　B. CSMA/CD　　C. CDMA　　D. CSMA/CA

10. 关于可能需要无线局域网的情形说法错误的是(　　)。

A. 无固定工作场所的使用者　　B. 有线局域网络架设受环境限制

C. 作为有线局域网络的备用系统　　D. 构建安全可靠的局域网络

第 2 章　中型企业网络组建项目

中型企业网络由多个小型企业网络互相连接而成，在小型企业网络基础上扩展就形成了中型企业网络。中型网络中通常有几百甚至上千台的计算机设备。与小型网络相比，中型企业网络的空间范围更大，结构上更复杂，甚至可能会使用几种不同类型的网络介质。典型的中型企业网络应用经常出现在企业园区网络环境中，如图 2—1 所示。

图 2—1　园区网络环境

中型企业网络通常需要划分为好几个网络段，需要使用多台交换机和更多的其他网络互联设备。因此，中型企业网络设计与规划需要用到不同区域网络的互联技术。

随着企业园区入住企业越来越多，园区内企业之间需要相互交流和合作，把各家企业的小型网络互相连接组建成能够相互访问的中型企业网络已经提上议事日程。本章中的中型企业网络组建项目就是围绕企业园区各家企业联网需求而展开的。我们把整个项目分解成企业间网络连接、企业间网络安全隔离、企业间网络互通等三个任务来完成。

在第 1 章小型企业网络组建项目的实施过程中，介绍了小型企业网络项目构建的完整步骤，本章中的中型企业网络组建项目的所有工作任务都需要在上一章小型企业网络组建项目工作任务的基础上进一步拓展：学习规划、构建和实施一个中型企业网络组建项目。

在中型企业网络组建项目实施过程中，可以熟悉更多交换机的互相连接技术，掌握交换机更多的配置技术和管理方法。

2.1 企业间网络连接任务

教学重点：

运用多交换机之间级联、链路聚合和生成树协议等技术，使企业园区内企业间的网络互相连接。

教学难点：

多交换机之间链路聚合配置、交换机之间的冗余链路生成树协议配置。

2.1.1 应用环境

企业园区内的各家企业都建立了本企业的内部办公网络。

1. 各个企业的网络互相连接

企业园区内的企业数量不断增多，这些企业分布在企业园区的几个不同的大楼中，企业园区管理部门希望把分布在这些大楼内不同区域的企业原有网络互相连接起来，形成一个共享的网络系统。这是一个中型企业网络的应用环境。

2. 企业之间的网络能够互相访问

共享的网络系统能够在全网络范围内提供企业间的互相访问，建立实时的数据传输，提供可靠、高速、可管理的网络环境，以实现广泛的资源和数据共享，提供统一身份认证、电子邮件等网络服务。

2.1.2 需求分析

把企业园区内的各家企业和办公楼原有的网络连接起来，保证各企业之间的网络互相连通，共享网络信息资源，可以采用多交换机之间的级联技术扩展网络，延伸网络距离。

为了使企业园区内的各家企业能够高速传输包括视频在内的数据，相互之间要使用高速带宽连接。用于楼间互联的交换机采用链路聚合技术，可以增大网络之间的传输带宽。

企业园区网络需要保证数据传输信息流的畅通无阻。把网络组成环路，保证网络之间有多条连接链路，使网络具有备份链路，同时启用交换机的生成树协议，这样即使在网络出现临时故障时，网络也有良好的容错机制，以避免网络系统因为局部出现故障而导致系统功能的失效。

企业园区中型企业网络建设工程项目涉及各企业办公网络以及大楼之间的连接技术，同时会用到主干交换机之间连接时的链路聚合技术，以获得交换机以太网口连接时的高速带宽需求。

2.1.3 方案设计

企业园区网络具有比企业办公网络更复杂的网络形式、更复杂的网络技术和更多的网络设备，它是网络应用的一个重要领域。

企业园区组建了网络中心，对整个企业园区网络进行规划，设计成一个中型企业网络。把企业园区内的各家企业和办公楼原有的网络连接起来，使更多的计算机设备接入到企业园区网络中，如图2—2所示。

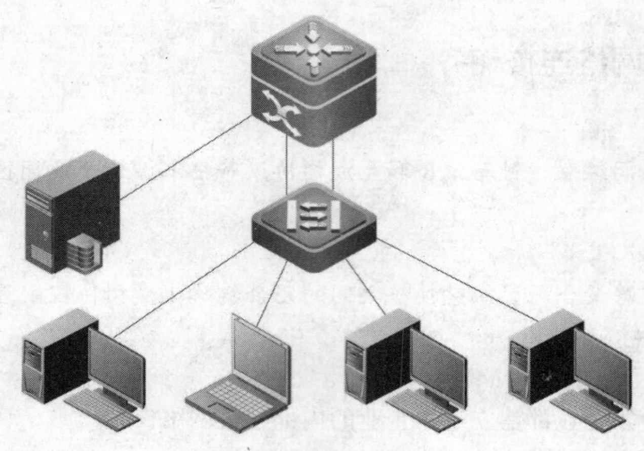

图 2—2 中型企业网络

企业园区中型网络是对原有企业办公网络的扩充。原来企业办公网络网中的几台交换机已经无法满足用户的需求，因此需要在企业园区中型网络中引入更多性能更好的网络互联设备。网络中的交换机之间互相连接拟采用可以延伸交换机之间的连接距离、扩展网络范围的级联技术和可以增加网络端口的连接密度、增加网络带宽的堆叠技术。

图 2—2 所示是网络设计方案中经过简化的企业园区中型网络的网络拓扑，图中使用两台交换机级联提供企业网络之间的设备接入。由于交换机采用广播传输工作机制，两台设备的工作原理和多台设备的工作原理是相似的。

为了满足企业园区网络中高速传输数据需求，在企业园区网络交换机之间采用双链路聚合技术进行连接，以避免交换机之间采用单一链路连接无法承载高带宽需求的缺陷。另外由于双链路的聚合技术同时也形成了链路冗余，增强了网络的健壮性。

不过也可能因为冗余链路造成信息之间的循环传输，形成传输环从而降低网络的工作效率。这个问题是交换机之间的广播传输机制引起的，可以采用交换机的管理技术来解决。

2.1.4 相关知识：多交换机之间级联

在多交换机的局域网环境中，交换机的级联和堆叠是常用的两种重要技术。级联技术可以实现多台交换机之间的互联；堆叠技术可以将多台交换机组成一个单元，从而提高更大的端口密度和更高的性能。

最简单的局域网通常由一台交换机和若干台电脑设备组成。随着计算机数量的增加、网络规模的扩大，在越来越多的局域网环境中，多台交换机互联取代了单台交换机。

级联可以定义为两台或两台以上的交换机通过一定的方式相互连接。根据需要，多台交换机可以以多种方式进行级联。在较大的局域网例如园区网和校园网中，多台交换机按照性能和用途一般形成总线型、树型或星型的级联结构。

园区网是交换机级联的极好例子。这些宽带园区网自上向下一般分为 3 个层次：核心层、汇聚层、接入层。如图 2—3 所示。

这种结构的宽带园区网实际上就是由各层次的许多台交换机级联而成的。核心交换机或路由器下连若干台汇聚交换机，汇聚交换机下联若干台校区中心交换机，校区中心交换机下

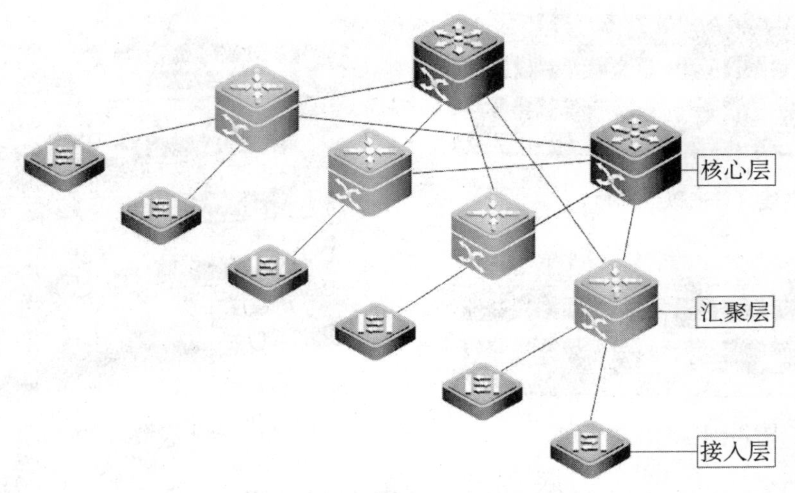

图 2—3　宽带园区网 3 层结构

连若干台楼宇交换机，楼宇交换机下连若干台楼层或单元交换机。

交换机间一般通过普通用户端口进行级联，如图 2—4 所示。有些交换机则提供了专门的级联端口（Uplink Port）。这两种端口的区别仅仅在于普通端口符合 MDI 标准，而级联端口（或称上行口）符合 MDIX 标准。由此导致了两种方式下接线方式不同：当两台交换机都通过普通端口级联时，端口间电缆采用直通电缆；当且仅当其中一台通过级联端口级联时，采用交叉电缆。

为了方便进行级联，某些交换机上提供一个两用端口，可以通过开关或管理软件将其设置为 MDI 或 MDIX 方式。更进一步，某些交换机上全部或部分端口具有 MDI/MDIX 自校准功能，可以自动区分网线类型，进行级联时更加方便。

交换机间级联的层数是有一定限度的。成功实现级联的最根本原则就是任意两站点之间的距离不能超过媒体段的最大跨度。多台交换机级联时，应保证它们都支持生成树（Spanning-Tree）协议，既要防止网内出现环路，又要允许冗余链路存在。

进行级联时，应该尽力保证交换机间中继链路具有足够的带宽，为此可采用接下来将要提到的链路聚合技术。

2.1.5　相关知识：多交换机之间堆叠

堆叠是指将一台以上的交换机组合起来共同工作，以便在有限的空间内提供尽可能多的端口。多台交换机经过堆叠形成一个堆叠单元，如图 2—5 所示。

堆叠与级联这两个概念既有区别又有联系。堆叠可以看作是级联的一种特殊形式。它们的不同之处在于：级联的交换机之间可以相距很远，而一个堆叠单元内的多台交换机之间的距离非常近，一般不超过几米；级联一般采用普通端口，而堆叠一般采用专用的堆叠模块和堆叠电缆。一般来说，不同厂家、不同型号的交换机可以互相级联，堆叠则不同，它必须在可堆叠的同类型交换机（至少应该是同一厂家的交换机）之间进行；级联仅仅是交换机之间的简单连接，堆叠则是将整个堆叠单元作为一台交换机来使用，这不但意味着端口密度的增加，而且意味着系统带宽的加宽。

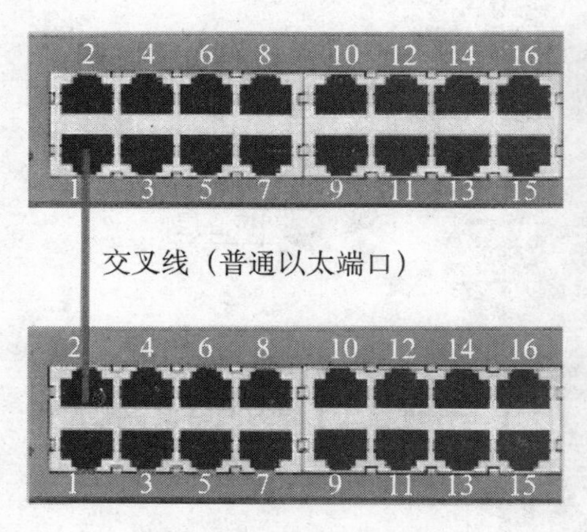

图 2—4　交换机级联

图 2—5　多台交换机堆叠

目前，市场上的主流交换机可以细分为可堆叠型和非堆叠型两大类。而号称可以堆叠的交换机中，又有虚拟堆叠和真正堆叠之分。所谓虚拟堆叠，实际就是交换机之间的级联。交换机并不是通过专用堆叠模块和堆叠电缆，而是通过百兆端口或千兆端口进行堆叠，实际上这是一种变相的级联。即便如此，虚拟堆叠的多台交换机在网络中已经可以作为一个逻辑设备进行管理，从而使网络管理变得简单起来。

真正意义上的堆叠应该满足：采用专用堆叠模块和堆叠总线进行堆叠，不占用网络端口；多台交换机堆叠后，具有足够的系统带宽，从而保证堆叠后每个端口仍能达到线速交换；多台交换机堆叠后，VLAN 等功能不受影响。

目前市场上有相当一部分可堆叠的交换机属于虚拟堆叠类型而非真正堆叠类型。很显然，真正意义上的堆叠比虚拟堆叠在性能上要高出许多，但采用虚拟堆叠至少有两个好处：虚拟堆叠往往采用标准 Fast Ethernet 或 Giga Ethernet 作为堆叠总线，易于实现，成本较低；堆叠端口可以作为普通端口使用，有利于保护用户投资。采用标准 Fast Ethernet 或 Giga Ethernet 端口实现虚拟堆叠，可以大大延伸堆叠的范围，使得堆叠不再局限于一个机柜之内。

堆叠可以大大提高交换机端口密度和性能。堆叠单元具有足以匹敌大型机架式交换机的端口密度和性能，而投资却比机架式交换机便宜得多，实现起来也灵活得多。这就是堆叠的优势所在。

机架式交换机可以说是堆叠发展到更高阶段的产物。机架式交换机一般属于部门以上级别的交换机，它有多个插槽，端口密度大，支持多种网络类型，扩展性较好，处理能力强，但价格昂贵。

2.1.6　相关知识：多交换机之间链路聚合

多交换机链路聚合技术亦称主干技术（Trunking），其实质是将多台交换机间的数条物理链路“组合”成逻辑上的一条数据通路，称为一条聚合链路。多台交换机链路聚合形成一个拥有较大带宽的复合主干链路，以实现主干链路均衡负载并提供链路冗余。如图 2—6 所示。交换机之间两条物理链路组成一条聚合链路。该链路在逻辑上是一个整体。

在多条物理链路当作一条逻辑链路使用的链路聚合技术中，通信由聚合到逻辑链路中

图 2—6　交换机之间链路聚合

的所有物理链路来共同承担。聚合在一起的链路传输速率是单一逻辑链路传输速率的叠加，使用户在交换机之间获得一条更高传输速率的链路，以经济的方式逐渐增加网络传输带宽。

在园区网络建设中，由于网络中数据通信量的快速增长，现有的百兆、千兆带宽对于许多网络服务和应用来说远远不够。链路聚合技术在一定程度上可以解决网络服务和应用中带宽不足的问题。

链路聚合技术还在点到点链路上提供了固有并且自动的冗余性。如果链路使用的多个物理端口中的一个出现故障，网络传输的数据流可以动态地转向逻辑链路中其他正常的端口进行传输，自动地完成了对实际流经某个端口的数据的管理。

链路聚合技术只能在 100Mbps 以上的链路上实现，而且各品牌设备对链路聚合的支持能力不尽相同，大部分交换机都支持最多 4～8 条平行的聚合链路，但有少数交换机支持更多链路的聚合。在具体应用中，需要根据交换机的具体品牌和型号进行设置。

2.1.7　相关知识：多交换机之间链路冗余

在主干网设备连接中，较为容易实现的是单一链路连接，但一个简单的故障就会造成网络的中断。因此在实际网络组建的过程中，为了保持网络的稳定性，往往在多台交换机组成的网络环境中使用备份链路或者冗余链路技术来提高网络的健壮性、稳定性。

备份链路之间的交换机经常互相连接形成一个环路，通过环路可以在一定程度上实现冗余。但是链路的冗余备份在为网络带来健壮性、稳定性和可靠性等好处的同时，也会使网络存在环路，环路问题是备份链路所面临的最为严重的问题，交换机之间的环路将导致广播风暴、多帧复制、地址表的不稳定等网络新问题的发生。

1. 广播风暴

交换机是按信息中携带的 MAC 地址，实现在不同端口之间转发数据，每一个端口通过识别来源于不同端口的 MAC 地址，学习生成地址表，交换机以后按照信息帧中携带的地址信息，根据生成地址表信息，把信息转发到不同端口，从而完成通信。

交换机依赖网络设备的 MAC 地址和端口的地址对应表进行数据的转发。若收到目的地址未知的数据帧，只能利用广播的形式来寻址，把收到的信息转发到所有的端口上，如果互相连接成环路的交换机之间都互相广播，其后果就是在一个环型网络中造成大量的数据在重复传输，即“广播风暴”，从而导致网络的瘫痪，如图 2—7 所示。

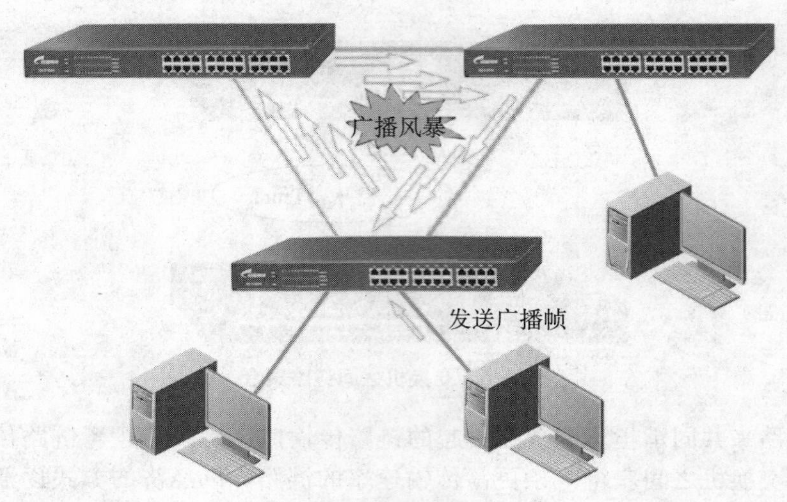

图 2—7　广播风暴形成示意

2. 多帧复制

网络中如果存在环路，目的主机可能会从不同的端口，收到某个数据帧的多个副本，此时会导致交换机在处理这些数据帧时无从选择，产生迷惑：究竟该处理哪个帧呢？严重时会导致网络连接的中断。

3. MAC 地址表的不稳定

当交换机连接不同网段时，将会出现通过不同端口收到来自同一个广播帧的多个副本的情况。这一过程也会同时导致 MAC 地址表的多次刷新。这种持续的更新、刷新过程会严重消耗内存资源，影响交换机的交换能力，同时降低整个网络的运行效率。严重时，将耗尽整个网络的资源，并最终造成网络的瘫痪。

4. 生成树协议避免环路

为了解决交换机冗余环路带来的“广播风暴”问题，交换机上需要启动生成树协议避免此类现象的发生。

生成树的工作方式如同生成一棵树，即建立无环路连接。生成树协议（Spanning Tree Protocol，STP）通过软件协议，判断网络中存在环路的地方，暂时阻断冗余链路来实现，当主干链路出现故障时，临时阻塞的链路马上恢复工作。这种方式可以确保到每个目的地的数据帧，都只有唯一路径，不会产生环路。生成树协议这样的控制机制可以协调多个交换机共同工作，使计算机网络可以避免因为一个接点的失败而导致整个网络连接功能的丢失，并且使冗余设计的网络环路不会出现广播风暴。

2.1.8　实施过程：组建企业间相互连接的网络

1. 多交换机之间级联

（1）设备材料准备。

交换机 2 台，交叉线 1 根，直连线 2 根，测试用计算机 2 台。

（2）网络设备连接。

如图 2—8 所示，把交叉线缆一端连接一台交换机的 Fa1 端口，保证连接的紧密性，另一端连接另一台交换机对应的 Fa1 端口中，保持设备的对称性。

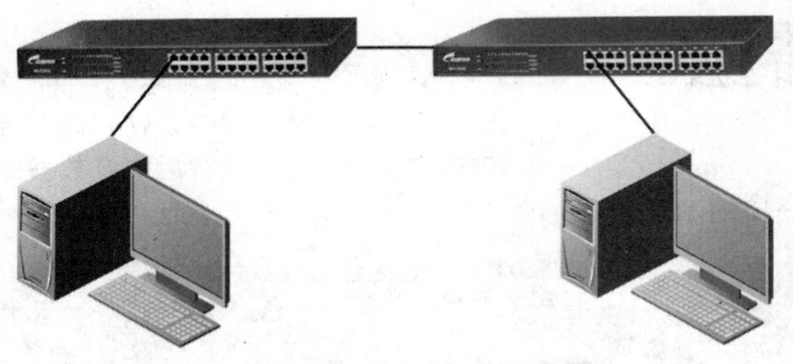

图 2—8　网络设备连接

使用直连网线分别将两台测试用计算机连接在交换机的任意 RJ45 口上，观察连接是否紧密。

开启所有设备，两台交换机的所有端口都将处于红灯自检状态，直到设备运行稳定。交换机连接网线端口的指示灯处于闪烁状态，测试计算机的网卡端口处于绿灯状态，表示网络设备处于连接完好稳定状态。

（3）计算机 IP 地址配置。

进入 Windows XP 操作系统，为连接的计算机配置管理 IP 地址，具体内容见表 2—1。

表 2—1　　**测试用计算机的 IP 地址配置**

测试用计算机	IP 地址	子网掩码	默认网关
PC1	192.168.0.101	255.255.255.0	192.168.0.1
PC2	192.168.0.102	255.255.255.0	192.168.0.1

配置地址过程：在“开始”菜单中选择“网络连接”，选择“本地连接”右击，选择快捷菜单中“属性”选项，选择“本地连接属性”中的“Internet 协议（TCP/IP）”选项，再按“属性”按钮，设置 TCP/IP 协议属性，为本计算机设置 IP 地址、子网掩码、默认网关等，如图 2—9 所示。以同样方式为连接的另一台计算机设置。

Internet 协议（TCP/IP）属性
常规
如果网络支持此功能，则可以获取自动指派的 IP 设置。否则，您需要从网络系统管理员处获得适当的 IP 设置。
自动获得 IP 地址(O)
使用下面的 IP 地址(S):
IP 地址(I): 192 .168 . 0 .101
子网掩码(U): 255 .255 .255 . 0
默认网关(D): 192 .168 . 0 . 1
自动获得 DNS 服务器地址(B)
使用下面的 DNS 服务器地址(E):
首选 DNS 服务器(P):
备用 DNS 服务器(A):
高级(V)...
确定　取消

图 2—9

（4）测试验收。

选取测试用计算机 PC2，在 Windows XP 操作系统中转到命令操作状态。在“开始”菜单中选择“运行”命令，在“运行”窗口中输入“cmd”命令，转到命令行操作环境，输入网络连通测试命令“ping 192.168.0.101”，“ping”命令执行后应有数据返回，否则表明网络不通，如图 2—10 所示。

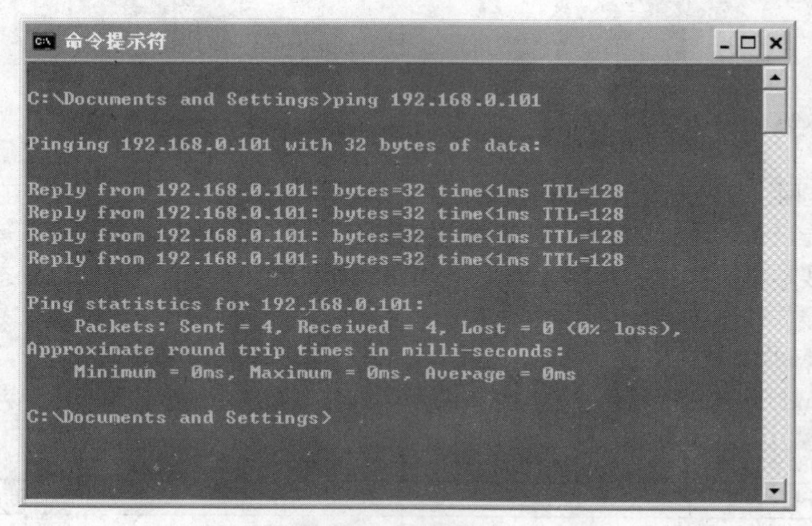

图 2—10　网络连通测试命令“ping 192.168.0.101”

同样也可以选取测试用计算机 PC1，用“ping 192.168.0.102”来测试是否与计算机 PC2 连通。

“ping”命令用于测试网络的连通性，是网络测试中最实用而普遍的命令，凡是使用 TCP/IP 协议的计算机，都可用“ping”命令来测试计算机的网络连接是否畅通。“ping”命令的执行过程是从一台计算机向另一台计算机发送几个数据包，对方如果收到就回送几个确认数据包，表示网络之间是连通的。

教学提示：

新购置使用的两台连接交换机应该是没有经过配置的。可以通过在交换机中使用“show running-config”命令查询有没有经过配置，还可以用“show vlan”命令查询 VLAN 有没有经过配置。

交换机属于智能型直通设备，连接正确加电后，设备就处于连通状态，不做任何配置管理，就可以连通工作。

2. 多交换机之间链路聚合配置

（1）设备材料准备。

交换机 2 台，交叉线 3 根，配置交换机和测试用计算机 1 台。

（2）网络设备连接。

用三根交叉线分别把两台交换机对应的以太网 RJ45 端口 Fa1、Fa2、Fa3 连接起来，把用于配置交换机的计算机连接到交换机的 Console 端口，如图 2—11 所示。

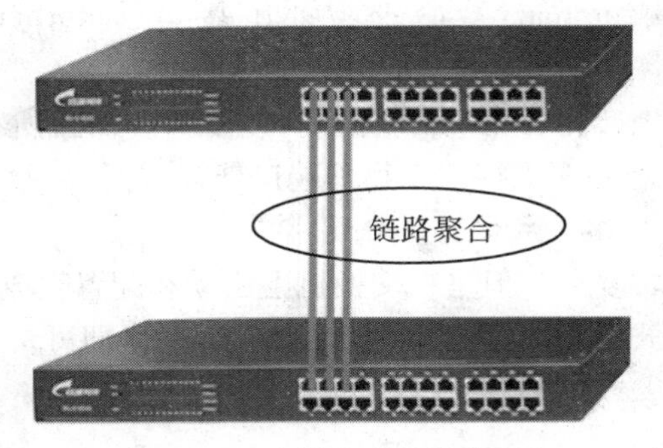

图 2—11　交换机之间链路聚合

(3) 交换机链路聚合配置。

开启交换机。注意在交换机自检完成，交换机端口连接设备指示灯稳定后，配置设备。

启动配置计算机中的超级终端程序，进入交换机配置状态。配置之前需要保证交换机内部系统配置参数处于清空状态。

配置命令如下：

```
Switch#
Switch# configure terminal
Switch (config) # interface range Fa 0/1-3          !打开交换机的 Fa0/1、Fa0/2、Fa0/3 端口
Switch (config-if-range) # port-group 1             !把打开三个端口聚合为一个端口组 1
Switch (config-if-range) # no shutdown
Switch (config-if-range) # end
Switch#
```

使用同样方式连接交换机和配置计算机，输入以上的配置命令。注意保证另一台交换机进行端口聚合配置之前，内部的系统配置处于清空状态。

(4) 测试验收。

用“show aggregatePort summary”命令可以在交换机上查看到端口聚合组 1 的信息，如图 2—12 所示。

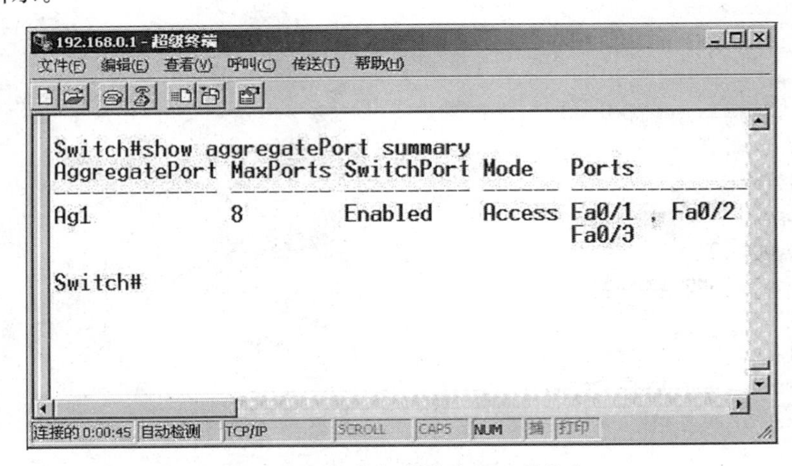

图 2—12　交换机上聚合组 1 的信息

“show aggregatePort summary”命令验证了接口 fastethernet 0/1、0/2 和 0/3 属于 Ag1。

只有同类型端口才能聚合为一个 aggregatePort 端口，而且所有物理端口必须属于同一个 VLAN。在锐捷交换机上最多支持 8 个物理端口聚合。

3. 交换机之间的冗余链路生成树协议配置

虽然生成树的原理非常复杂，但是在交换机上启动和配置生成树协议非常简单。启动交换机后，转到全局工作模式下，使用“spanning-tree”命令即可。

（1）开启生成树协议。

```
Switch(config)#spanning-tree
```

如果要配置生成树协议的类型，则用以下命令：

```
Switch(config)#spanning-tree mode stp/rstp
!锐捷全系列交换机默认使用 MSTP 协议.
```

（2）测试验收。

显示生成树状态：

```
Switch#show spanning-tree
StpVersion :MSTP
SysStpStatus :Enabled
BaseNumPorts :24
MaxAge :20
HelloTime :2
ForwardDelay :15
BridgeMaxAge :20
BridgeHelloTime :2
BridgeForwardDelay :15
MaxHops :20
TxHoldCount :3
PathCostMethod :Long
BPDUGuard :Disabled
BPDUFilter :Disabled

###### MST 0 vlans mapped :All
BridgeAddr :00d0.f807.05a5
Priority :32768
TimeSinceTopologyChange :2d:14h:9m:18s
TopologyChanges :0
DesignatedRoot :800000D0F80705A5
RootCost :0
RootPort :0
CistRegionRoot :800000D0F80705A5
CistPathCost :0

Switch#
```

显示 fastethernet 0/24 端口生成树协议的状态：

```
Switch# show spanning-tree interface fastethernet 0/24

PortAdminPortfast :Disabled
PortOperPortfast :Disabled
PortAdminLinkType :auto
PortOperLinkType :shared
PortBPDUGuard:Disabled
PortBPDUFilter:Disabled

###### MST 0 vlans mapped :All
PortState :discarding
PortPriority :128
PortDesignatedRoot :0000000000000000
PortDesignatedCost :0
PortDesignatedBridge :0000000000000000
PortDesignatedPort :0000
PortForwardTransitions :0
PortAdminPathCost :0
PortOperPathCost :2000000
PortRole :disabledPort

Switch#
```

☞阅读资料

MSTP 简介

STP（Spanning Tree Protocol，生成树协议）不能使端口状态快速迁移，即使是在点对点链路或边缘端口，也必须等待 2 倍的 forward delay 的时间延迟，端口才能迁移到转发状态。

RSTP（Rapid Spanning Tree Protocol，快速生成树协议）可以快速收敛，但是和 STP 一样存在以下缺陷：局域网内所有网桥共享一棵生成树，不能按 VLAN 阻塞冗余链路，所有 VLAN 的报文都沿着一棵生成树进行转发。

MSTP（Multiple Spanning Tree Protocol，多生成树协议）将环路网络修剪成为一个无环的树型网络，避免报文在环路网络中的增生和无限循环，同时还提供了数据转发的多个冗余路径，在数据转发过程中实现 VLAN 数据的负载均衡。

MSTP 兼容 STP 和 RSTP，并且可以弥补 STP 和 RSTP 的缺陷。它既可以快速收敛，也能使不同 VLAN 的流量沿各自的路径分发，从而为冗余链路提供了更好的负载分担机制。

2.1.9 任务小结

本节描述了一个中型企业网络应用环境，目标是建立企业园区内企业间的网络相互连接。本节主要介绍了如何把企业园区内多家企业办公网络扩展和延伸成为中型企业网络的办法。涉及的基本知识有多交换机之间级联的概念、堆叠和链路聚合的概念、交换机之间冗余链路的概念以及交换机生成树的概念。涉及的技术有多交换机之间级联、堆叠和链路聚合技术、多交换机之间链路聚合配置技术、交换机之间的冗余链路生成树协议配置技术。

为了扩展企业网络的范围，使用到更多的互联设备，交换机之间的连接有级联和堆叠两种方式。堆叠可以扩展端口密度，级联可以延伸网络距离。但堆叠交换机需要使用专用的堆叠模块。

为获得更大的带宽，可以把交换机之间多个端口聚合起来并行传输数据，有效地提高上行速度，从而消除网络访问中的瓶颈。另外链路聚合还具有自动带宽平衡容错功能，增加了系统的可靠性。

多个端口的并行连接，会形成交换环路。交换机之间的环路将导致广播风暴、多帧复制、地址表不稳定等问题发生，需要使用生成树协议解决。

2.1.10 练习与思考

1. 5 类双绞线在不加中继器和网络设备的情况下可以传输(　　)。

A. 50m　　B. 80m　　C. 100m　　D. 305m

2. 下面列举的网络连接技术中，不能通过普通以太网接口完成的是(　　)。

A. 主机通过交换机接入到网络

B. 交换机与交换机互联以延展网络的范围

C. 交换机与交换机互联增加接口数量

D. 多台交换机虚拟成逻辑交换机以增强性能

3. 园区的明邦公司需要增加 10 台电脑，但原有接入交换机只剩 4 个空余端口，交换机到办公区的线槽只能容纳 2～3 条网线，为了使新增电脑联网，较为合适的解决方案是(　　)。

A. 新购置一台 24 端口接入交换机，从机房级联至办公区

B. 新购置一台 24 端口接入交换机，与原有交换机进行堆叠，布线至办公区

C. 新购置一台无线路由器，在办公区连接到原有接入交换机，新增电脑用无线网卡接入

D. 新增电脑共用交换机剩下的 4 个端口接入，需要联网时采用先来先用的原则接入

4. 为了避免单链路故障，在交换机互联时可以采用冗余链路的方式，但冗余链路构成时，如果处理不当，可能给网络带来的问题有(　　)。

A. 广播风暴　　B. 多帧复制

C. MAC 地址表不稳定　　D. 交换机接口带宽变小

5. 下列技术中不能解决冗余链路带来的环路问题是(　　)。

A. 生成树技术　　B. 链路聚合技术

C. 快速生成树技术　　D. VLAN 技术

6. 在 OSI 模型的(　　)上数据传输的形态是以帧形态出现的。

A. 物理层　　B. 数据链路层　　C. 网络层　　D. 传输层

7. 当交换机不支持 MDI/MDIX 时，交换机间级联采用的线缆为(　　)。

A. 交叉线　　B. 直连线
C. 反转线　　D. 任意线缆均可
8. 在可网管交换机中，进入全局模式的命令是(　　)。
A. enable　　B. configure terminal
C. interface　　D. global

2.2 企业间网络隔离任务

2.2.1 应用环境

交换机之间采用级联、链路聚合和堆叠技术实现了企业园区内企业间网络的相互连接，延伸了交换机之间的连接距离，增加了网络端口的连接密度，同时也增加网络的带宽。

采用级联、链路聚合技术连接的网络通常是一个单独的广播域，处于同一个网内的网络结点之间可以直接通信。尽管企业网络中不同的企业和工作部门对网络的速度需求有很大的差异，但它们却被机械地划分到同一个广播域中，互相争用同一网络的带宽。

1. 各个企业的网络相对独立

需要将整个园区网络划分成不同的广播域，使各个企业的网络相对独立。

2. 一个企业的网络不能访问其他企业的网络

一个企业内部网络的广播和单播流量都不会转发到其他企业网络中。即使是两家企业的计算机有着同样的网段，它们也不能相互访问，从而有助于控制流量、减少设备投资、简化网络管理、提高网络的安全性。

☞阅读资料

广播域

广播域是局域网中设备之间发送广播帧的区域，即一台计算机发送广播帧的最远范围。如果一个局域网连接的设备增多，广播的范围将变大，广播流量所占的比例也加大，就有可能发生网络性能问题。

广播存在于所有的局域网中，如果不进行适当的控制，广播便会充斥于整个网络，产生较大的网络通信流量。广播不仅消耗带宽，而且还会降低用户计算机的处理效率。

广播是不可避免的，交换机会对所有的广播进行转发，而路由器则不会。所以为了对网络中的广播进行控制，可以使用路由器或者2.3节用到的三层交换技术。此外还可以通过对网络的广播域分段，例如用VLAN技术来划分若干个更小的广播域，从而将本地通信流限制在本地，以提高网络的性能。

2.2.2 需求分析

用多台交换机连接把企业园内各家企业的办公网络相互连接后，实现了能够使各家企业和各部门之间的网络互相访问，共享网络信息资源的企业园区网络。

现在企业园区为了满足网络中不同的企业和工作部门对网络速度的不同需求，保证企业园区内各家企业办公网络的信息安全，涉及保密的信息不能被企业园区网络中其他部门和企业直接访问，希望通过技术手段，实现一个企业网和其他企业网络之间的隔离。

通过将局域网内的设备逻辑地划分成不同网段从而实现虚拟工作组的虚拟局域网技术（Virtual Local Area Network，VLAN）解决了企业园区网络的企业间网络隔离需求。具体实施中可以在两台交换机上划分 VLAN，以实现网络之间的隔离。

同时为了使分布在不同交换机上同一企业和部门的不同设备也能互相连通，需要在划分 VLAN 的同时使用交换机端口的 Trunk 技术，保证分布在不同交换机上的同一企业和部门网络的连通。

2.2.3 方案设计

中型企业网络在规模上比小型企业办公网络扩大了许多，形成较为复杂的网络结构。这给网络运维和管理带来了很多新的问题。因为以太网络广播传输的工作机制，网络中所有互相连接的设备都处于一个大的广播域中，设备之间由于相互争用带宽而发生冲突，网络中大量的广播流信息影响了交换机的工作效率。

网管交换机的 VLAN 技术为此提供了支持。VLAN 技术可以在交换机上隔离广播域，把整个网络大的广播域划分成多个小的广播域，让本地的广播只在本地发生。VLAN 技术不仅解决了网络内部处于同一广播域中设备冲突的问题，还同时解决了处于同一网络内部的设备安全问题。

交换机上实现的 VLAN 技术和普通的局域网一样，一台设备上发出的数据帧只能在同一个 VLAN 内部转发。图 2—13 所示的是企业园区内较为典型的两家企业办公网络 VLAN 应用环境。

图 2—13　两家企业办公网络 VLAN 应用环境

在进行 VLAN 划分之前，无论本地还是远程的信息，都在所有相互连接的交换机上广播，争用宽带，造成企业网络内部和网络之间工作效率都非常低下。因此需要划分两个不同的 VLAN，这样两家企业由一个大的广播域变成了两个小的独立广播域，限制本地的通信和远程传输，减少了整个园区网络中主干道中的数据流量。从而提高了整个园区网络的工作效率。

同时由于在各家企业工作的交换机上进行了 VLAN 划分，即使处于同一台设备上的相邻的两个端口，如果分别划分到不同的 VLAN 中，也不能互相连通。交换机上的 VLAN 技术实现了设备的隔离功能，有效地保证了园区内各家企业网络中设备和信息的安全。

VLAN 技术不仅可以解决网络内部处于同一广播域中设备冲突的问题，还能够解决处于同一网络内部设备安全问题。把各个企业办公网络相互连接在一起的园区网络通过划分 VLAN，提高了整个网络的工作效率，而且有效地保证了园区内各家企业网络中设备和信息的安全。

网络中信息安全需求是目前所有网络中最重要的网络应用需求之一，复杂的网络也比前面所讲的简单网络涉及更多网络设备。这需要了解更多局域网络构建中的核心交换机的管理技术。

2.2.4 相关知识：子网规划与 IP 地址划分

Internet 组织机构定义了五种 IP 地址，用于主机的有 A、B、C 三类地址。其中 A 类网络有 126 个，每个 A 类网络可能有 16 777 214 台主机，它们处于同一广播域。而在同一广播域中有这么多结点是不可能的，网络会因为广播通信而饱和，导致网络效率下降，甚至网络瘫痪。结果造成 16 777 214 个地址大部分没有分配出去，形成了浪费。

为了合理配置系统，减少资源浪费，人们经常把一个大的基于类的 IP 网络进一步划分为若干小的网络，把网络中设备之间的相互广播范围尽量减少，这种把一个大的网络划分变小的过程称为子网规划与 IP 地址划分或简称为子网划分。

子网地址是借用基于类的网络地址的主机部分创建的。划分子网后，通过使用掩码，把子网隐藏起来，使得从外部看网络没有变化，这就是子网掩码。

☞阅读资料

RFC 950 定义了子网掩码的使用。子网掩码是一个 32 位的二进制数，其对应网络地址的所有位都置为 1，对应于主机地址的所有位都置为 0。由此可知，A 类网络的缺省子网掩码是 255.0.0.0，B 类网络的缺省子网掩码是 255.255.0.0，C 类网络的缺省子网掩码是 255.255.255.0。将子网掩码和 IP 地址按位进行逻辑“与”运算，得到 IP 地址的网络地址，剩下的部分就是主机地址，从而区分出任意 IP 地址中的网络地址和主机地址。子网掩码常用点分十进制表示，我们还可以用网络前缀法表示子网掩码，即“/〈网络地址位数〉”。如 138.96.0.0/16 表示 B 类网络 138.96.0.0 的子网掩码为 255.255.0.0。

划分子网后的网络如图 2—14 所示，具有减少网络流量、提高网络性能、简化网络管理、易于扩大地理范围等优点。

子网划分首先要看选用的 IP 地址是什么类型的，有几个子网需要划分，还要考虑每个子网的主机数量。

例如我们需要规划四个子网，每个子网内分别有 50、25、10、10 台主机。网络分配了 C 类地址 192.168.1.0。

由于 C 类 IP 地址前 24 位表示网络号，后面的 8 位要根据实际情况划分子网号和主机号。划分子网是从最后 8 位开始的，子网需要的地址和主机的号都要从那里取得。首先要考

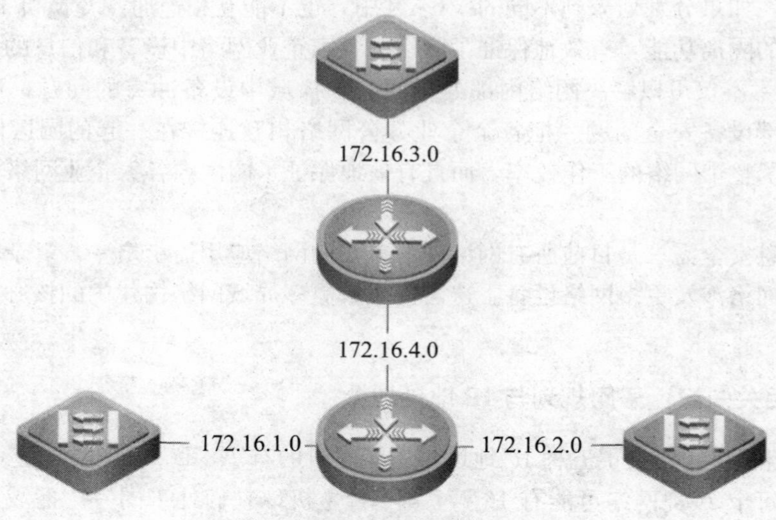

图 2—14　划分子网后的网络

虑每个子网能容纳多少主机，需求中最大的子网有 50 台主机这就需要 6 位表示，那么只有 2 位剩下可以表示子网号了。按照这个理论四个子网的划分分别是：

```
192.168.1.64/26
192.168.1.128/27
192.168.1.160/28
192.168.1.176/28
```

子网技术使得网络地址的层次结构更加合理，便于 IP 地址分配和管理，既能适应各种现实的物理网络规模，又能充分利用 IP 地址空间。

2.2.5　相关知识：VLAN 虚拟局域网

VLAN（Virtual Local Area Network）虚拟局域网，是一种通过将局域网内的设备逻辑地而不是物理地划分成一个个网段从而实现虚拟工作组的技术。IEEE 于 1999 年颁布了用以标准化 VLAN 实现方案的 802.1Q 协议标准草案。

VLAN 技术允许网络管理者将一个物理的 LAN 逻辑地划分成不同的广播域（或称虚拟 LAN，即 VLAN），每一个 VLAN 都包含一组有着相同需求的计算机，与物理上形成的 LAN 有着相同的属性。但由于它是逻辑的而不是物理的划分，所以同一个 VLAN 内的各个计算机无须被放置在同一个物理空间里，即这些计算机不一定属于同一个物理 LAN 网段。一个 VLAN 内部的广播和单播流量都不会转发到其他 VLAN 中，即使是两台计算机有着同样的网段，但是它们却没有相同的 VLAN 号，它们各自的广播流也不会相互转发，从而有助于控制流量、减少设备投资、简化网络管理、提高网络的安全性。

由于 VLAN 隔离了广播风暴，与此同时也隔离了各个不同的 VLAN 之间的通信，所以不同的 VLAN 之间的通信是需要通过路由器或者三层交换机转发来实现的。

VLAN 的划分可分为基于端口划分 VLAN、基于 MAC 地址划分 VLAN、基于网络层划分 VLAN、基于 IP 广播划分 VLAN 和基于规则划分 VLAN 等多种形式。以上划分

VLAN 的方式中，基于端口划分 VLAN 的方式建立在物理层上，基于 MAC 地址方式建立在数据链路层上，基于网络层和 IP 广播方式建立在第三层上。其中基于交换机端口划分的 VLAN 技术是最常用的一种 VLAN 划分技术，应用也最为广泛，目前绝大多数支持 VLAN 协议的交换机，都提供这种 VLAN 配置方法。

基于端口划分 VLAN 的方法是根据局域网交换机的交换端口来划分的，如图 2—15 所示，它是将交换机上的物理端口，划分到若干个组中，每个组构成一个 VLAN。

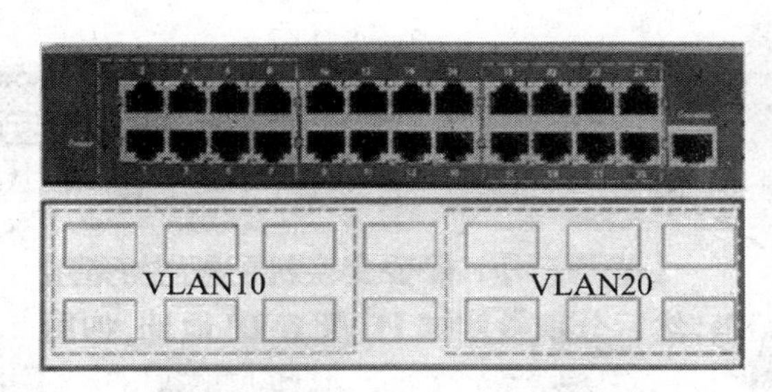

图 2—15　基于交换端口划分 VLAN

基于端口在交换机上配置 VLAN，只要在交换机的配置模式 Switch（config）# 状态下，使用“vlan”命令创建一个 VLAN，然后使用“interface”命令打开指定接口，把其划分到指定的 VLAN 即可。

1. Trunk 干道技术

Trunk（干道）是一种封装技术，它是一条点到点的链路，主要功能就是仅通过一条链路就可以连接多个交换机，从而扩展已配置的多个 VLAN。还可以采用通过 Trunk 技术和上级交换机级联的方式来扩展端口的数量，可以达到近似堆叠的功能，节省了网络硬件的成本，从而扩展整个网络。

在默认情况下，交换机的所有端口的功能都是相同的，为 Access 模式，如图 2—16 所示。但在连接设备的时候，可以根据连接设备对象的不同，划分 VLAN 的交换机端口，根据转发数据帧功能的不同，分为 Access 模式和 Trunk 模式两种类型。

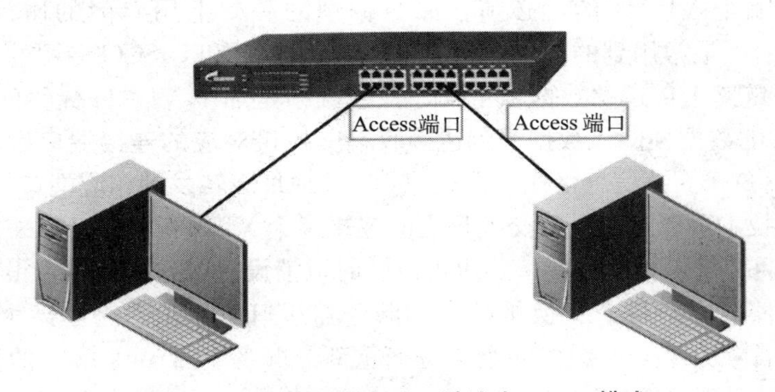

图 2—16　交换机所有端口默认为 Access 模式

2. Access 模式

如果交换机的端口连接的是终端计算机或服务器，则该端口类型一般指定为 Access 模式。Access 模式即接入设备模式，该端口只能属于一个 VLAN，这也是交换机端口的默认模式。连接在 Access 端口上的设备传送的数据帧的格式与在以太网链路上传送的其他数据帧没有任何区别，即标准的以太网数据帧，不附加任何标识。

3. Trunk 模式

如果跨交换机划分 VLAN，如图 2—17 所示，则交换机与交换机之间的连接端口，一般指定为 Trunk 模式，即干道模式。

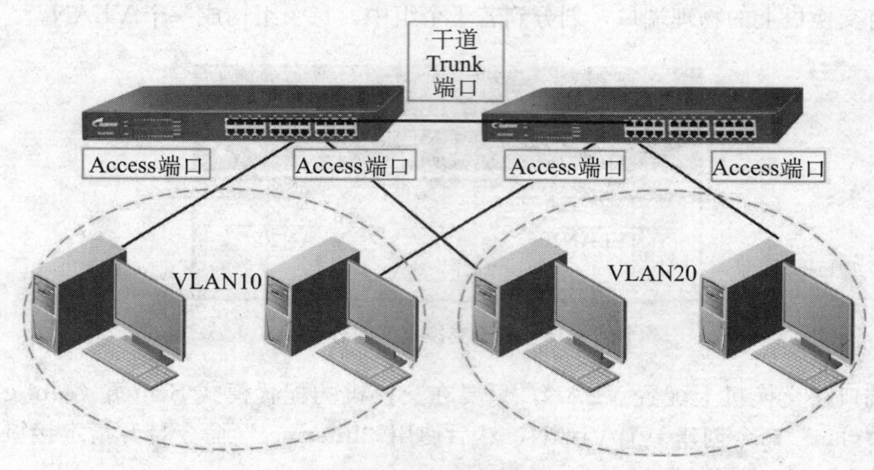

图 2—17　跨交换机 VLAN 划分的干道 Trunk 模式

干道上可以承载多个 VLAN，即 Trunk 端口可以传送不同 VLAN 中发出的数据帧，该端口属于多个 VLAN。交换机的 Trunk 端口需要手工配置才能形成，使用在 VLAN 跨多台交换机配置管理中。

4. Trunk 工作原理

IEEE 802.1Q 标准用来解决如何将大型网络划分为多个子网，跨交换机 VLAN 中的设备通信问题。它是一种常用的以太网 Trunk 协议。

当在 Trunk 链路上传送多个 VLAN 的数据帧的时候，为了让接收端交换机能够识别该数据帧是来自于哪个 VLAN 的，必须在原数据帧的基础上用专门的协议封装或者加上 VLAN 标签（tag），最常用到的协议是基于 IEEE 802.1Q 和 CISCO 专用的 ISL。

与在 Access 链路上传送的数据帧不同，该数据帧是加了 VLAN 标签的，即采用 IEEE 802.1Q 封装之后的数据帧。该数据帧到达接收端交换机对应的连接端口后，拆去标签，还原为原来的 IEEE 803.3 帧信息格式，再查找 MAC 地址表转发到相应端口。

采用 Trunk 技术可以在不同的交换机之间连接多个 VLAN，将 VLAN 扩展到整个网络中。Trunk 可以捆绑任何相关的端口，也可以随时取消设置，这样提供了很高的灵活性。

由于 Trunk 实时平衡各个交换机端口和服务器接口的流量，一旦某个端口出现故障，它会自动把故障端口从 Trunk 组中撤消，进而重新分配各个 Trunk 端口的流量，从而提供负载均衡能力以及实现系统容错。

2.2.6　实施过程：组建隔离企业网络

1. 单交换机上划分 VLAN

图 2—18 描述了企业园区某一商务楼中两个企业之间的网络环境。应用基于端口方式划

分交换机 VLAN 的技术，实现本交换机端口上连接的设备之间的安全隔离。

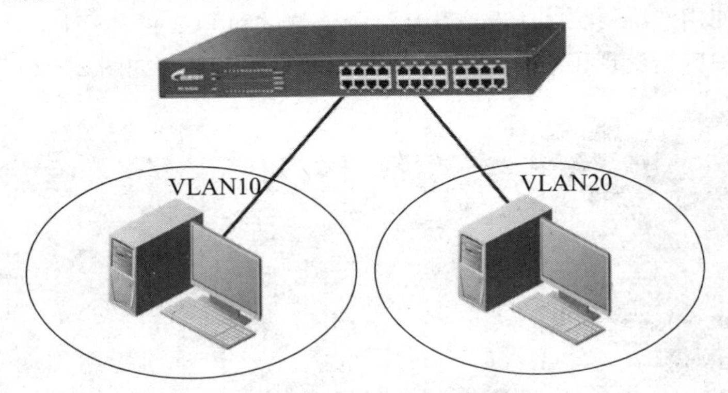

图 2—18　两个企业之间的网络环境

（1）设备材料准备。

交换机 1 台，配置测试用计算机 2～3 台，网线若干根。

（2）网络设备连接和配置。

按图 2—18 所示的网络拓扑，使用网线连接网络设备。分别打开设备，给设备加电，设备都处于自检状态，直到连接交换机端口的指示灯处于绿灯，表示网络处于稳定连接状态。

保证交换机配置处于清空状态，然后分别给用电脑配置 IP 地址。在 Windows XP 操作系统中，打开“开始”—“设置”—“控制面板”—“网络连接”，在“本地连接”的图标上单击右键，在弹出的快捷菜单中打开“属性”→“TCP/IP 协议”→“属性”，分别为两台测试用电脑配置 IP 地址，如图 2—19 所示。配置地址信息如表 2—2 所示。

表 2—2　　测试用计算机的 IP 地址配置

测试用计算机	IP 地址	子网掩码	默认网关
PC1	192.168.0.101	255.255.255.0	192.168.0.1
PC2	192.168.0.102	255.255.255.0	192.168.0.1

注：务必保证两台测试用计算机的 IP 地址处于同一网络段。

Internet 协议（TCP/IP）属性
常规
如果网络支持此功能，则可以获取自动指派的 IP 设置。否则，您需要从网络系统管理员处获得适当的 IP 设置。
自动获得 IP 地址(O)
使用下面的 IP 地址(S):
IP 地址(I): 192 .168 . 0 .101
子网掩码(U): 255 .255 .255 . 0
默认网关(D):
自动获得 DNS 服务器地址(B)
使用下面的 DNS 服务器地址(E):
首选 DNS 服务器(P):
备用 DNS 服务器(A):
高级(V)...
确定　取消

图 2—19　配置 IP 地址

在 PC2 操作系统中，打开“开始”→“程序”→“附件”→“命令提示符”在打开的命令提示符窗口，使用“ping 192.168.0.101”命令测试和 PC1 的连通性。命令执行时，PC2 命令提示符窗口中应当出现正常收到 PC1 数据包的提示信息，如图 2—20 所示。

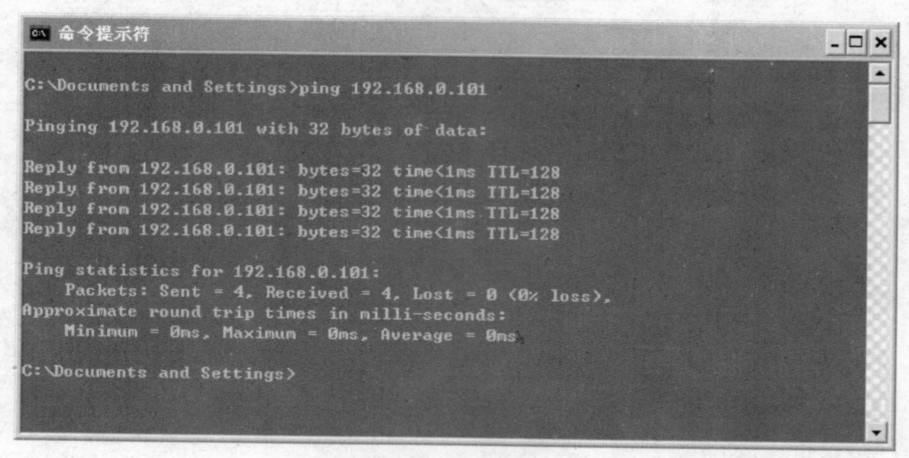

图 2—20 测试和 PC1 的连通性

（3）交换机 VLAN 配置。

启动配置计算机中的超级终端程序，使计算机成为交换机配置设备，进入交换机配置状态。配置之前需要保证交换机内部系统配置参数处于清空状态，可使用“show running”命令查看。

在交换机上创建 VLAN 的代码如下：

```
Switch>enable
Switch#
Switch#configure terminal              !进入交换机全局配置模式
Switch(config)#vlan 10                 !创建 VLAN 10
Switch(config)#vlan 20                 !创建 VLAN 20
```

验证配置结果的测试过程如下：

```
Switch#show vlan                       !查看已配置的 VLAN 信息

VLAN Name                 Status    Ports   !默认情况下所有端口都属于 VLAN 1
---- -------------------- -------- ----------------------
1    default              active   Fa0/1,Fa0/2,Fa0/3
                                     Fa0/4,Fa0/5,Fa0/6
                                     Fa0/7,Fa0/8,Fa0/9
                                     Fa0/10,Fa0/11,Fa0/12
                                     Fa0/13,Fa0/14,Fa0/15
                                     Fa0/16,Fa0/17,Fa0/18
                                     Fa0/19,Fa0/20,Fa0/21
                                     Fa0/22,Fa0/23,Fa0/24
10    VLAN0010              active  !创建 VLAN10,没有连接端口
20    VLAN0020              active  !创建 VLAN20,没有连接端口

Switch#
```

配置交换机，将指定端口分配到各自的 VLAN，fastethernet 0/1 端口连接的是 PC1，fastethernet 0/10 端口连接的是 PC2。代码如下：

```
Switch(config-if)# interface fastethernet 0/1
Switch(config-if)# switchport access vlan 10!将 fastethernet 0/1 端口加入 VLAN 10
Switch(config-if)# interface fastethernet 0/10
Switch(config-if)# switchport access vlan 20!将 fastethernet 0/10 端口加入 VLAN 20
```

教学提示：

交换机所有的端口在默认情况下属于 Access 端口，可直接将端口加入某一 VLAN。利用“switchport mode access/trunk”命令可以更改端口的 VLAN 模式。

在未进行任何配置管理的交换机上所有端口默认 VLAN 是 VLAN1。VLAN1 属于系统的默认 VLAN，不能被删除。

删除某个 VLAN，使用“no”命令。例如：Switch(config)# no vlan 10。

删除当前某个 VLAN 时，注意先将属于该 VLAN 的端口加入别的 VLAN，再删除 VLAN。

（4）测试验收。

对于如图 2—18 所示的网络拓扑，打开连接在交换机上的设备 PC1，使用“ping”命令，重新进行如上的网络连通性测试，两台 PC 处于互相 ping 不通状态，VLAN 技术发挥作用，网络中的设备之间得到隔离。

重新打开交换机设备，用“show vlan”命令进行验证测试：

```
Switch# show vlan

VLAN Name                Status    Ports
---- ------------------- --------- ---------------
1    default             active    Fa0/2,Fa0/3,Fa0/4
                                   Fa0/5,Fa0/6,Fa0/7
                                   Fa0/8,Fa0/9,Fa0/11
                                   Fa0/12,Fa0/13,Fa0/14
                                   Fa0/15,Fa0/16,Fa0/17
                                   Fa0/18,Fa0/19,Fa0/20
                                   Fa0/21,Fa0/22,Fa0/23
                                   Fa0/24
                                   Ag1
10   VLAN0010            active    Fa0/1
20   VLAN0020            active    Fa0/10

Switch#
```

用“show running-config”命令进行验证测试：

```
Switch# show running-config

System software version :1.66(8) Build Dec 22 2006 Rel
```

```
Building configuration...
Current configuration :673 bytes

!
version 1.0
!
hostname Switch
vlan 1
!
vlan 10
!
vlan 20
!
enable secret level 1 5 &t,1u_;Ctp-8U0〈Dpr.tj9 = Gr + /7R:〉H
enable secret level 14 5 '9,1u_;C~Z-8U0〈DR3.tj9 = G:Z/7R:〉H
enable secret level 15 5 &tH.Y * T7tp,tZ[V/pr + S(\W&rG1X)sv'
!
spanning-tree
interface aggregatePort 1
!
interface fastEthernet 0/1
  port-group 1
  switchport access vlan 10
!
interface fastEthernet 0/2
  port-group 1
!
interface fastEthernet 0/3
  port-group 1
  speed 100
  duplex half
!
interface fastEthernet 0/10
  switchport access vlan 20
!
interface vlan 1
  no shutdown
  ip address 192.168.0.1 255.255.255.0
!
snmp-server community public ro
end

Switch#
```

由此可知，互相隔离的处于两个不同的 VLAN 中的设备，应该相互之间不能通信。如果连接在同一台交换机上的设备处于两个不同的 VLAN 中，即使配置为与前面相同的子网地址，设备之间也相互不连通，使用“ping”命令无法 ping 通。例如在 PC2 中，用“ping 192.168.0.101”命令测试和 PC1 的连通性，结果如图 2—21 所示。

```
命令提示符
Pinging 192.168.0.101 with 32 bytes of data:

Reply from 192.168.0.101: bytes=32 time<1ms TTL=128
Reply from 192.168.0.101: bytes=32 time<1ms TTL=128
Reply from 192.168.0.101: bytes=32 time<1ms TTL=128
Reply from 192.168.0.101: bytes=32 time<1ms TTL=128

Ping statistics for 192.168.0.101:
    Packets: Sent = 4, Received = 4, Lost = 0 (0% loss),
Approximate round trip times in milli-seconds:
    Minimum = 0ms, Maximum = 0ms, Average = 0ms

C:\Documents and Settings>ping 192.168.0.101

Pinging 192.168.0.101 with 32 bytes of data:

Request timed out.
Request timed out.
Request timed out.
Request timed out.

Ping statistics for 192.168.0.101:
    Packets: Sent = 4, Received = 0, Lost = 4 (100% loss),

C:\Documents and Settings>
```

图 2—21　测试和 PC1 的连通性

2. 多交换机上划分 VLAN

图 2—22 描述了企业园区某一商务楼中两个企业之间的另一种网络环境。希望实现两个企业之间的安全隔离。但是对于在不同的位置但属于同一公司的设备，希望实现它们之间相互连通。即在同一 VLAN 里的计算机能跨交换机进行通信，在不同 VLAN 里的计算机不能进行通信，实现跨交换机之间 VLAN 的通信。

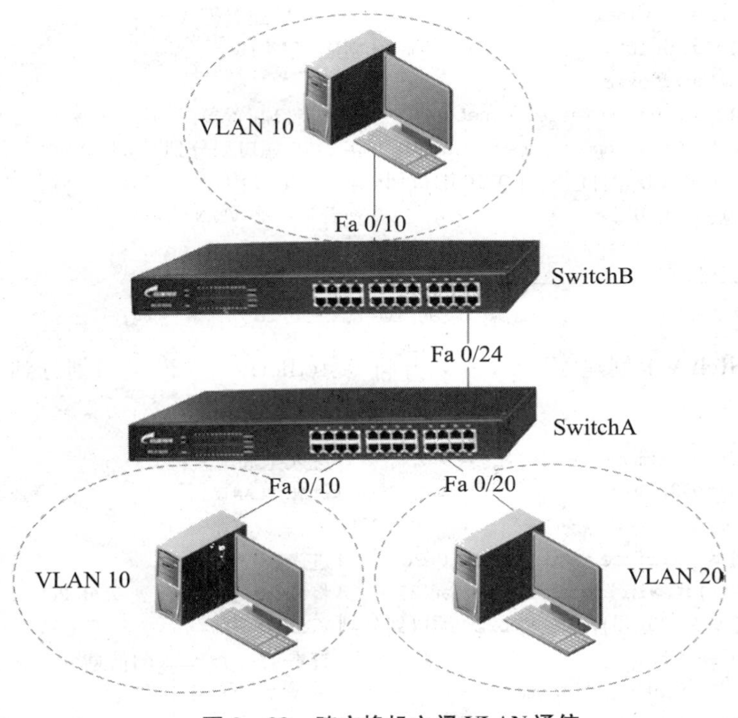

图 2—22　跨交换机之间 VLAN 通信

（1）设备材料准备。

交换机 2 台，配制测试用电脑 4 台，直连线 4 条。

（2）全网之间相互连通。

按图 2—22 所示连接网络设备，连接时要注意接口的名称，否则会产生和下述过程不相适应的显示结果。加电开启设备，使网络处于连通状态，并且保证两台交换机设备的基本配置处于清空状态。

为三台测试用计算机配置管理地址，见表 2—3。

表 2—3　　测试用计算机的 IP 地址配置

测试用计算机	IP 地址	子网掩码	默认网关
PC1	192.168.0.101	255.255.255.0	192.168.0.1
PC2	192.168.0.102	255.255.255.0	192.168.0.1
PC3	192.168.0.103	255.255.255.0	192.168.0.1

网络连接完成后，由于交换机是交换型设备，因此在没有配置的情况下，网络处于连通状态。从任意一台设备使用“ping”命令，测试网络中的任意一台 PC 网络应该是连通的。如果出现 ping 不通的现象，应该检查网络的硬件连接和软件配置。

（3）VLAN 配置。

连接交换机的配置设备。把计算机连接在交换机配置端口上，打开计算机的超级终端程序，使计算机成为交换机配置设备，配置管理交换机。

在交换机 SwitchA 上创建 VLAN 10，并将 fastethernet 0/10 端口划分到 VLAN 10 中，配置命令如下：

```
SwitchA＃configure terminal                          !进入全局配置模式
SwitchA(config)＃vlan 10                              !创建 VLAN 10
SwitchA(config-vlan)＃exit
SwitchA(config)＃interface fastethernet 0/10          !进入接口配置模式
SwitchA(config-if)＃switchport access vlan 10         !将 0/10 端口划分到 VLAN 10
验证已经创建了 VLAN 10,并且已经将 0/10 端口划分到 VLAN 10 中:
SwitchA＃show vlan id 10                              !查看某一个 VLAN 的信息
VLAN Name                             Status    Ports
---- -------------------------------- --------- ---------------
10   VLAN0010                         active    Fa0/10
```

在交换机 SwitchA 上创建 VLAN 20，并将 fastethernet 0/20 端口划分到 VLAN 20 中，配置命令如下：

```
SwitchA＃configure terminal                          !进入全局配置模式
SwitchA(config)＃vlan 20                              !创建 VLAN 10
SwitchA(config-vlan)＃exit
SwitchA(config)＃interface fastethernet 0/20          !进入接口配置模式
SwitchA(config-if)＃switchport access vlan 20         !将 0/20 端口划分到 VLAN 20
验证已经创建了 VLAN 20,并且已经将 0/20 端口划分到 VLAN 20 中:
SwitchA＃show vlan id 20                              !查看某一个 VLAN 的信息
VLAN    Name      Status     Ports
20      vlan20    active         Fa 0/20
```

在交换机 SwitchB 上创建 VLAN 10，并将 fastethernet 0/10 端口划分到 VLAN 10 中，配置命令如下：

```
SwitchB#configure terminal                          !进入全局配置模式
SwitchB(config)#vlan 10                             !创建 VLAN 10
SwitchB(config-vlan)#exit
SwitchB(config)#interface fastethernet 0/10         !进入接口配置模式
SwitchB(config-if)#switchport access vlan 10        !将 0/10 端口划分到 VLAN 10
验证已经创建了 VLAN 10,并且已经将 0/10 端口划分到 VLAN 10 中:
SwitchB#show vlan id 10                             !查看某一个 VLAN 的信息
VLAN    Name      Status      Ports
10      vlan10    active          Fa 0/10
```

完成配置交换机设备的 VLAN 之后，从 PC1 使用“ping”命令测试与网络中的 PC2 和 PC3 的连通性。由于 VLAN 技术隔离，网络中的设备都应处于不连通状态。

跨交换机 VLAN 间连通配置：

将 SwitchA 与 SwitchB 相连的端口 Fa 0/24 配置为 trunk（tag vlan）模式。命令如下：

```
SwitchA(config)#interface fastethernet 0/24
SwitchA(config-if)#switchport mode trunk            !将 Fa 0/24 端口设为 trunk 模式
```

交换机的 Trunk 接口默认情况下支持所有 VLAN。验证 fastethernet 0/24 端口已被设置为 trunk 模式：

```
SwitchA#show interfaces fastethernet 0/24 switchport
Interface  Switchport Mode        Access  Native    Protected VLAN lists
-------- -------- -------- ----- ------ ------- -------------
Fa0/24     Enabled     Trunk     1        1        Disabled All
```

将 SwitchB 与 SwitchA 相连的端口 Fa 0/24 配置为 trunk（tag vlan）模式。命令如下：

```
SwitchB(config)#interface fastethernet 0/24
SwitchB(config-if)#switchport mode trunk            !将 Fa 0/24 端口设为 trunk 模式
验证 fastethernet 0/24 端口已被设置为 trunk 模式:
SwitchB#show interfaces fastethernet 0/24 switchport
Interface  Switchport Mode        Access  Native    Protected VLAN lists
-------- -------- -------- ----- ------ ------- -------------
Fa0/24     Enabled     Trunk     1        1        Disabled All
```

（4）测试验收。

验证 PC1 与 PC3 能相互通信，但 PC2 与 PC3 不能相互通信：

```
C:\>ping 192.168.0.103          ! 在 PC1 的命令模式下验证能 ping 通 PC3

C:\>ping 192.168.0.103          ! 在 PC21 的命令模式下验证不能 ping 通 PC3
```

查看交换机的配置信息。分别打开交换机 A 和交换机 B，查看交换机的系统配置信息：

```
SwitchA#show running-config
```

```
System software version :1.66(8) Build Dec 22 2006 Rel
Building configuration...
Current configuration :579 bytes
!
version 1.0
!
hostname SwitchA
vlan 1
!
vlan 10
!
vlan 20
!
enable secret level 1 5 &t>H.Y*TtpC,tZ[VprD+S(\Wr=G1X)sv
enable secret level 14 5 '9tj9=G1^Z7R:>H.R3u_;C,t:ZU0<D+S
enable secret level 15 5 &t;C,tZ[tp<D+S(\pr=G1X)sr:>H.Y*T
!
interface fastEthernet 0/10
switchport access vlan 10
!
interface fastEthernet 0/20
switchport access vlan 20
!
interface fastEthernet 0/24
switchport mode trunk
!
interface vlan 1
  no shutdown
  ip address 192.168.0.17 255.255.255.0
!
ip default-gateway 192.168.0.1
snmp-server community public ro
end

SwitchA#
```

```
SwitchB# show running-config
System software version :1.66(8) Build Dec 22 2006 Rel
Building configuration...
Current configuration :579 bytes
!
version 1.0
!
hostname SwitchB
vlan 1
!
vlan 10
```

```
!
vlan 20
!
enable secret level 1 5 &t>H.Y*TtpC,tZ[VprD+S(\Wr=G1X)sv
enable secret level 14 5 '9tj9=G1~Z7R:>H.R3u_;C,t:ZU0<D+S
enable secret level 15 5 &t;C,tZ[tp<D+S(\pr=G1X)sr:>H.Y*T
!
interface fastEthernet 0/10
switchport access vlan 10
!
interface fastEthernet 0/20
switchport access vlan 20
!
interface fastEthernet 0/24
switchport mode trunk
!
interface vlan 1
no shutdown
ip address 192.168.0.11 255.255.255.0
!
ip default-gateway 192.168.0.1
snmp-server community public ro
end

SwitchB#
```

2.2.7 任务小结

使企业园区内的企业办公网络相互连接，扩大了网络的规模，实现了信息的共享。但是相互连接在一起的网络设备由于相互广播会给网络带来效率下降、安全性降低等问题。通过在交换机上应用 VLAN 技术，我们把大的网络划分为独立的子网，把大的广播域划分为多个小的广播域，从而提高了网络的效率和网络的安全性。

在可网管交换机上通过端口 VLAN 划分，可以实现同一 VLAN 中的信息只能在同一网段中传播，不会影响到其他设备。

如果同一 VLAN 中设备分布在相互连接的不同交换机上，可以通过干道技术，把交换机默认的 Access 端口设置为 Trunk 端口实现相互连通。

采用 VLAN 技术来划分企业网络，一个 VLAN 可以根据部门、项目组或者服务器组将不同地理位置的网络设备划分为一个逻辑网段。在不改动网络物理连接的情况下可以任意地将网络设备在子网之间移动，VLAN 提供了网段和机构的弹性组合机制。VLAN 技术很好地解决了网络管理的问题，能实现网络监督与管理的自动化，从而更有效地进行网络监控。

本任务实施过程中涉及的相关知识有：子网 IP 地址规划概念、交换机中的 VLAN 概念以及 Trunk 干道技术知识。需要掌握的技术有：子网 IP 地址规划技术、交换机划分 VLAN 技术、VLAN 交换机中端口区别方法以及 Access 链路和 Trunk 链路设置方法。

2.2.8 练习与思考

1. 一个C类地址段可以容纳(　　)台主机。

A. 254　　B. 1 024

C. 2 048　　D. 65 534

2. IP地址子网划分可以(　　)。

A. 将一个广播域划分成若干个小的广播域

B. 提高网络性能

C. 简化管理

D. 易于扩大地理范围

3. 在有类地址中，C类地址的默认子网掩码为(　　)。

A. 255.0.0.0　　B. 255.255.0.0

C. 255.255.255.0　　D. 255.255.255.255

4. 在VLAN技术中，常见的交换机端口模式有(　　)。

A. Access　　B. Trunk

C. Access+Trunk　　D. SwitchPort

5. 二层交换机级联时，涉及跨越交换机的多个VLAN需要交互信息时，Trunk端口能够实现的是(　　)。

A. 多个VLAN间的通信　　B. 相同VLAN内的通信

C. 与直接连接主机的通信　　D. 交换机不同类型接口的通信

6. 当前网络上使用的IP版本有(　　)。

A. IPv2　　B. IPv4

C. IPv5　　D. IPv6

7. 将61.164.87.158这个IP地址转化为二进制数，正确的是(　　)。

A. 111111 10100100 1010111 10011110

B. 111101 11100100 1010111 10011110

C. 111101 10100100 1010111 10011110

D. 111101 10100100 1110111 10011110

8. 某园区网络改造，分给一个公司192.168.10.0/24的C类地址，现在该公司需要将整个网络划分成至少5个子网，那么每个子网能够容纳(　　)台主机。

A. 14　　B. 30

C. 62　　D. 126

9. 下列地址中属于IPv4私有地址范围的是(　　)。

A. 10.108.10.1　　B. 224.0.0.9

C. 61.164.8.7　　D. 172.16.8.67

10. IP地址中，B类地址的范围是(　　)。

A. 63到127　　B. 64到128

C. 128到191　　D. 127到192

2.3　企业间网络互通任务

2.3.1　应用环境

在 2.2 节中我们通过划分 VLAN 子网完成了企业间网络隔离任务，本节将介绍企业间网络互通任务。

1. 各个企业的网络相互独立

企业园区网络在划分 VLAN 子网后各个企业的网络相互独立，缩小了广播域，避免了数据碰撞在大的物理 LAN 内产生严重后果的可能，也避免了广播风暴的产生，提高了交换网络的交换效率，保证了网络的稳定和网络安全性。通过划分 VLAN，LAN 被划分成不同的子网段，因此不能直接通信。

2. 各个企业网络之间可以相互访问

各个子网产生的广播将被限制在小的 VLAN 内，企业间网络通信被隔离。当企业园区网络中不同企业 VLAN 间进行相互通信时，由于处于不同的 IP 子网段，不能像原先大的 LAN 那样直接通信，因此各个企业网络之间相互访问需要由能够实现路由功能的路由器或三层交换机来转发。

☞阅读资料

在没有出现三层交换机以前，VLAN 间的通信需要昂贵的传统路由器来配合工作。在网络中，不同 VLAN 子网之间的通信频繁发生，而路由器采用基于软件的路由选择操作，随着需要路由的数据量增大，传统的路由器将不堪重负，成为 VLAN 之间通信的瓶颈。

三层交换机则把网络通信中的二层交换技术和三层路由（或称三层转发）技术结合在一起，并通过 ASIC 技术达到线速交换，大幅度提高了设备数据的包转发能力，消除了转发瓶颈，同时提高了 VLAN 网络的整体性能。

有了三层交换机，在做 VLAN 子网的划分时，设备上的付出就相对经济得多，网络的 VLAN 间数据路由转发性能更加高效。

2.3.2　需求分析

企业园区网络在实现了各家企业办公网络相互连通、共享网络资源后，又通过在交换机上划分 VLAN 的技术造成了企业办公网络之间的隔离。这样虽然保证了网络的效率和网络的安全性，但是把各家企业网络完全隔离开不是企业园区的本意，企业园区管理部门希望企业园区网络在划分 VLAN 后，能够有选择地相互连通。这种连通是在网络隔离基础上实现的安全可信的网络连通。可以通过技术手段，实现对通信数据的检查，在 OSI 参考模型第三层上实现安全的连通，而不像传统那样在网络的第二层基础上实现广播式连通。

企业园区网络在划分 VLAN 后，不同 VLAN 中的设备互相通信，需要通过使用路由技术的三层交换机来实现。

2.3.3　方案设计

为了实现园区企业间网络互通，方案中采用三层交换机＋二层交换机来构建 VLAN 网络的结构，如图 2—23 所示。

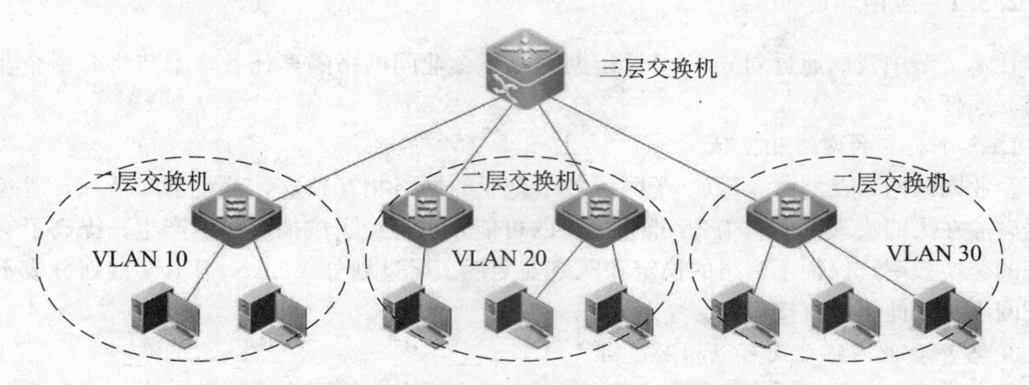

图 2—23　三层交换机＋二层交换机的网络结构

在没有采用三层交换机的结构中，二层交换机上实现的 VLAN 技术和普通局域网一样，一台设备发出的数据帧只能在同一个 VLAN 内转发，而不会直接进入其他 VLAN 中，不同 VLAN 之间的信息不能相互进行通信。

方案设计中引入了三层交换机，通过给园区中各家企业的设备分配不同 IP 地址，由三层交换机通过数据包的形式进行通信，解决了不同 VLAN 之间的信息不能相互进行通信的问题。

三层交换机不仅可以很好地解决技术隔离后网络互联互通的问题，并且由于三层交换机能根据第三层 IP 地址创建接入策略，允许网络管理员控制和阻塞某些 VLAN 到 VLAN 的通信，因而使交换机具有数据包检查功能，阻塞某些 IP 地址，甚至能防止某些子网访问特定的信息，从而能更有效、有选择地控制不同 VLAN 中的数据流向，更有效地保证了网络的安全，让网络安全具有更高的目的性和针对性。

2.3.4　相关知识：路由的概念

所谓路由，是指把数据从一个地方传送到另一个地方的行为和动作。路由器正是执行这种行为动作的机器，它的英文名称为 Router，是一种连接多个网络或网段的网络设备，它能将不同网络或网段之间的数据信息进行“翻译”，以使它们能够相互“读懂”对方的数据，从而构成一个更大的网络。

路由器是网络间的连接设备，它的重要工作之一是路径选择。这个功能是路由器智能的核心，它是由管理员的配置和一系列的路由算法实现的。

路由算法有动静之分，静态路由是一种特殊的路由，它是由管理员手工配置的。手工配置所有的路由虽然可以使网络正常运转，但是也会带来一些局限性。网络拓扑发生变化之后，静态路由不会自动改变，必须有网络管理员的介入。缺省路由是静态路由的一种，也是由管理员配置的。在没有找到目标网络的路由表项时，路由器将信息发送到缺省路由器。而动态的算法，则是由路由器自动计算出路由，RIP、OSPF 等都是动态算法的典型代表。

2.3.5 相关知识：三层交换技术

传统的交换发生在网络的 OSI 参考模型第二层，即数据链路层；而路由则发生在第三层，即网络层。在当今的网络中，路由的智能和交换的性能被有机地结合在交换机中，目前三层交换机和多层交换机已在企业级网络和园区网中被大量使用。

1. 三层交换技术

三层交换（也称多层交换技术或 IP 交换技术）是相对于传统交换概念而提出的。传统的交换技术是在 OSI 参考模型中的第二层——数据链路层进行操作的，而三层交换技术是在 OSI 参考模型中的第三层实现了数据包的高速转发。简单地说，三层交换技术就是：二层交换技术＋三层转发技术。

通过使用 ASIC 硬件芯片技术，第三层交换机可提供远远高于基于软件的传统路由器的性能。比如，每秒 4 000 万个数据包对每秒 30 万个数据包。第三层交换机为千兆网络这样的带宽密集型基础架构提供了所需的路由性能。因此，第三层交换机可以部署在网络中许多具有更高战略意义的位置。

三层交换技术的出现，解决了局域网中网段划分之后，网段中子网必须依赖路由器进行管理的局面，解决了传统路由器低速、复杂所造成的网络瓶颈问题。

☞阅读资料

ASIC（Application Specific Integrated Circuit）是专用集成电路。目前，在集成电路界 ASIC 被认为是一种为专门目的而设计的集成电路、是指应特定用户要求和特定电子系统的需要而设计、制造的集成电路。ASIC 的特点是面向特定用户的需求，ASIC 在批量生产时与通用集成电路相比具有体积更小、功耗更低、可靠性提高、性能提高、保密性增强、成本降低等优点。

2. 三层交换路由原理

三层交换机理论上是一个带有第三层路由功能的第二层交换机，但它是两者的有机结合，而不是简单地把路由器设备的硬件及软件叠加在局域网交换机上。我们可以通过以下例子了解两个主机通过三层交换机实现跨 VLAN 网段通信的过程：

主机 A 和 B 所在 VLAN 网段都属于交换机上的直连网段，因为主机 A 和主机 B 不在同一子网内，发送主机 A 首先要向其“缺省网关”发出 ARP 请求报文，而“缺省网关”的 IP 地址其实就是设置在三层交换机上的主机 A 所属 VLAN 的 IP 地址。当发送主机 A 对“缺省网关”的 IP 地址广播一个 ARP 请求时，交换机就向发送主机 A 回送一个 ARP 回复报文，告诉主机 A 此 VLAN 的 MAC 地址，同时可以通过软件把主机 A 的 IP 地址、MAC 地址、与交换机直接相连的端口号等信息设置到交换芯片的三层硬件表项中。

主机 A 收到这个 ARP 回复报文之后，进行目的 MAC 地址替换，把要发给主机 B 的包首先发给交换机。交换机收到这个包以后，同样首先进行源 MAC 地址学习，目的 MAC 地址查找，由于此时目的 MAC 地址为交换机的 MAC 地址，在这种情况下将会把该报文送到交换芯片的三层引擎处理。

一般来说，三层引擎会有两个表，一个是主机路由表，这个表是以IP地址为索引的，里面存放目的IP地址、下一跳MAC地址、端口号等信息。若找到一条匹配表项，就会在对报文进行一些操作（例如目的MAC与源MAC替换、TTL减1等）之后将报文从表中指定的端口转发出去。若主机路由表中没有找到匹配条目，则会继续查找另一个表—网段路由表。这个表存放网段地址、下一跳MAC地址、端口号等信息。一般来说这个表的条目要少得多，但覆盖的范围很大，只要设置得当，基本上可以保证大部分进入交换机的报文都通过硬件转发，这样不仅大大提高转发速度，同时也减轻了CPU的负荷。若查找网段路由表也没有找到匹配表项，则交换芯片会把包送给CPU处理，进行软件路由。由于主机B属于交换机的直连网段之一，CPU收到这个IP报文以后，会直接以主机B的IP为索引检查ARP缓存，若没有主机B的MAC地址，则根据路由信息向主机B广播一个ARP请求，主机B得到此ARP请求后向交换机回复其MAC地址，CPU在收到这个ARP回复报文的同时，同样可以通过软件把主机B的IP地址、MAC地址、进入交换机的端口号等信息设置到交换芯片的三层硬件表项中，然后把由主机A发来的IP报文转发给主机B，这样就完成了主机A到主机B的第一次单向通信。

由于芯片内部的三层引擎中已经保存主机A、主机B的路由信息，以后主机A、主机B之间进行通信或其他网段的主机想要与主机A、主机B进行通信，交换芯片则会直接把包从三层硬件表项中指定的端口转发出去，而不必再把包交给CPU处理。这种通过“一次路由，多次交换”的方式，大大提高了转发速度。

3. 三层交换机的SVI技术

SVI即交换机虚拟接口。不同VLAN之间利用三层交换机来实现互访，一般需要在三层交换机上创建各个VLAN的SVI，并设置IP地址。然后将所有VLAN连接的主机网关指向该SVI的IP地址即可，这样就利用三层交换机的SVI实现了不同VLAN间的通信。

2.3.6 实施过程：企业园区网络内各家企业隔离的网络互相连通

1. 设备材料准备

二层交换机1台，三层交换机1台，网线若干，测试和配置用计算机2台。

2. 网络设备连接

按照如图2—24所示设计的网络拓扑连接网络设备。

这是企业园区网络应用环境之一。由一台二层交换机作为某家企业的接入设备，通过一条链路接入到核心三层交换机上。为保证与三层核心交换机的接入速度，也可以选用双链路方式接入到核心三层交换机。

企业之间的网络用VLAN技术隔离，通过核心三层交换机对数据流过滤，进行企业之间网络的互访，构建一个稳定有效、安全畅通的企业园区网络。

连接完成后，为所有的设备加电，加电启动的过程中，设备处于自检状态，直到设备处于稳定的状态以后，检查连接线缆的指示灯的工作状态，确认网络的连通性。保证网络中互联设备的内部配置文件参数处于清空的状态，否则原有的配置信息可能会影响实施的过程。

为网络中所有测试和配置用计算机配置网络地址。由于是交换式网络，所有设备的地址应该配置在同一网络段，见表2—4。

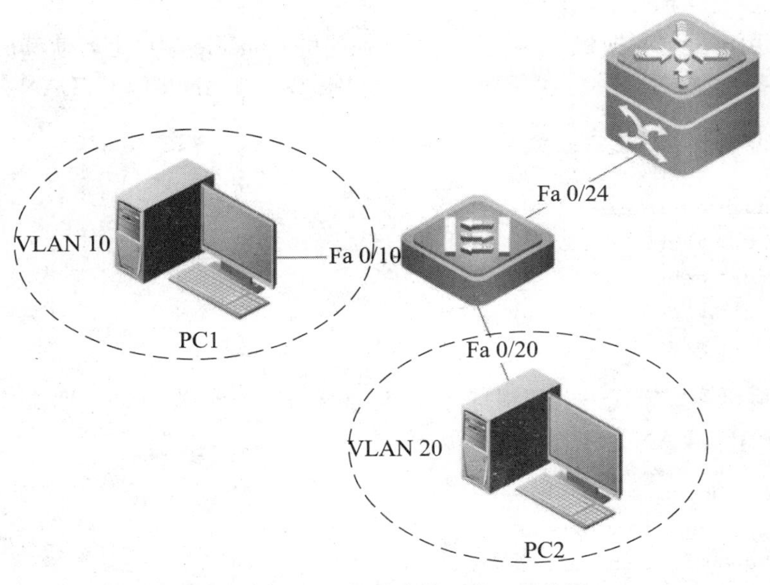

图 2—24　企业间隔离的网络互相连通

表 2—4　测试用计算机的 IP 地址配置

测试用计算机	IP 地址	子网掩码	默认网关
PC1	172.16.10.101	255.255.255.0	无
PC2	172.16.10.102	255.255.255.0	无

从一台设备随意测试网络中的任意设备，设备都应该处于连通的状态。如图 2—25 所示，从 PC2 测试 PC1，显示网络的连通信息。

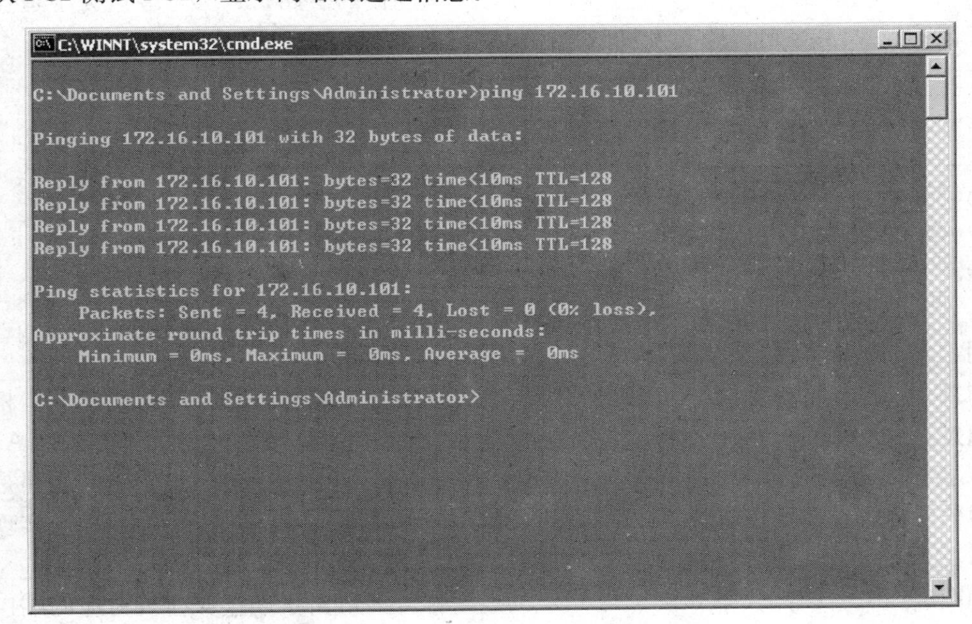

图 2—25　从 PC2 测试和 PC1 的连通性

3. 配置二层交换机

选择 PC1 用于配置交换机，连接到二层交换机的 Console 端口上，使其成为二层交换机的配置终端设备。在二层交换机配置模式下，分别创建 VLAN 10 和 VLAN 20：

```
Switch>enable
Switch#
Switch#configure terminal              !进入交换机全局配置模式
Switch(config)#vlan 10                 !分别创建 VLAN 10 和 VLAN 20
Switch(config)#exit
Switch(config)#vlan 20
Switch(config)#exit
```

在二层交换机配置模式下，分别打开 Fa 0/10 和 Fa 0/20 端口，把端口分别分配到新创建的 VLAN 10 和 VLAN 20 中：

```
Switch#configure terminal
Switch(config)#interface fa 0/10
Switch(config-if)#switchport access vlan 10
Switch(config-if)#no shutdown
Switch(config-if)#exit
Switch(config)#
Switch(config)#interface fa 0/20
Switch(config-if)#switchport access vlan 20
Switch(config-if)#no shutdown
Switch(config-if)#exit
Switch(config)#
```

在二层交换机配置模式下，配置和三层交换机连接的链路 Fa 0/24 端口为干道连接端口，保证不同 VLAN 可以跨交换机通信：

```
Switch#
Switch#configure terminal
Switch(config)#interface fa 0/24
Switch(config-if)#switchport mode trunk
Switch(config-if)#no shutdown
Switch(config-if)#exit
Switch(config)#
```

用"show vlan"命令检查二层交换机上 VLAN 的配置信息，如图 2—26 所示。

连接在二层交换机上的 PC1 和 PC2，在交换机上没有配置任何信息的情况下能相互连通。通过在二层交换机上配置 VLAN，把所连接设备的端口分别分配到不同的 VLAN 中，VLAN 技术实现了部门网络之间的技术隔离。在二层交换机上，不同的 VLAN 之间是无法实现通信的，如果需要在不同 VLAN 之间通信，需要通过三层交换机利用 IP 地址实现不同 VLAN 之间的通信。

如图 2—27 所示，从 PC2 测试与 PC1 的连通性，显示由于连接交换机对应的端口上配置了 VLAN，网络出现了不能连通的提示信息。

192.168.0.11 - 超级终端
文件(F) 编辑(E) 查看(V) 呼叫(C) 传送(T) 帮助(H)
Switch#show vlan
VLAN Name Status Ports
1 default active Fa0/1 ,Fa0/2 ,Fa0/3
Fa0/4 ,Fa0/5 ,Fa0/6
Fa0/7 ,Fa0/8 ,Fa0/9
Fa0/11,Fa0/12,Fa0/13
Fa0/14,Fa0/15,Fa0/16
Fa0/17,Fa0/18,Fa0/19
Fa0/21,Fa0/22,Fa0/23
Fa0/24
10 VLAN0010 active Fa0/10,Fa0/24
20 VLAN0020 active Fa0/20,Fa0/24
Switch#_
连接的 0:04:19 自动检测 TCP/IP SCROLL CAPS NUM 捕 打印

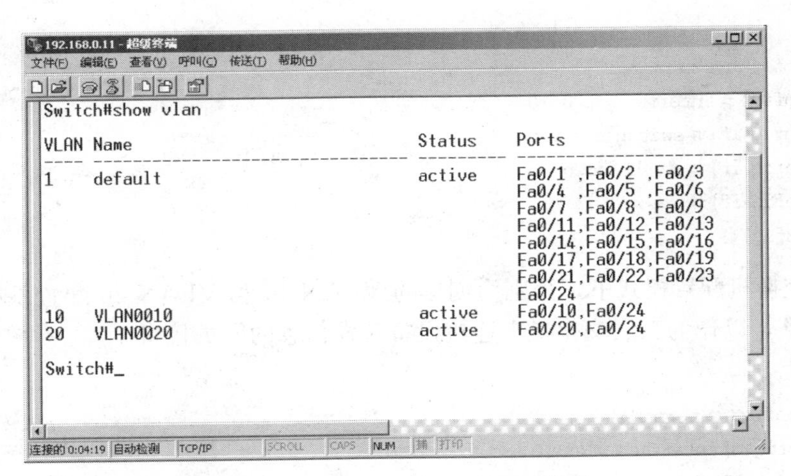

图 2—26　二层交换机 VLAN 配置信息

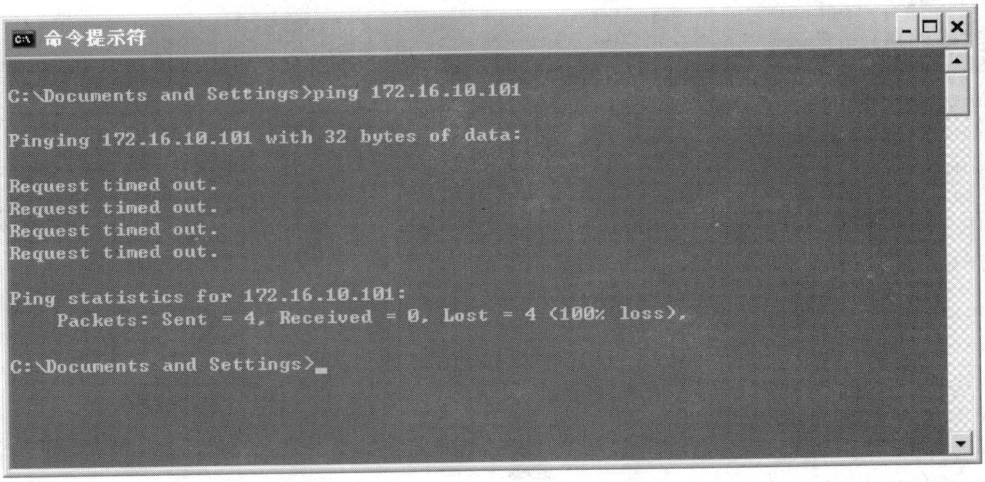

命令提示符
C:\Documents and Settings>ping 172.16.10.101
Pinging 172.16.10.101 with 32 bytes of data:
Request timed out.
Request timed out.
Request timed out.
Request timed out.
Ping statistics for 172.16.10.101:
Packets: Sent = 4, Received = 0, Lost = 4 (100% loss),
C:\Documents and Settings>_

图 2—27　从 PC2 测试 PC1 不能连通

4. 配置三层交换机

选择 PC2 用于配置三层交换机，连接到三层交换机的 Console 端口上，使其成为三层交换机的配置终端设备，配置管理三层交换机。在三层交换机配置模式下，分别创建 VLAN 10 和 VLAN 20，以此作为三层交换机上 VLAN 对应的虚拟接口 SVI：

```
Switch>enable
Switch#
Switch#configure terminal          !进入交换机全局配置模式
Switch(config)#vlan 10             !分别创建 VLAN 10 和 VLAN 20
Switch(config)#exit
Switch(config)#vlan 20
Switch(config)#exit
```

在三层交换机配置模式下，打开 Fa0/10 端口，把端口分别分配到新创建的 VLAN

10 中：

```
Switch# configure terminal
Switch(config)# interface fa 0/10
Switch(config-if)# switchport access vlan 10
Switch(config-if)# no shutdown
Switch(config-if)# exit
Switch(config)#
```

在三层交换机配置模式下，分别为创建的 VLAN 10 和 VLAN 20 配置不同子网虚拟接口 SVI 的地址，以作为三层交换机上连接设备转发信息的网关接口：

```
Switch#
Switch# configure terminal
Switch(config)# interface vlan 10
Switch(config-if)# ip address 172.16.10.1 255.255.255.0
Switch(config-if)# no shutdown
Switch(config-if)# exit
Switch(config)#  interface vlan 20
Switch(config-if)# ip address 172.16.20.1 255.255.255.0
Switch(config-if)# no shutdown
Switch(config-if)# exit
Switch(config)#
```

在三层交换机配置模式下，配置和二层交换机连接的链路 Fa 0/24 端口为干道连接端口，保证不同 VLAN 可以跨交换机通信：

```
Switch#
Switch# configure terminal
Switch(config)# interface fa 0/24
Switch(config-if)# switchport mode trunk
Switch(config-if)# no shutdown
Switch(config-if)# exit
Switch(config)#
```

为网络中所有测试用计算机重新规划和配置网络地址，使 PC1 属于 VLAN1 网段，PC2 属于 VLAN2 网段，见表 2—5。

表 2—5　重新规划后测试用计算机的 IP 地址配置

测试用计算机	IP 地址	子网掩码	默认网关
PC1	172.16.10.101	255.255.255.0	172.16.10.1
PC2	172.16.20.102	255.255.255.0	172.16.20.1

5. 测试验收

逐一选取测试用计算机 PC1 和 PC2，在 Windows XP 操作系统中转到命令操作状态，分别输入网络连通测试命令“ping 172.16.10.1”和“ping 172.16.20.1”测试各自的网关，“ping”命令执行后应有数据返回，否则表明网关不通，如图 2—28 所示。

```
C:\WINNT\system32\cmd.exe
Microsoft Windows 2000 [Version 5.00.2195]
(C) 版权所有 1985-2000 Microsoft Corp.

C:\Documents and Settings\Administrator>ping 172.16.10.1

Pinging 172.16.10.1 with 32 bytes of data:

Reply from 172.16.10.1: bytes=32 time<10ms TTL=128
Reply from 172.16.10.1: bytes=32 time<10ms TTL=128
Reply from 172.16.10.1: bytes=32 time<10ms TTL=128
Reply from 172.16.10.1: bytes=32 time<10ms TTL=128

Ping statistics for 172.16.10.1:
    Packets: Sent = 4, Received = 4, Lost = 0 (0% loss),
Approximate round trip times in milli-seconds:
    Minimum = 0ms, Maximum =  0ms, Average =  0ms

C:\Documents and Settings\Administrator>_
```

图 2—28　在 PC1 测试和网关 172.16.10.1 的连通性

教学提示：

不同的 VLAN 内部如同一个子网，只能以广播的方式在 VLAN 内部通信，如果在本 VLAN 内部没有发现通信的目的主机，就把信息发送到本 VLAN 的出口——网关，由网关来进行转发。三层交换机上分别为不同的 VLAN 配置对应的网关接口，以进行不同的 VLAN 之间的数据转发。

从 PC2 测试与 PC1 的连通性，网络重新出现连通提示信息，表明不同 VLAN 之间的信息已经在三层交换机之间相互传递，如图 2—29 所示。

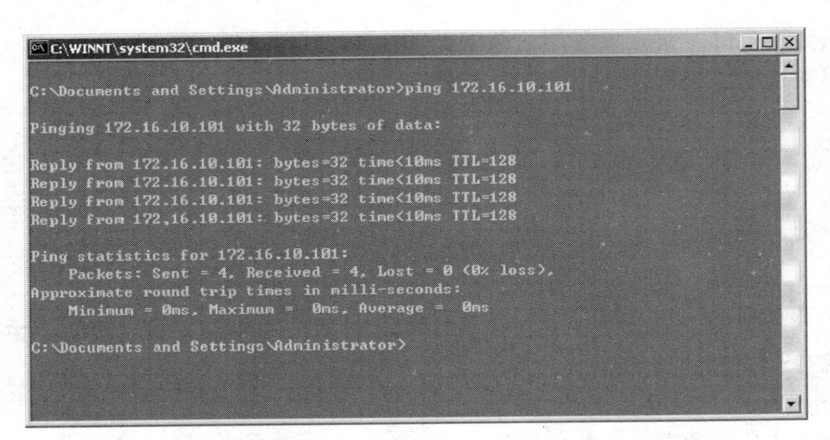

图 2—29　在 PC2 测试和 PC1 的连通性

在二层和三层交换机全局模式下用“show running-config”命令可以分别查询到交换机的配置信息。

从 PC 中可以使用“tracert”命令测试设备之间的路由信息。

2.3.7 任务小结

采用 VLAN 方式划分的网络所具有的控制广播风暴的能力让企业园区网络的性能得到大幅度提高，并且 VLAN 网络还具有管理简单，安全性高的特点。因此，在企业网络最初的设计中采用 VLAN 方式能够对网络带来极大的好处。

采用三层交换机是 VLAN 网络的关键技术所在。三层交换机具有路由和交换两种功能，其中的路由功能是实现 VLAN 间通信的关键技术。

目前，具有路由功能的三层交换机被广泛地应用在大中型园区网络建设工程项目中。三层交换技术满足了不同 VLAN 之间的设备通信的需求。在三层交换机上，通过实施 SVI 技术，利用 IP 地址，能够实现数据有选择地从一个 VLAN 向另一个 VLAN 的传输，从而保证网络的安全性。

在任务实施中涉及路由和三层交换技术的概念，需要掌握三层交换机的配置和管理方法。

2.3.8 练习与思考

1. 三层交换机理论上是一个带有(　　)功能的二层交换机。

A. 交换　　B. 路由　　C. 选择　　D. 转发

2. 三层交换机在转发数据时，可以根据数据包的(　　)进行路由的选择和转发。

A. 源 IP 地址　　B. 目的 IP 地址

C. 源 MAC 地址　　D. 目的 MAC 地址

3. 在企业内部网络规划时，可以分配的私有地址有(　　)。

A. 172.15.8.1　　B. 192.16.8.1

C. 200.8.3.1　　D. 192.168.50.254

4. 在企业网规划中选择使用三层交换机而不选择路由器的理由有(　　)。

A. 三层交换机的转发性能高于路由器

B. 三层交换机的网络接口数相比路由器的接口多

C. 三层交换机可以实现路由器的所有功能

D. 三层交换机组网比路由器组网更灵活

5. 下列哪几个 IP 地址可以正确地分配给主机使用(　　)。

A. 192.168.1.0　　B. 192.168.1.1

C. 192.168.1.254　　D. 192.168.1.255

6. 三层交换机中的三层表示的含义不正确的是(　　)。

A. 是指网络结构层次的第三层

B. 是指 OSI 模型的网络层

C. 是指交换机具备 IP 路由、转发的功能

D. 和路由器的功能类似

7. 三层交换技术的一个特点是通过(　　)实现数据的高速转发。

A. 硬件　　B. 软件　　C. 控件　　D. 组件

8. SVI 可以是一个网关接口，用于三层交换机中跨 VLAN 之间的(　　)。

A. 互联　　B. 交换　　C. 通信　　D. 隔离

第3章　中小企业互联网接入项目

互联网的英文名称是Internet，译为因特网，也叫做网际网或环球网。互联网是在20世纪60年代末在美国开始发展起来的，最初是专门用于军事研究的计算机网。90年代中期，互联网开始大规模应用在商业领域，这时它得到了迅速的发展并普及成为一个全球范围的信息网络。

具体地说，互联网是一个由各种不同类型和规模的、独立运行和管理的计算机网络组成的全球范围的计算机网络。组成互联网的计算机网络，包括局域网（LAN）、城域网（MAN）以及广域网（WAN）等。这些网络通过光缆、高速率专用线路、普通电话线、卫星和微波等通信线路，把不同国家的大学、企业、科研机构、政府部门以及军事组织的网络连接起来，从而进行通信和信息交换，实现资源共享。

中小企业互联网的接入方式有很多种，常用的有ADSL接入、代理服务器接入、光纤专线接入、无线接入和传统拨号接入等。本章我们要完成ADSL接入、代理服务器接入和光纤专线接入等三种形式的中小企业互联网接入任务，使企业园区的网络接入互联网。

3.1　ADSL接入互联网任务

教学重点：

了解常用的几种xDSL技术，通过ADSL Modem以及ADSL拨号上网账号使企业接入互联网。

教学难点：

用路由器连接ADSL Modem，使小型企业网络通过ADSL拨号接入互联网。

3.1.1　应用环境

ADSL拨号上网是目前小型企业和普通家庭用户最常用的一种接入互联网的方式。ADSL拨号上网和传统的拨号都使用电话线作为传输线路，但ADSL拨号上网与传统拨号上网最大的区别是它实现了上网和打电话两不误、互不影响的效果。也就是说进行ADSL拨号上网的时候能同时拨打或接听电话，互不影响。ADSL拨号上网的网速比普通拨号上网提高了上百倍，基本能够满足访问互联网上目前提供的绝大多数服务的需要。ADSL的安装也十分方便，特别是适合于小型企业和家庭用户使用，不需要进行重新布线，不仅降低了成本，而且不会破坏企业和家庭装修效果。

3.1.2 需求分析

某小型企业已经有了一台电脑，但是还没有接入互联网，于是决定采用 ADSL 拨号上网方式将电脑接入互联网。该企业已经向电信部门申请了 ADSL 拨号上网账号及密码，并购置了一台 ADSL Modem 及若干附件。现在需要做的是通过 ADSL Modem 和相关附件以及 ADSL 拨号上网账号将这台电脑接入互联网。

另外，还有一种潜在的需求。因为工作的需要，该企业又配备了若干台电脑，虽然之前的一台电脑已经能够通过 ADSL 拨号接入互联网，但是现在变成了多台电脑，也要同时能够访问互联网。因此现在的任务是要搭建一个小型企业办公网络，然后通过 ADSL 拨号使企业的所有电脑都能够同时接入互联网。

3.1.3 方案设计

1. 方案设计特点

（1）使用 ADSL 拨号上网，利用已有的电话线路，保证电话和上网能同时使用；

（2）无需改造线路，只需要在现有的电话线上安装一个滤波器，即可使用 ADSL；

（3）具备速度较快的上网速度，如 8Mbps 的下载速率和 1Mbps 的上传速率；

（4）费用低廉，不占用电话线路，采取包月制，费用变得很低廉；

（5）安装简单，只需配置好网卡，简单的连线，安装相应的拨号软件即可完成安装；

（6）经过适当的改造，能将原来只有 1 台电脑上网变成 3 台以上电脑能够同时上网。

2. 网络拓扑图

当只有 1 台电脑需要上网的时候，拓扑图如图 3—1 所示；当有多台电脑需要上网的时候，拓扑图如图 3—2 所示。

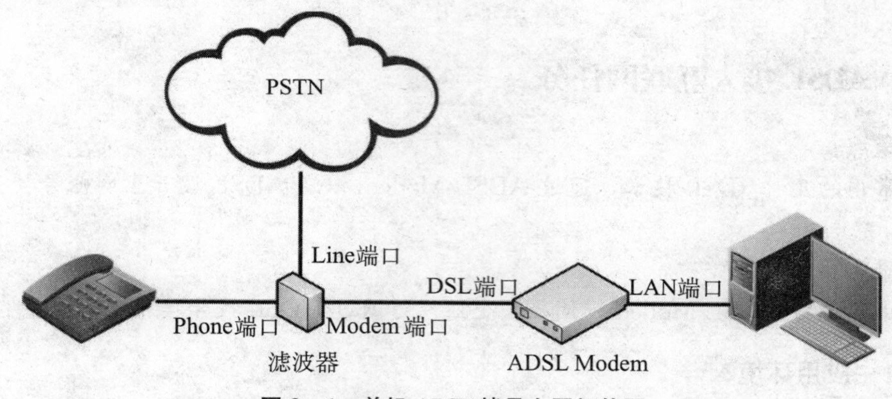

图 3—1 单机 ADSL 拨号上网拓扑图

3.1.4 相关知识：ADSL

ADSL（Asymmetrical Digital Subscriber Line）是在无中继的用户环路上，使用由负载电话线提供高速数字接入的传输技术，是非对称 DSL 技术的一种，可在现有电话线上传输数据，误码率较低，典型的上行速率为 512kbps～1Mbps，下行速率为 1.544～8.192Mbps，传输距离为 3～5km，有关 ADSL 的标准，现在比较成熟的有 G.DMT 和 G.Lite。一个基本

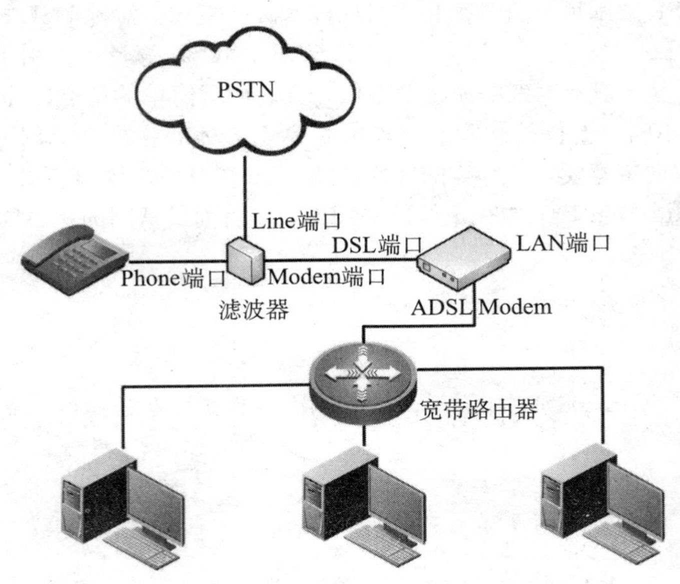

图 3—2　小型企业网络通过 ADSL 拨号上网拓扑图

的 ADSL 系统由局端收发机和用户端收发机两部分组成，收发机实际上是一种高速调制解调器（ADSL Modem），由其产生上下行的不同速率。ADSL 技术为家庭和小型业务提供了宽带、高速接入 Internet 的方式。

xDSL 是 DSL（Digital Subscriber Line）的统称，意即数字用户线路，是以电话铜线（普通电话线）为传输介质，点对点传输的宽带接入技术。它可以在一根铜线上分别传送数据和语音信号，其中数据信号并不通过电话交换设备，并且不需要拨号，不影响通话。其最大的优势在于利用现有的电话网络架构，不需要对现有接入系统进行改造，就可方便地开通宽带业务，被认为是解决“最后一公里”问题的最佳选择之一。

DSL 同样是调制解调技术家族的成员，只是采用了不同于普通 Modem 的标准，运用先进的调制解调技术，使得通信速率大幅度提高，最高能够提供比普通 Modem 快 300 倍的兆级传输速率。此外，它与电话拨号方式不同的是，xDSL 只利用电话网的用户环路，并非整个网络，采用 xDSL 技术调制的数据信号实际上是在原有话音线路上叠加传输，在电信局和用户端分别进行合成和分解，为此，需要配置相应的局端设备，而普通 Modem 的应用则几乎与电信网络无关。常用的 xDSL 技术如表 3—1 所示。

表 3—1　　常用 xDSL 技术列表

xDSL	名　　称	下行速率（bps）	上行速率（bps）	双绞铜线对数
HDSL	高速率数字用户线	1.544～2M	1.544～2M	2 或 3
SDSL	单线路数字用户线	1M	1M	1
IDSL	基于 ISDN 数字用户线	128K	128K	1
ADSL	非对称数字用户线	1.544～8.192M	512K～1M	1
VDSL	甚高速数字用户线	12.96～55.2M	1.5～2.3M	2
RADSL	速率自适应数字用户线	640K～12M	128K～1M	1
S-HDSL	单线路高速数字用户线	768K	768K	1

表3—1中xDSL技术可分为对称和非对称技术两种模式。对称DSL技术指上、下行双向传输速率相同的DSL技术，方式有HDSL、SDSL、IDSL等，主要用于替代传统的T1/E1接入技术。这种技术具有对线路质量要求低，安装调试简单的特点。非对称DSL技术为上、下行传输速率不同，上行较慢，下行较快的DSL技术，主要有ADSL、VDSL、RADSL等，适用于对双向带宽要求不一样的应用，如Web浏览、多媒体点播、信息发布、视频点播VOD等，是Internet接入中很重要的一种方式，目前最常用的是ADSL技术。

☞**阅读资料**

PSTN

PSTN（Public Switched Telephone Network，公共交换电话网络）是一种全球语音通信电路交换网络。

3.1.5 实施过程

1. ADSL接入互联网

(1) 设备和材料准备。

为了搭建如图3—1和图3—2所示的网络环境，需要以下设备及相关材料：

①1台以上电脑（安装好以太网卡及其驱动程序）；

②1台ADSL Modem；

③1部电话机；

④1个信号分离器（滤波器）；

⑤2条电话线（带水晶头的电话线，其长度依据安装环境）；

⑥若干网线；

⑦1个从电信部门申请的ADSL账号及密码；

⑧1套ADSL拨号软件（Windows XP系统有自带拨号软件）；

⑨1台家用小型路由器（多台电脑同时上网时使用）。

(2) 硬件连接。

按照图3—1或图3—2所示进行硬件连接。

①用电话线连接墙上的电话插座和分离器的LINE端口；

②用电话线连接分离器的Modem端口和ADSL的DSL端口；

③用电话线连接分离器的Phone端口和电话机；

④用网线连接ADSL的LAN接口和计算机网卡上的网络接口；

⑤如果有多台计算机通过路由器上网，则要用网线连接ADSL的LAN接口和路由器上的WAN接口，然后将计算机连接到路由器的LAN口上；

⑥将ADSL Modem的电源适配器插入电源插座，给Modem供电，使用路由器的同时要给路由器供电并启动。

(3) 安装拨号软件。

Windows XP操作系统集成了PPPoE协议，ADSL用户不需要安装任何其他PPPoE拨号软件，直接使用 Windows XP 的连接向导就可以建立自己的 ADSL 虚拟拨号连接。

安装好网卡驱动程序以后，选择（开始→所有程序→附件→通信→新建连接向导），如图 3—3 所示。

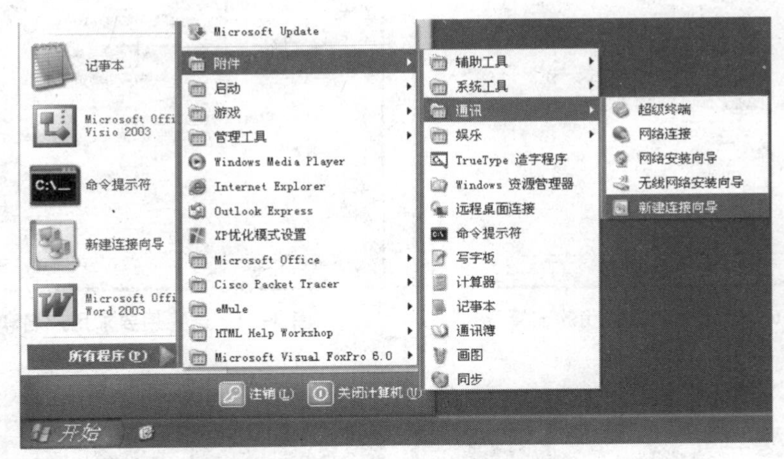

图 3—3　新建拨号连接

出现“欢迎使用新建连接向导”画面，直接单击“下一步”，如图 3—4 所示。

然后默认选择“连接到 Internet”，单击“下一步”，如图 3—5 所示。

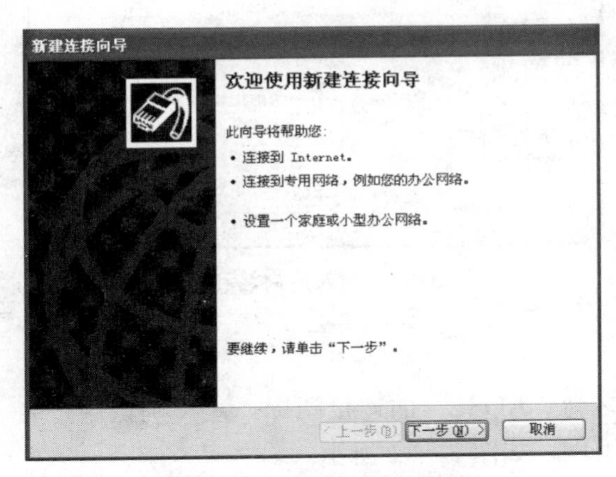

图 3—4　用向导新建拨号连接

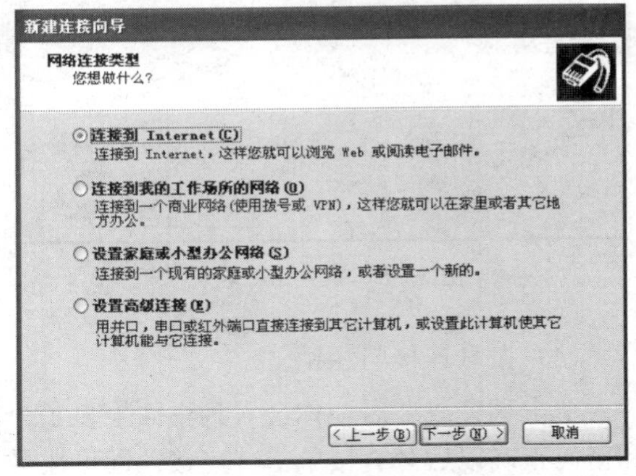

图 3—5　选择连接类型的界面

在这里选择“手动设置我的连接”，然后再单击“下一步”，如图 3—6 所示。

选择“用要求用户名和密码的宽带连接来连接”，单击“下一步”，如图 3—7 所示。

出现提示要求输入“ISP 名称”，这里只是一个连接的名称，可以随便输入，例如：“ADSL”，然后单击“下一步”，如图 3—8 所示。

然后输入自己的 ADSL 账号（即用户名）和密码（一定要注意用户名和密码的格式和字母的大小写），并根据向导的提示对这个上网连接进行 Windows XP 的其他一些安全方面的设置，然后单击“下一步”，如图 3—9 所示。

点击“完成”按钮后，ADSL 拨号上网的设置就完成了，如图 3—10 所示。

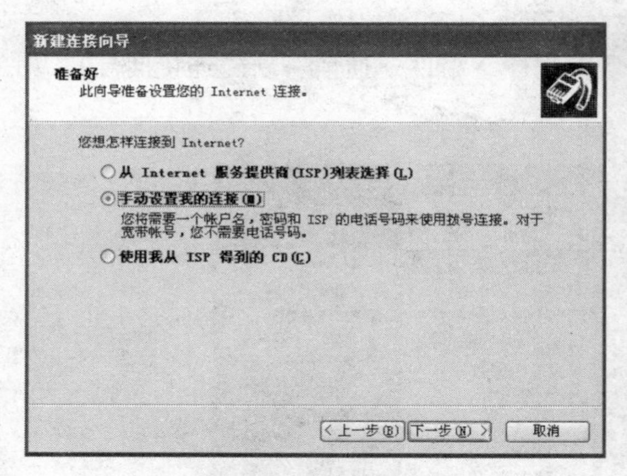

图 3—6　选择手动设置我的连接

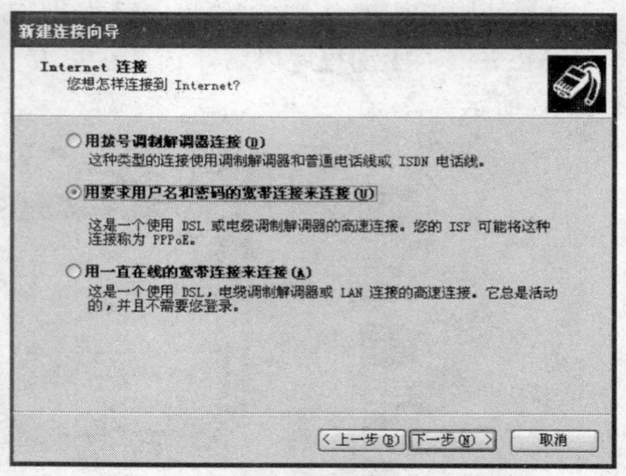

图 3—7　选择用要求用户名和密码的宽带连接来连接

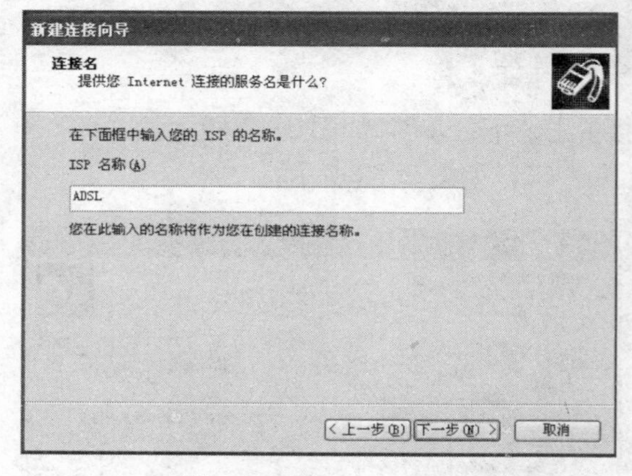

图 3—8　输入 ISP 名称

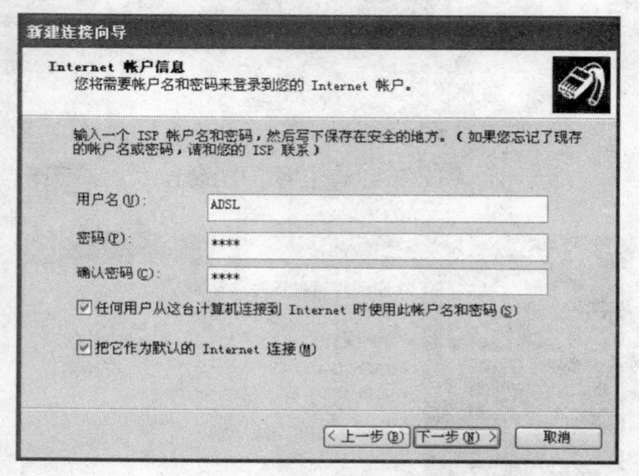

图 3—9　输入用户名和密码

(4) 拨号连接与注销。

单击“完成”后，你会看到桌面上多了个名为“ADSL”的连接图标：。确认用户名和密码正确以后，直接单击“连接”即可拨号上网，如图 3—11 所示。

成功连接后，你会看到屏幕右下角有两部电脑连接的图标。在实际的使用过程中，可以通过多种方法实现让 ADSL 自动拨号甚至永久性在线，下面介绍两种常用的方法：

①建立好 ADSL 连接后，在连接的“属性”—“选项”里面把“提示名称、密码和证书等”前面的勾去掉，单击“确定”，然后把连接的快捷方式放到“开始菜单”的“启动”里面，如图 3—12 所示。

②选中 IE 浏览器的工具菜单里的 Internet 选项，点选“连接”一栏，选择“不论网络连接是否存在都进行拨号”选项，如图 3—13 所示。这样当出现拨号连接时上面有一项自动连接的勾，勾选它就行了，每次开机时电脑就自动连接了。

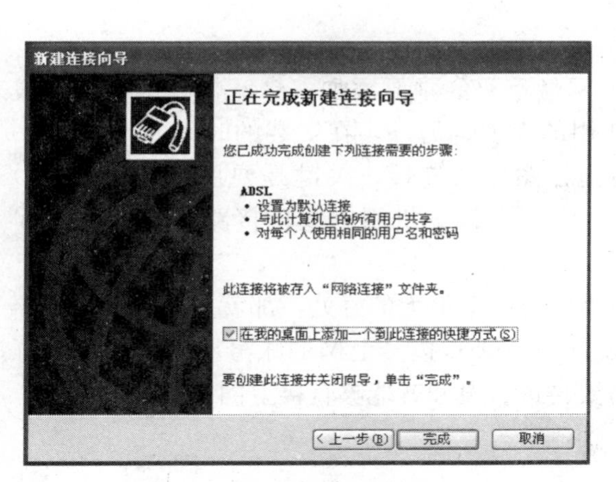

图 3—10　拨号连接建立完成

图 3—11　开始拨号的界面

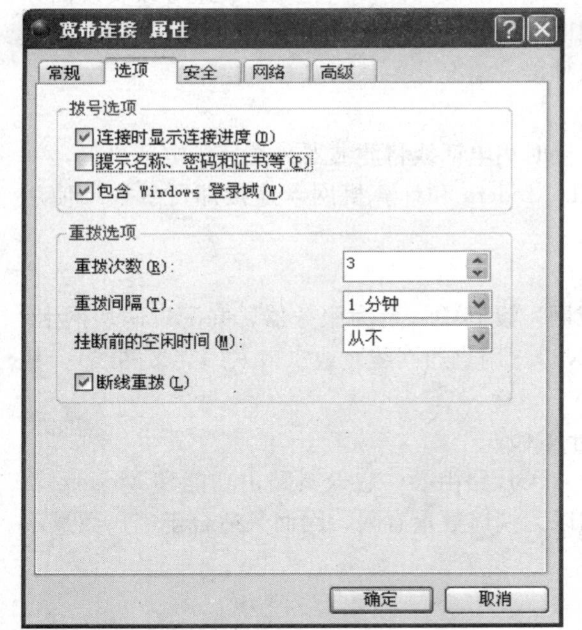

图 3—12　宽带连接属性页面

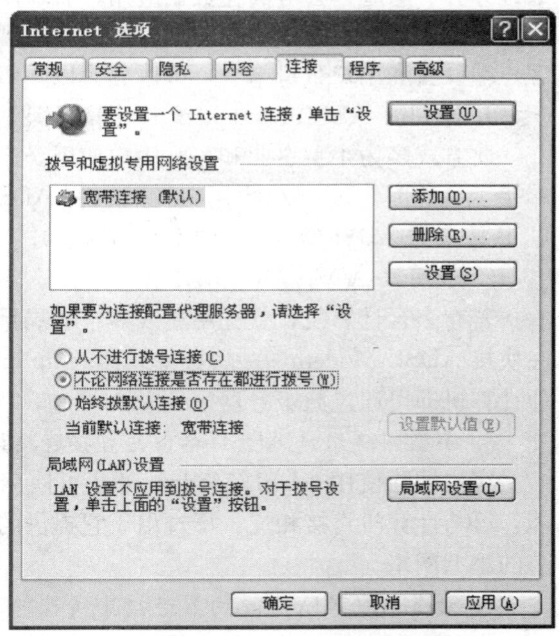

图 3—13　IE 的 Internet 选项页面

教学提示：

ADSL 连接属性设置完之后可能要重新输一次密码才会正常自动连接。

（5）测试 ADSL 拨号的可用性。

如果 ADSL 拨号上网方式设置正确，基本上都能正常实现访问互联网的功能，测试用户可以观察上网速度的快慢，如打开网页的速度、在线视频点播的流畅程度等。一般来说，

ADSL 拨号上网方式基本能够满足访问互联网上提供的绝大多数服务的需要，完全能够满足家庭用户的需求。

2. 升级成多台电脑同时上网的方式

将一台电脑上网升级成多台电脑同时上网最重要的是要添加一台宽带路由器。一般来说，购置一台家用路由器就完全能够满足使用的需要。另外，在安装的时候要按照图 3—2 所示的小型企业网络通过 ADSL 拨号上网拓扑图进行连接。关键是要用网线连接 ADSL Modem 的网络接口和路由器的 WAN 端口，将 3 台计算机用网线连接路由器的任意 3 个 LAN 端口。

特别地，通过路由器实现多台电脑同时上网有一个最大的好处，那就是一般的路由器都自带 ADSL 拨号的功能，只要在路由器上设置好 ADSL 拨号上网的账号和密码，然后开启自动拨号功能，那么其他所有的电脑都不需要再进行拨号就能够直接上网。

3.1.6 任务小结

ADSL 用途十分广泛，对于企业用户来说，可组建局域网共享 ADSL 上网，还可以实现远程办公、家庭办公等高速数据应用，获取高速低价的极高性价比。ADSL 还可以实现高速远程医疗、教学、视频会议的即时传送，达到以前所不能及的效果。ADSL 拨号上网方式从客户端设备和用户数量来看，可以分为以下四种接入情况：

1. 单用户 ADSL Modem 直接连接

此方式多为小型企业和家庭用户使用，连接时用电话线将滤波器一端接于电话机上，一端接于 ADSL Modem，再用交叉网线将 ADSL Modem 和计算机网卡连接即可（如果使用 USB 接口的 ADSL Modem 则不必用网线）。

2. 多用户 ADSL Modem 连接

若有多台计算机，就先用集线器组成局域网，设其中一台为服务器，并配以两块网卡，一块接 ADSL Modem，一块接集线器的 uplink 口（用直通网线）或 1 口（用交叉网线）。其他计算机即可通过此服务器接入 Internet。

3. 小型网络用户 ADSL 路由器直接连接计算机

客户端除使用 ADSL Modem 外还可使用 ADSL 路由器，它兼具路由功能和 Modem 功能，可与计算机直接相连，不过由于它提供的以太端口数量有限，因而只适合于用户数量不多的小型网络。

4. 大量用户 ADSL 路由器连接集线器

当网络用户数量较大时，可以先将所有计算机组成局域网，再将 ADSL 路由器与集线器或交换机相连，其中接集线器 uplink 口用直通网线，接集线器 1 口或交换机用交叉网线。

在用户端除安装好硬件外，用户还需为 ADSL Modem 或 ADSL 路由器选择一种通信连接方式。目前主要有静态 IP、PPPoA（Point to Point Protocol over ATM）、PPPoE（Point to Point Protocol over Ethernet）三种。一般普通用户多数选择 PPPoA 和 PPPoE 方式，对于企业用户更多选择静态 IP 地址（由电信部门分配）的专线方式。

3.1.7 练习与思考

1. ADSL 采用的两种接入方式是(　　)。

A. 虚拟拨号接入和专线接入

B. 虚拟拨号接入和虚电路接入

C. 虚电路接入和专线接入

D. 拨号虚电路接入和专线接入

2. ADSL 中的“非对称”是指(　　)。

A. 传输介质不对称

B. 上、下行不对称的数据传输速率

C. 不对称的网络拓扑结构

D. 其他 3 种说法都不对

3. 下列说法哪个最准确?(　　)

A. ADSL 能够提供的上、下行最高共享带宽优于 Cable Modem，而 Cable Modem 能够提供的上、下行最高独占带宽优于 ADSL

B. Cable Modem 和 ADSL 所能提供的最高共享带宽和最高独占带宽是一样的

C. Cable Modem 能够提供的上、下行最高共享带宽高于 ADSL，而 ADSL 能够提供的上、下行最高独占带宽优于 Cable Modem

D. 以上 3 种说法都不对

4. 用 Windows 2003，Windows XP 连接的基于客户/服务器的对等网络中，要使网络中所有用户都能同时地利用一条电话线和一个 Modem 上网，需要安装(　　)。

A. 代理服务器

B. 无法实现

C. ADSL

D. ISDN

5. 非对称数字用户环路的英文缩写是(　　)。

A. ADSL　　B. DSL　　C. ISDN　　D. IDM

6. 影响 ADSL 性能的主要因素是(　　)。

A. 线路衰减

B. 调制解调器

C. 信号频率

D. 所传输数据使用的协议

7. ADSL 采用的是(　　)技术。

A. 数字传输

B. 模拟传输

C. 同步传输

D. 无线传输

8. 用“ping”命令 ping Internet 中远程主机的地址，不能实现的功能是(　　)。

A. 确认网关的设置是否正确

B. 确认域名服务器设置是否正常

C. 确认路由器的配置是否正确

D. 确认 IP 地址、子网掩码的设置是否正确

9. 以下网络设备中，实现调制解调功能的是(　　)。

A. modem

B. NIC

C. 交换机

D. 路由器

3.2 代理服务器接入互联网任务

教学重点：

搭建企业网络环境，并通过安装和配置代理服务器使企业内部网络接入互联网。

教学难点：

代理服务器的概念和功能。

3.2.1 应用环境

随着国际互联网和企业局域网的迅速发展，越来越多的企业和单位需要接入互联网，以便获得最基本的Internet服务或者通过网络向外界提供有关企业的相关信息。当然，在通过互联网获取服务的同时，也带来了上网费用和网络安全性的问题。企业网络选择代理服务器（Proxy）技术，可以用有限的经费实现互联网的接入，并保证企业局域网的安全性。

通常代理服务器上网方式也被用于收费网络的管理，一方面能够对客户机进行统一的管理，另一方面在IP地址分配和安全性的控制上具有较大的优势。

3.2.2 需求分析

选择代理服务器实现互联网的接入，需要企业网络中有一台计算机实现代理服务功能（我们称它为代理服务器，可以是网络中的任一台PC)，代理功能由安装在代理服务器中的Winproxy、Wingate等代理服务器软件实现。当网络中的客户端向Internet上的目的地址发出访问请求时，代理服务器将相应请求转发到目的地址，同时将目的地址的响应信息转发到客户端。在整个过程中，代理服务器就是一个信息中转站，它直接面对Internet，目的地址接收到的访问信息都直接来自代理服务器。在代理软件中可以对网络中的客户端访问Internet进行监控。由于通过代理服务器访问Internet，代理服务器可以在硬盘上开设一个空间，用来缓存Web页面，当其他客户端访问相同页面时，可以直接从代理服务器下载，一定程度上可以节省网络带宽，加快网页访问速度。

3.2.3 方案设计

1. 方案的要求

（1）实现代理功能。这是Proxy Server的最主要功能。

（2）防火墙功能。由于Proxy Server监控Internet与企业内部网络的通信，因而可提供有效的安全保护，通过域包过滤、IP地址过滤、端口过滤、包过滤等过滤手段和用户认证技术，限制Internet与企业内部网络的通信，提供高效的防火墙功能。

（3）缓冲功能。为了提高响应速度，节省Internet网络通信费，Proxy Server能有效地管理大的缓冲区（从100M～几个G），以存放经常访问的站点信息。客户机访问Internet时，Proxy Server首先查找缓冲区，如有则直接从缓冲区中响应用户请求。随着缓冲区的容量的增加，从缓冲区中响应用户请求的比例将大大提高，从而有效减少与Internet通信的带宽要求，减少Internet通信量，提高响应性能，节省通信费用。

（4）方便的管理功能。Proxy Server提供了方便的管理工具，大部分Windows平台上的管理工具，而运行于Unix上的Proxy Server通常使用基于HTML的管理工具，并通过浏览器管理。

（5）记账功能。对企业内部网络用户来说，Proxy Server即Internet，因而Proxy Server都具有较完善的记账功能，以记录企业内部网络用户对Internet的访问，便于对用户的管理。

（6）事件记录与告警。Proxy Server提供了较完备的诊断工具和实时记录功能，有的Proxy Server软件还可将事件和告警通过邮件发送给指定的网络负责人。这些事件是错误引发的，也可由系统管理员指定的条件引发。

2. 网络拓扑图

如图 3—14 所示，代理服务器上网方式一般适用小型企业、家庭等网络环境。

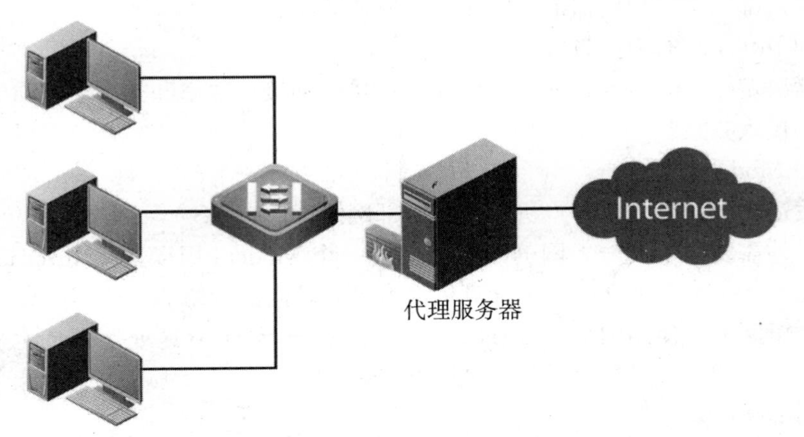

图 3—14　代理服务器上网拓扑图

3.2.4　相关知识：代理服务器

1. 代理服务器的概念

代理服务器英文全称是 Proxy Server，其功能就是代理网络用户去取得网络信息。形象地说：它是网络信息的中转站。一般来说，代理服务器是一台配备了两块网卡的服务器，一块网卡接入 Internet，接入方式可以为城域网的 10/100M 以太网接口、ISDN、PSTN 或者 ADSL；另一块网卡一般和内部局域网相连；另外，还需要使用代理服务器软件来处理进行代理上网的业务。

企业局域网中的计算机需要访问外部网络时，该计算机的访问请求被代理服务器截获，代理服务器通过查找本地的缓存，如果请求的数据（如 WWW 页面）在缓存中可以查找到，则把该数据直接传给局域网中发出请求的计算机；否则代理服务器访问外部网络，获得相应的数据，并把这些数据存入缓存，同时把该数据发回到发出请求的计算机。代理服务器缓存中的数据会随着内部网络计算机对互联网的访问而不断更新。一般在代理服务器上安装运行代理软件来实现内部网络的计算机对外部网络访问的处理，常用的代理服务器软件有 SyGate、WinGate、CCProxy 等。

2. 代理服务器接入方法和地址分配

目前流行的 Proxy Server 软件有几十种之多，各种软件功能千差万别，但其接入方法和网络方案相差不大，基本上都具有如图 3—15 所示的结构。

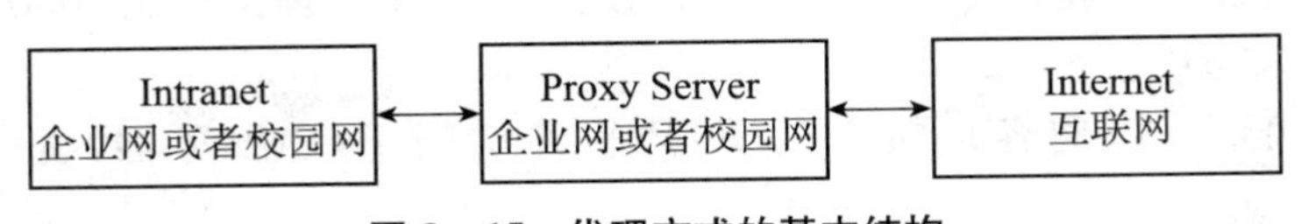

图 3—15　代理方式的基本结构

其中 Intranet 部分取决于企业和单位的规模，可以大到广域互联网也可以小到只有几台工作站的一个以太网。Intranet 部分可以提供 Web、FTP、E-mail 等企业内部网络服务。企业局域网的规模直接影响着 Proxy Server 的软硬件配置，有较大影响的因素有如下三个：

（1）企业内部网络用户访问 Internet 的持续时间、时间分布和流量；

（2）企业内部网络用户所需的 Internet 服务种类；

（3）访问 Internet 的用户数量。

这些因素决定了 Proxy Server 与 Internet 连接时的接口速率和类型。下面分不同情况给出三种典型的接入方案。

（1）利用 Modem 接入。

这种方案适合只有十几个客户机的企业内部网络。Proxy Server 需要一块网卡连接企业内部网络，另外需要一个拨号上网的账号和至少一个 Modem 用以连接 Internet。通常情况下，Proxy Server 是一台独立的专用计算机，也可以是内部网络的一个客户机，所有的计算机位于同一个子网上，使用内部 IP 地址。与 Internet 连接的 IP 地址是 ISP 动态分配的外部的 IP 地址。

（2）利用 DDN 接入。

这种方案适合于中等规模的企业内部网络，是一种永久性连接。企业内部网络用户使用所有的 Internet 服务，对企业内部网络用户访问时间无限制。Proxy Server 是一台独立的计算机，安装两块网卡，一块网卡与内部网络相连，使用内部 IP 地址。另一块网卡与路由器相连，该网卡和路由器必须使用外部 IP 地址。这种方案成为一种首选方案。

☞**阅读资料**

内部 IP 地址（即保留 IP 地址）的范围，可从 Internet 网络信息中心（www. internic. net）下载 RFC1918 文件上查看。基本保留地址有三段，A 类、B 类、C 类地址各一段，分别是：

- A 类：10. X. X. X；
- B 类地址：172. 16. X. X～172. 31. X. X. X；
- C 类地址：192. 168. X. X。

一般内部网络使用 A 类保留地址，通过适当划分子网构建内部网络。Proxy Server 与 Internet 互联的 IP 地址通常使用外部合法的（即全球唯一的）IP 地址，但取决于 ISP。

3. 代理服务器类型

代理服务器的类型很多，如 HTTP 代理、FTP 代理、SOCKS 代理等，每类代理各自都有其对应的功能。

（1）HTTP 代理：代理客户机的 HTTP 访问，主要是代理浏览器访问网页，它的端口一般为 80、8080、3128 等。

（2）FTP 代理：代理客户机上的 FTP 软件访问 FTP 服务器，它的端口一般为 21、212。

（3）RTSP 代理：代理客户机上的 Real player 访问 Real 流媒体服务器，其端口一般为 554。

（4）POP3 代理：代理客户机上的邮件软件用 POP3 方式收发邮件，端口一般为 110。

(5) SOCKS代理：SOCKS代理与其他类型的代理不同，它只是简单地传递数据包，而并不关心是何种应用协议，所以SOCKS代理服务器比其他类型的代理服务器速度要快得多。SOCKS代理又分为SOCKS4和SOCKS5，二者的不同是SOCKS4代理只支持TCP协议（即传输控制协议），而SOCKS5代理则既支持TCP协议，又支持UDP协议（即用户数据包协议），此外，还支持各种身份验证机制、服务器端域名解析等。例如常用的聊天工具QQ在使用代理时就要求用SOCKS5代理，因为它需要使用UDP协议来传输数据。

以上是针对协议类型来对代理服务器进行的分类，实际使用当中代理软件其实包括了所有的提到的协议类型。一般常用的代理软件有CCProxy、WinGate、SyGate等。

4. 常用的代理服务器软件

(1) CCProxy。

代理服务器CCProxy于1999年6月问世，几年内经过多次升级、优化、完善，功能已经十分强大，操作也相当简单。代理服务器CCProxy可以应用于局域网内共享ADSL、宽带、专线、ISDN、普通拨号Modem、Cable Modem、双网卡、卫星、蓝牙、内部电话拨号和二级代理等任何网络接入方式上网。目前能做到，只要局域网内有一台机器能够上网，其他机器就可以通过这台机器上安装的CCProxy来共享上网，最大限度地减少了硬件投入和上网费用，并能进行强大的客户端服务管理。

通过CCProxy可以浏览网页、下载文件、收发电子邮件、网络游戏、股票投资、QQ联络等，网页缓冲功能还能提高低速网络的网页浏览速度。CCProxy在实现共享上网的同时，还提供了强大的管理功能，这些功能包括：控制局域网用户的上网权限，多达7种控制方式——IP地址、IP段、MAC地址、用户名/密码、IP+用户名/密码、MAC +用户名/密码、IP +MAC，并且支持7种方式任意组合、混合控制；能控制用户的上网时段——可以使有些用户在规定时间上网（可以精确到每星期、每一天、每一小时、每一分钟），在规定时间玩游戏、听音乐，在规定时间收发邮件，而同时又可以让有些用户能全天候上网；能对不同用户开放不同的上网功能——可以使有些用户只能浏览网页，有些用户只能收发邮件，而同时有些用户则能使用所有上网功能；可以给不同用户分配不同带宽，控制其上网速度和所占用的带宽资源，可以有效地控制有些用户因为下载文件而影响其他用户上网的现象，还可以统计每个用户每天的网络总流量；可以给不同用户设置网站过滤，特别可以保护青少年远离不健康网站；可以只允许用户上规定的网站，特别适合管理严格的企业；同时强大的日志功能可以有效地监控局域网上网记录。图3—16所示的是CCProxy代理服务器软件的运行界面。

(2) WinGate。

WinGate是目前流行的代理软件之一，是由Qbik软件公司推出的一个完整的代理服务器防火墙解决方案。通过在与Internet已建立连接的机器上运行WinGate代理服务器，局域网上的多个用户可以通过该代理服务器访问Internet。对于中小企业或公司的内部网络以及互联网等，通过WinGate代理实现对Internet的访问，是一个经济实用的方案。

当然，WinGate的用途不仅简单地作为网络共享，它还是一个能够提供高级用户管理和综合电子邮件服务的低成本安全解决方案。Qbik公司最近刚发布了新版本6.6.3，提供了以下新功能：

- 优异的病毒防护；
- 完全的VPN（Virtual Private Network，虚拟个人网络）解决方案；

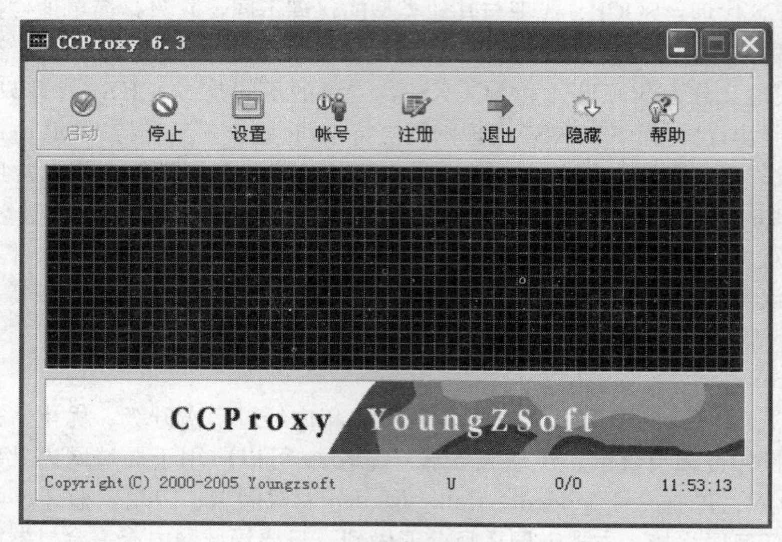

图 3—16　CCProxy 的运行界面

- 内容过滤；
- 内建的电子邮件服务器；
- 增强的 Terminal 服务支持；
- 增强的 Active Directory 支持；
- 带宽控制；
- 动态服务绑定。

（3）SyGate。

SyGate 软件适用于中小型企事业单位的办公室，它支持 Windows XP、Unix 等多种操作系统，还支持 Analog Modem，ISDN，Cable Modem，xDSL 和 DirecPC 等 Internet 接入方式，作为客户端的操作系统可以为 Linux、Macintosh 和 Unix 等。SyGate 的特点有以下几点：

- 安装和设置都十分简单。SyGate 的安装可以在几分钟内完成，最重要的是几乎不需要附加的设置。它提供的诊断工具 SyGate Diagnostics 可以在安装的时候就诊断用户的系统来确保 SyGate 可以被正确的运行，在 SyGate 里面，客户端不用安装就可以通过代理服务器共享 Modem 上网。
- 能根据访问要求提供自动拨号功能，以及超时自动断线，任何一台客户机都可控制 SyGate 服务器的拨号程序。
- 安全性好。可以自由设定安全规则，防止信息泄漏，同时 SyGate 通过内建的安全防火墙，提供对局域网内部资源的周到保护，防止信息泄漏和黑客的攻击。
- 界面友好。采用类似于 Windows 资源浏览器、MMC 管理控制台的用户界面，提供快速配置向导等多个向导界面，易于学习和使用。

3.2.5　实施过程

1. 设备和材料准备

为了搭建如图 3—14 所示的网络环境，需要以下设备及相关材料：

（1）服务器1台；

（2）电脑若干台（安装好以太网卡及其驱动程序）；

（3）交换机一个；

（4）代理服务器软件一套；

（5）连接线若干。

2. 服务器操作系统安装

由于Proxy Server直接与Internet相连，因而运行Proxy的计算机必须具有可靠的安全性和较高的性能，所以通常选择较高配置的台式机或专用服务器，并运行网络操作系统，如Windows，Linux，Unix。Proxy Server的“防火墙”功能，是建立在运行Proxy Server的计算机的安全性之上的，不安全的Proxy Server计算机无法提供防火墙功能，因此操作系统应选用专用网络操作系统，并根据操作系统手册配置相应的安全措施。

3. 网络规划及服务器配置

绝大部分Proxy软件只支持TCP/IP协议，如果原来网络使用非TCP/IP协议，应首先安装TCP/ IP协议，完成这项工作后，必须完成如下几项工作：

（1）子网划分和IP地址分配。如果服务器安装了两块网卡或者多块，在网卡IP设置上需要注意，不要将网卡的IP设置在一个网段内，这样会造成路由混乱。比如一块网卡是192. 168. 0. 1，另一块网卡就不要设置成192. 168. 0. 2，可以设置为192. 168. 1. 1。

（2）域名服务设置。通常使用DNS提供域名服务，运行Windows操作系统的网络也可使用WINS。

（3）服务器的网卡一般不要设置网关，尤其是连接局域网的网卡，不要设置网关，否则很容易造成路由冲突。

（4）路由器设置。正确设置内部网络中的路由器和与ISP相连的路由器。必须特别注意的是，不适当的子网划分，将使客户机与Proxy Server之间路由器数量增加从而增加了路由选择时间，将会使Internet访问超时，影响客户机工作。

（5）网络规划完成后，必须测试内部网络的连通性确保内部网络与Proxy Server通信良好。

如果没有配置好局域网，建议按照下面的方法配置局域网。分配好局域网机器的IP。一般是192. 168. 0. 1，192. 168. 0. 2，192. 168. 0. 3，…，192. 168. 0. 254，其中服务器是192. 168. 0. 1，其他IP地址为客户端的IP地址。子网掩码为255. 255. 255. 0，DNS为192. 168. 0. 1。

4. 代理服务器软件安装

完成以上工作后，就可安装Proxy Server软件了，不同的Proxy软件有不同的安装方法，大部分Proxy Server运行于Windows系统上，安装过程较简单，安装中所需的各种设置均可在安装完成后，通过软件提供的管理工具更改。

下面以CCproxy 6. 3为例介绍代理服务器软件的安装过程。CCProxy是国内最流行、下载量最大的国产代理服务器软件。主要用于局域网内共享Modem、ADSL、宽带、专线、ISDN等代理上网。它具有两项最主要功能：代理共享上网和客户端代理权限管理。

（1）双击CCproxy6. 3 setup. exe文件开始安装。

（2）点击“Next”，如图3—17所示。

（3）选择安装文件夹，默认的是C盘CCProxy文件夹，点击“Next”，如图3—18所示。

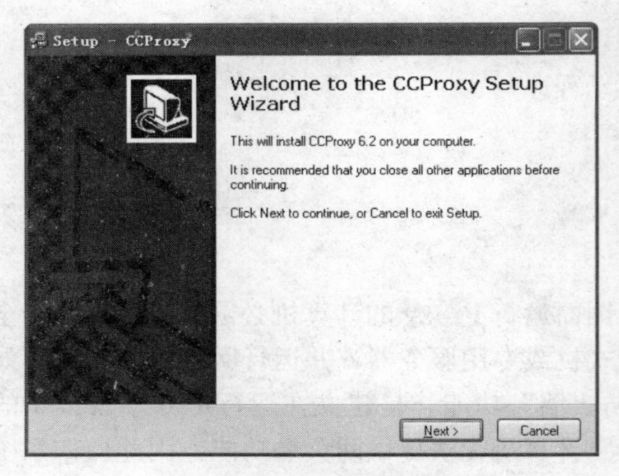

图 3—17　CCProxy 的安装过程（一）

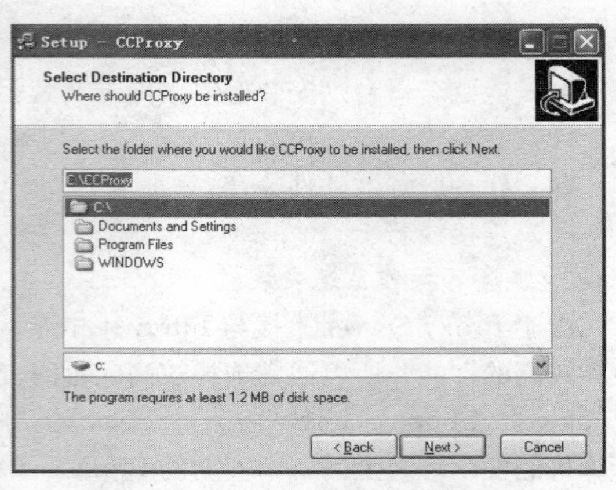

图 3—18　CCProxy 的安装过程（二）

（4）继续点击“Next”，如图 3—19 所示。

（5）继续点击“Next”，如图 3—20 所示。

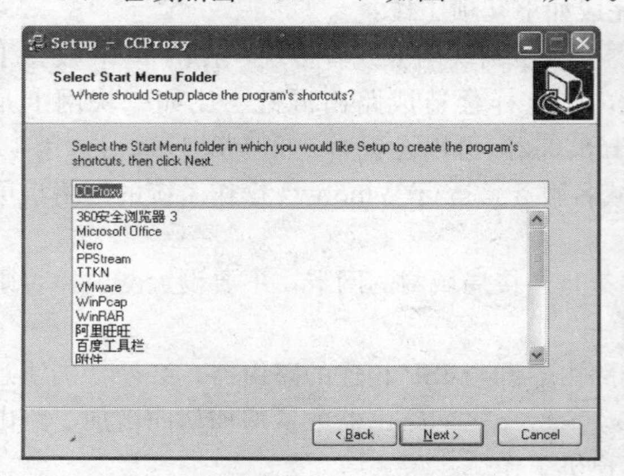

图 3—19　CCProxy 的安装过程（三）

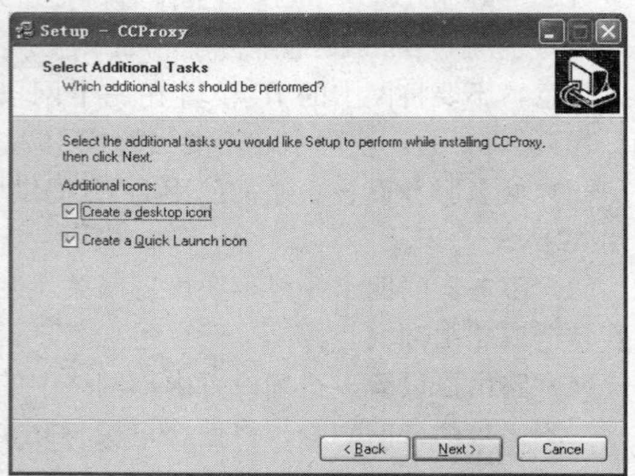

图 3—20　CCProxy 的安装过程（四）

（6）点击“Install”进行安装，如图 3—21 所示。

（7）点击“Finish”按钮，安装完成，如图 3—22 所示。

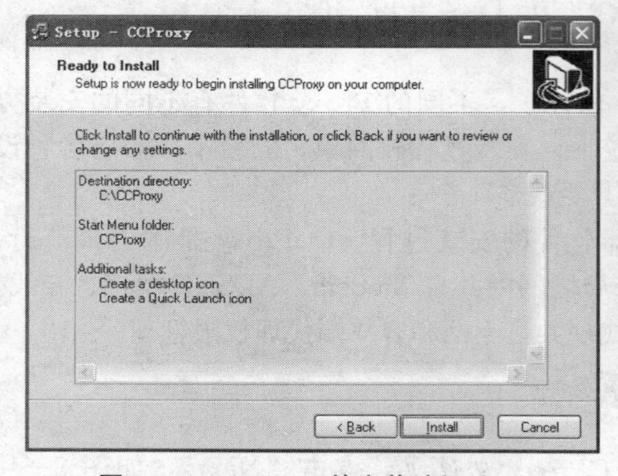

图 3—21　CCProxy 的安装过程（五）

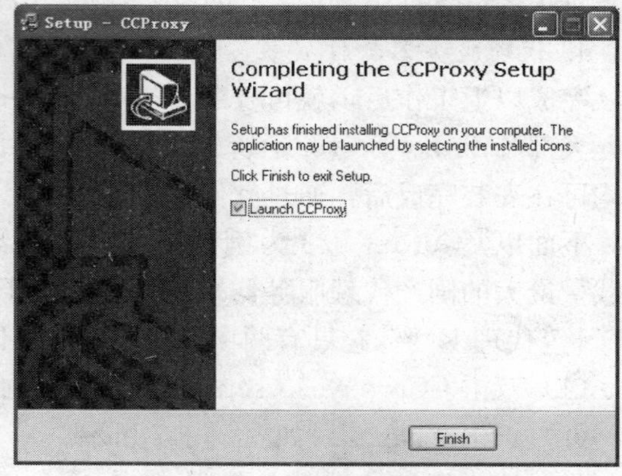

图 3—22　CCProxy 的安装过程（六）

(8) 至此，CCProxy 安装完毕，程序运行界面如图 3—23 所示。

5. 代理服务器软件设置

只要企业局域网内有一台机器能够上网，其他机器就可通过这台机器上安装的 CCProxy 代理共享上网。下面以 CCproxy 6.3 为例介绍代理服务器软件的设置过程。

首先，点击程序运行界面上的“设置”按钮，对 CCproxy 进行设置，如图 3—24 所示。其中，“请选择本机局域网 IP 地址”项目的设置最关键。如果安装 CCproxy 的代理服务器安装有两张网卡，这里需要选择地址是连接内部网络网卡的 IP 地址；如果只有一张网卡，即需要选择它的 IP 地址。这里，内部网卡的 IP 地址是 192.168.0.1。其余项目要根据实际的需要进行设置，特别要注意端口号不能是已经被其他程序使用过的，以免出现冲突。

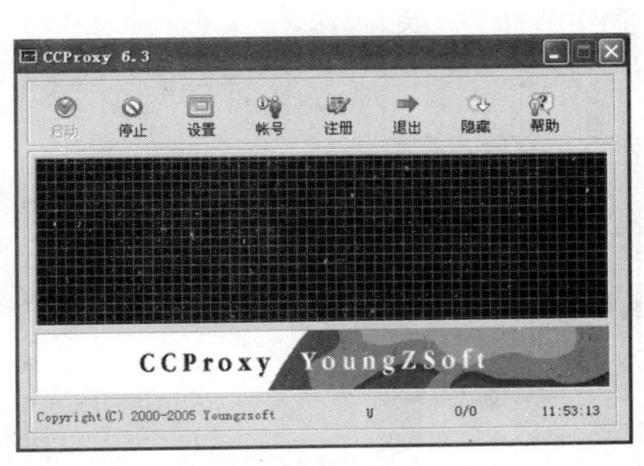

图 3—23　CCProxy 的运行界面

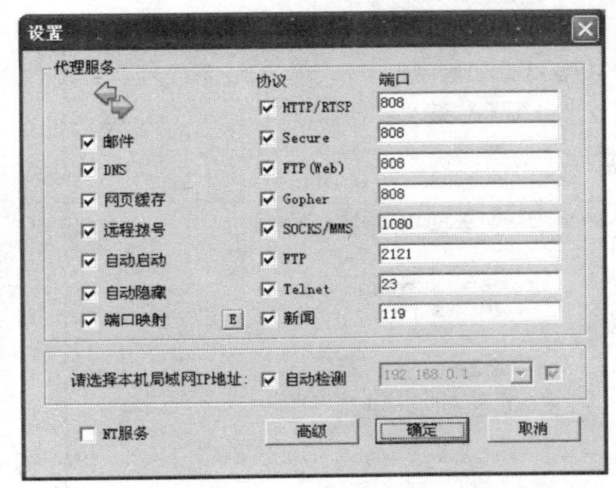

图 3—24　CCProxy 的设置界面

其他高级功能可以通过点击图 3—24 所示下方的“高级”按钮进行设置，如图 3—25 所示。

其中的拨号页面对拨号上网的用户十分有用。输入用户名和密码后，CCproxy 可以实现拨号上网的功能。所以 CCproxy 是共享拨号上网最方便的一种选择。

然后，点击程序运行界面上的“账户”按钮，对访问 CCproxy 代理服务器的账号进行设置，如图 3—26 所示。

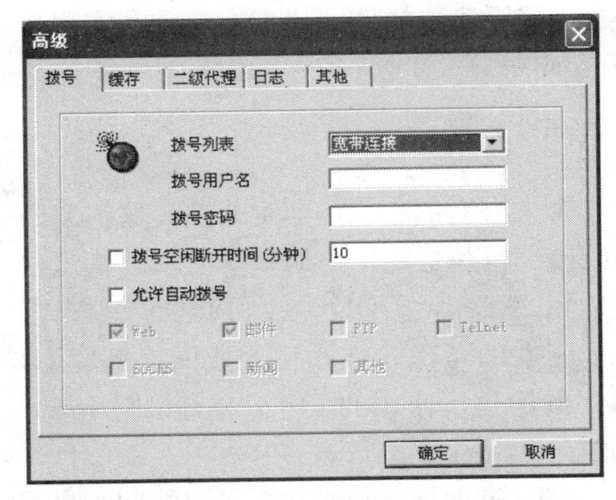

图 3—25　CCProxy 设置界面里的高级选项

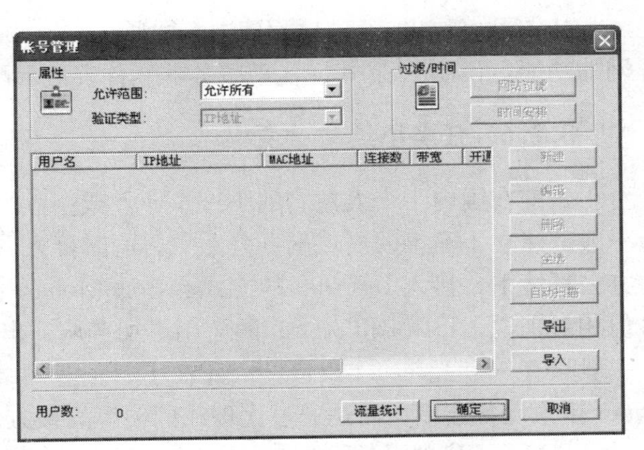

图 3—26　CCProxy 的账号管理界面

CCproxy 6.3 中具有服务器 IP 绑定功能、详细的日志分析功能、加强过滤功能（端口屏蔽、站点过滤）、更强大的账号管理功能（组管理、使用时间），以及远程 Web 方式账号管理功能。

6. 客户端设置

CCProxy 代理服务器软件安装完成后，接下来要设置客户端 IE。选择 IE 菜单“工具”→“Internet 选项”，点击“连接”页面，如图 3—27 所示。

然后点击“局域网设置”按钮，进入“局域网设置”对话框，如图 3—28 所示。

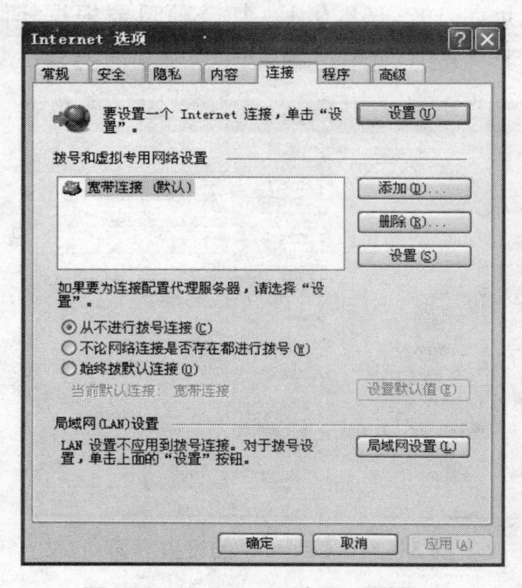

图 3—27　Internet 选项设置界面

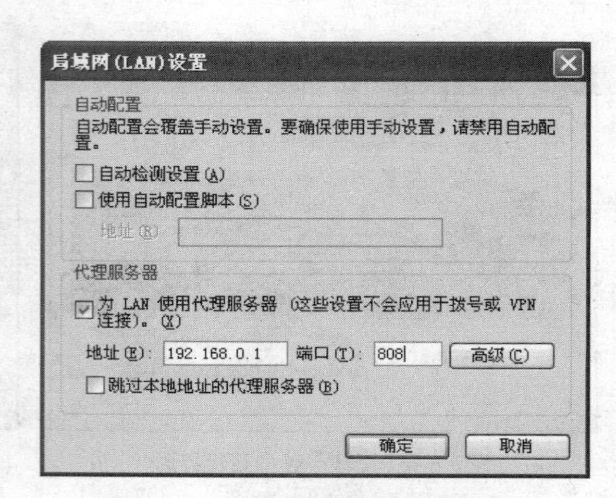

图 3—28　设置代理服务器地址的界面

最后，勾选“代理服务器”项目的复选框，输入 CCproxy 代理服务器的地址 192.168.0.1，端口号 808，点击“确定”按钮，客户端 IE 代理上网设置完毕。

7. 测试代理服务器

在客户端 IE 输入 http：// www. ccproxy. com/，测试代理服务器的可用性，即是否能够实现代理上网的功能，如图 3—29 所示。

从图可以看出，客户端 IE 浏览器通过 CCproxy 代理服务器软件的代理能够顺利实现上网的功能，说明 CCproxy 代理服务器软件安装和配置成功。

3.2.6　任务小结

目前在国内十个人左右的小型企业，或企业中十个人左右的小部门非常普遍，这些部门一般都建立了完善的局域网办公系统，同时接入 Internet 也是这些用户的基本需求。在这些办公环境下，接入 Internet 的方式有普通 Modem 拨号、ADSL、DDN 专线和 ISDN 等方式，但相对来说，ISDN 和 ADSL 的应用更加普遍。出于成本的考虑，在小型企业网络环境下，一般只有一个 Internet 出口，因此在小型企业网络中的用户所使用的 PC 不会直接与 Internet 接入设备连接，而是通过代理或网关等间接方式接入 Internet。

CCproxy 代理服务器软件支持浏览器代理、邮件代理、即时通信代理等，可以控制客户端代理上网权限，针对企业不同用户合理安排上网时间，监视上网记录，限制不同用户带宽流

图 3—29　客户端使用 IE 打开互联网上的网站

量，具有多种文字界面，设置简单，功能强大，适合中小企业共享代理上网。CCproxy 代理服务器软件是目前国内最流行的代理服务器软件，也是下载量最大的代理服务器软件之一。

3.2.7　练习与思考

1. IP 协议最著名的地方在于其具有(　　)。

A. 远程登录功能　　B. 路由功能

C. 电子邮件功能　　D. 文件传输功能

2. OSI 模型的传输层包括两个协议，它们是(　　)。

A. TCP 协议和 IP 协议　　B. TCP 协议和 UDP 协议

C. TCP 协议和 HTTP 协议　　D. UDP 协议和 IP 协议

3. 设某一台联网的计算机的 IP 地址为 202.194.36.38，子网掩码为 255.255.255.248，则该计算机在此子网的主机号为(　　)。

A. 4　　B. 6　　C. 8　　D. 32

4. 以下关于代理服务器功能描述正确的是(　　)。

A. 代理服务器的主要功能是代理用户去获取网络信息

B. 代理服务器就是 WWW 服务器

C. 代理服务器就是交换机

D. 代理服务器就是用户要从网络中获取的最终信息

5. 不属于代理服务器功能的是(　　)。

A. 提高访问速度

B. Proxy 可以起到杀毒作用

C. 通过代理服务器访问一些不能直接访问的网站

D. 安全性得到提高

6. 按网络分布范围划分，计算机网络分为(　　)。

A. 资源共享计算机网络，分布式计算网络和远程通信网络

B. 有线网和无线网

C. 星型网，环型网，总线型网

D. 局域网，广域网，城域网

7. 通用网关接口的英文缩写为(　　)。

A. CTS　　B. CCM　　C. ISO　　D. CGI

8. SMTP 是指(　　)。

A. 文件传输协议　　B. 超文本传输协议

C. 简单邮件传输协议　　D. 传输控制协议

9. CCProxy 是一款国产的代理服务器软件，能满足小型网络用户的所有代理需求。它支持(　　)。

A. HTTP、FTP、SOCKS4、SOCKS5 等多种代理协议

B. HTTP、FTP、IEEE 802.11、SOCKS 等多种代理协议

C. HTTP、FTP、SOCKS、ADSL 等多种代理协议

D. HTTP、HTML、WEB、FTP 等多种代理协议

10. 路由器工作在 OSI 模型的(　　)。

A. 应用层　　B. 网络层　　C. 传输层　　D. 物理层

11. 计算机网络与通信术语中，地址解析协议的英文缩写是(　　)。

A. AMR　　B. ARP　　C. ATM　　D. AH

3.3　光纤专线接入互联网任务

教学重点：

实现企业园区网络通过路由器光纤连接高速接入互联网，用路由器的 NAT 功能实现园区网络的内部地址和外部地址之间的转换。

教学难点：

企业网络互联技术将在下一章节介绍，本章涉及用于企业园区网络内部子网间通信的 OSPF 动态路由协议技术可作为一般性了解。

3.3.1　应用环境

拥有一个良好的计算机网络环境，对于提高办公效率是非常有效的。对于企业园区来说，互联网接入的关键是选择一种适合自身实际需要的专线接入方式。光纤专线具有带宽大、远距离传输能力强、保密安全性高、抗干扰能力强等优点，迅速成为了企业园区网络接入互联网的首要选择。与其他宽带接入方式相比，光纤接入具有稳定、安全、上下行速率对称等优势，可以说是一种理想的宽带接入选择。图 3—30 所示是企业园区网络中的路由器通过光纤专线接入互联网的实物图。

光纤专线接入互联网使用的传输媒介是光纤，因此根据光纤深入用户群的程度，可将光纤接入网分为 FTTC（光纤到路边）、FTTZ（光纤到小区）、FTTB（光纤到大楼）、FTTO

图 3—30　光纤专线接入

（光纤到办公室）和 FTTH（光纤到户），它们统称为 FTTx。FTTx 不是具体的接入技术，而是光纤在接入网中的推进程度或使用策略。

3.3.2　需求分析

企业园区为了提高接入到互联网的速度，已经向电信部门申请了 1 条 100Mbps 的光纤专线，并申请到了一段独立的 IP 地址。光纤线路已经铺设完毕。现在需要将光纤连接到企业园区自己的路由器，实现企业园区局域网内所有主机高速接入互联网。由于从电信部门申请到的外网地址比较少，而企业园区局域网规模比较大，全部将外网地址分配给内部网络设备是不现实的。所以要在企业园区网内部使用保留地址，然后通过路由器的 NAT 功能实现内部地址和外部地址之间的转换。

3.3.3　方案设计

1. 方案的要求

(1) 专线专用，24 小时在线无需拨号；
(2) 实现双向数据同步传输，延迟小、上网速度快、线路稳定、丢包率低、安全性高；
(3) 可获得真实的 Internet IP 地址，便于在互联网上建立并维护自己的网站；
(4) 运营费用可控，上网费用采用包月制最大限度地降低网络运营成本；
(5) 满足在互联网上进行多媒体应用、图像查询、视频点播等业务；
(6) 在边界路由器上启用 NAT 功能，实现内部地址和外部地址之间的转换。

2. 网络拓扑图

如图 3—31 光纤专线接入拓扑图所示，企业园区网络通过路由器 RouterD 接入到互联网。因为光纤专线是从电信公司申请的，所以路由器 RouterD 通过光纤直接连接到电信机房。目前，每幢建筑物内部网络的 IP 地址分配及各路由器端口的 IP 地址设置已经全部标示在拓扑图上面。

3.3.4　相关知识：光纤接入网

光纤接入技术实际就是在接入网中全部或部分采用光纤传输介质，构成光纤用户环路

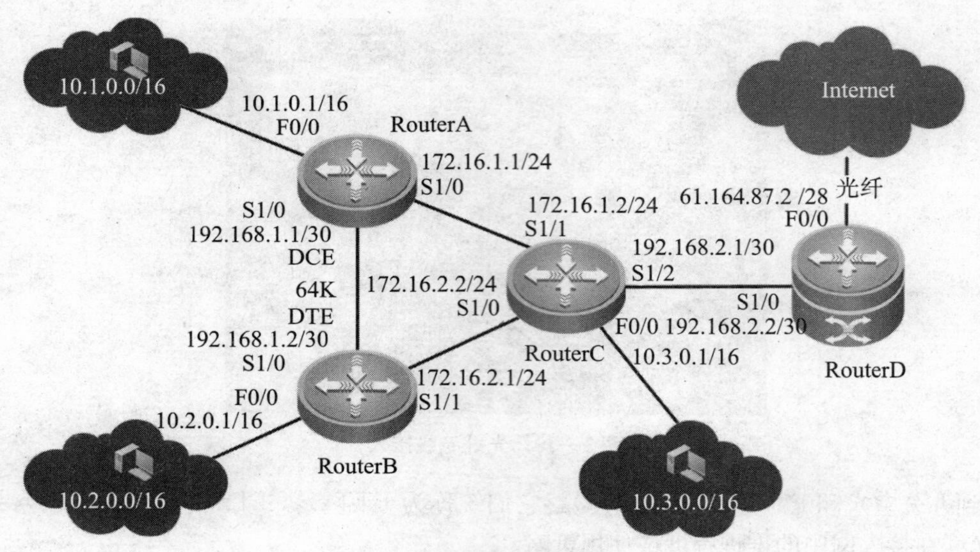

图 3—31　光纤专线接入拓扑图

(Fiber In The Loop，FITL)，实现用户高性能宽带接入的一种方案。光纤接入网（Optical Access Network，OAN）是指在接入网中用光纤作为主要传输媒介来实现信息传输的网络形式，它不是传统意义上的光纤传输系统，而是针对接入网环境所专门设计的光纤传输网络。

1. 光纤接入网的结构

光纤接入网的基本结构包括用户、交换局、光纤、电/光交换模块（E/O）和光/电交换模块（O/E）。由于交换局交换的和用户接收的均为电信号，而在主要传输介质光纤中传输的是光信号，因此两端必须进行电/光和光/电转换。光纤接入网的拓扑结构有总线型、环型、星型和树型结构。

（1）总线型。以光纤作为公共总线，各用户终端通过耦合器与总线直接连接构成总线型网络拓扑结构。适用于中等规模的用户群。

（2）环型。所有结点共用一条光纤线路，首尾相连成封闭回路构成环型网络拓扑结构。适用于大规模的用户群。

（3）星型。由光纤线路和端局内结点上的星型耦合器构成星状的结构称为星型网络拓扑结构。适用于有选择性的用户。

（4）树型。由光纤线路和结点构成的树状分级结构称为树型网络拓扑结构，是光纤接入网中使用最多的一种结构。适用于大规模的用户群。

2. 光纤接入网的分类

从光纤接入网的网络结构看，按接入网室外传输设施中是否含有源设备，OAN可以划分为有源光网络（Active Optical Network，AON）和无源光网络（Passive Optical Network，PON），前者采用电复用器分路，后者采用光分路器分路，两者均在发展。

AON是指从局端设备到用户分配单元之间均用有源光纤传输设备，如光电转换设备、有源光电器件、光纤等连接成的光网络。采用有源光结点可降低对光器件的要求，可应用性能低、价格便宜的光器件，但是初期投资较大，作为有源设备存在电磁信号干扰、雷击以及有源设备固有的维护问题，因而有源光纤接入网不是接入网长远的发展方向。

PON 是指从局端设备到用户分配单元之间不含有任何电子器件及电子电源，全部由光分路器等无源器件连接而成的光网络。它初期投资少，维护简单，易于扩展，结构灵活，大量的费用将在宽带业务开展后支出，因而目前光纤接入网几乎都采用此结构，它也是光纤接入网的长远解决方案。

3. 光纤接入方式

根据光网络单元（Optical Network Unit，ONU）所在位置，光纤接入网的接入方式分为光纤到路边（Fiber To The Curb，FTTC）、光纤到大楼（Fiber To The Building，FTTB）、光纤到办公室（Fiber To The Office，FTTO）、光纤到楼层（Fiber To The Floor，FTTF）、光纤到小区（Fiber To The Zone，FTTZ）、光纤到户（Fiber To The Home，FTTH）等几种类型，其中 FTTH 将是未来宽带接入网发展的最终形式。

（1）光纤到路边（FTTC）。FTTC 结构主要适用于点到点或点到多点的树形分支拓扑，多为居民住宅用户和小型企事业用户使用，是一种光缆/铜缆混合系统。

（2）光纤到楼（FTTB）。FTTB 可以看做是 FTTC 的一种变型，最后一段接到用户终端的部分要用多对双绞线。FTTB 是一种点到多点结构，光纤敷设到楼，因而更适于高密度用户区，也更接近于长远发展目标，FTTF 与它类似。

（3）光纤到家（FTTH）。在 FTTB 的基础上 ONU 进一步向用户端延伸，进入到用户家即为 FTTH 结构。FTTO 与它同类，两者都是一种全光纤连接网络，即从本地交换机一直到用户全部为光连接，中间没有任何铜缆，也没有有源电子设备，是真正全透明网络，也是用户接入网发展的长远目标。

4. FTTx＋LAN 接入

FTTx＋LAN，即光纤接入和以太网技术结合而成的高速以太网接入方式，可实现“千兆到在楼，百兆到层面，十兆到桌面”，为最终光纤到户提供了一种过渡。FTTx＋LAN 接入比较简单，在用户端通过一般的网络设备，如交换机、集线器等将同一幢楼内的用户连成一个局域网，用户室内只需添加以太网 RJ45 信息插座和配置以太网接口卡（即网卡），在另一端通过交换机与外界光纤干线相连即可。

3.3.5 实施过程

1. 设备和材料准备

为了搭建如图 3—31 所示的网络环境，需要以下设备及相关材料：

（1）4 台路由器（如果有光口和光模块，可以不用光收发器。如果没有光口，实施过程中建议用电口替代）。

（2）1 台光收发器。

（3）多根路由器串行端口连接线。

（4）1 段从电信部门申请的独立 IP 地址（如 61.164.87.2 /28）。

（5）电脑若干台，已经安装了网卡及驱动程序。

（6）网线若干条，已经做好水晶头。

2. 硬件连接

按照图 3—31 光纤专线接入拓扑图所示进行硬件连接：

（1）用串行端口连接线将 RouterA 的 s1/0 端口和 RouterB 的 s1/0 端口连接起来；

(2) 用串行端口连接线将 RouterA 的 s1/1 端口和 RouterC 的 s1/1 端口连接起来；

(3) 用串行端口连接线将 RouterB 的 s1/1 端口和 RouterC 的 s1/0 端口连接起来；

(4) 用串行端口连接线将 RouterC 的 s1/2 端口和 RouterD 的 s1/0 端口连接起来；

(5) 将电线的光纤专线连接到 RouterD 的 f0/0 端口；

(6) 将 3 台电脑分别用 3 根双绞线连接到 3 台路由器的以太网端口 f0/0；

(7) 将各个路由器的电源插头插入电源插座，启动路由器；

(8) 启动电脑，设置如图 3—31 所示的各幢建筑物中路由器各端口的 IP 地址等；

(9) 配置路由器时，用 Console 端口连接线将电脑的串口和路由器的 Console 端口连接起来。

3. 配置路由器 RouterD 端口

在路由器 RouterD 上配置端口，并使用"ip nat inside"命令指定 s1/0 为内网端口，使用 ip nat outside 命令指定 f0/0 为外网端口。主要配置命令如下：

```
Router>enable
Router#config terminal
RouterD(config)#interface s1/0
RouterD(config-if)#ip address 192.168.2.2 255.255.255.252
RouterD(config-if)#ip nat inside
RouterD(config-if)#clockrate 64000
RouterD(config-if)#bandwidth 64
RouterD(config-if)#no shutdown
RouterD(config-if)#exit
RouterD(config)#interface f0/0
RouterD(config-if)#ip address 61.164.87.2 255.255.255.240
RouterD(config-if)#ip nat outside
RouterD(config-if)#no shutdown
RouterD(config-if)#exit
RouterD(config)#
```

实际的配置过程图 3—32 所示。

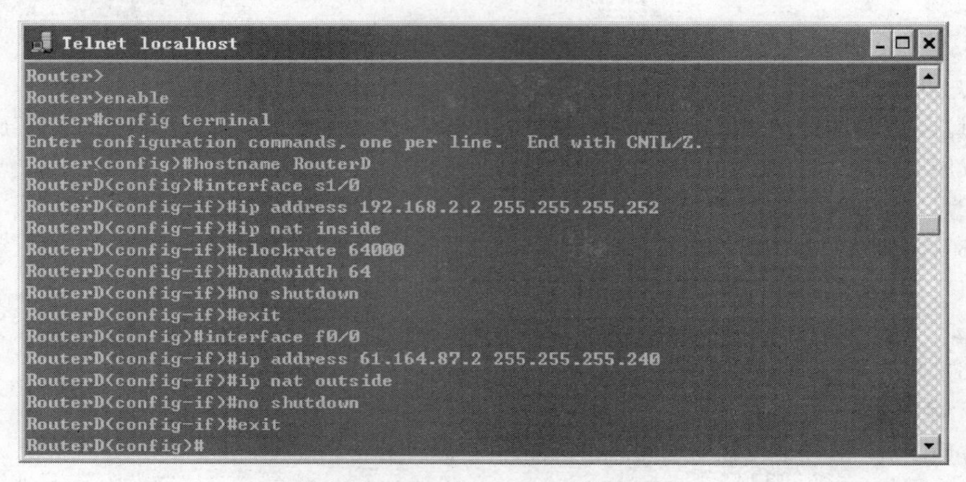

图 3—32　路由器 RouterD 的配置过程

4. 配置路由器 RouterC 端口

在路由器 RouterC 上配置端口，主要的配置命令如下：

```
RouterC>enable
RouterC# config terminal
RouterC(config)# interface s1/1
RouterC(config-if)# ip address 172.16.1.2 255.255.255.0
RouterC(config-if)# clockrate 64000
RouterC(config-if)# bandwidth 64
RouterC(config-if)# no shutdown
RouterC(config-if)# exit
RouterC(config)# interface s1/0
RouterC(config-if)# ip address 172.16.2.2 255.255.255.0
RouterC(config-if)# clockrate 64000
RouterC(config-if)# bandwidth 64
RouterC(config-if)# no shutdown
RouterC(config-if)# exit
RouterC(config)# interface s1/2
RouterC(config-if)# ip address 192.168.2.1 255.255.255.252
RouterC(config-if)# clockrate 64000
RouterC(config-if)# bandwidth 64
RouterC(config-if)# no shutdown
RouterC(config-if)# exit
RouterC(config)# interface f0/0
RouterC(config-if)# ip address 10.3.0.1 255.255.0.0
RouterC(config-if)# no shutdown
RouterC(config-if)# exit
```

实际的配置过程如图 3—33 所示。

5. 查看路由器 RouterC 和路由器 RouterD 上的路由表

使用“show ip route”命令查看路由器 RouterC 和路由器 RouterD 上的路由表，以便进行下一步的路由配置。路由器 RouterC 和路由器 RouterD 上的路由表分别如图 3—34 和图 3—35 所示。

从路由器 RouterC 和路由器 RouterD 的路由表可以看出两个路由器端口配置是正确的，而且两个路由器都识别出了与自己直连的网络，但是未直连的网络仍然无法连通。

6. 使用 OSPF 动态路由协议实现网络的互联

分别在路由器 RouterC 和路由器 RouterD 上配置 OSPF 动态路由协议（这里采用单域的 OSPF 动态路由协议）。

首先，在路由器 RouterC 上配置单域的 OSPF 动态路由协议。主要的配置命令如下：

```
RouterC(config)# router ospf 100
RouterC(config-router)# network 172.16.1.0 0.0.0.255 area 0
RouterC(config-router)# network 172.16.2.0 0.0.0.255 area 0
RouterC(config-router)# network 10.3.0.0 0.0.255.255 area 0
RouterC(config-router)# network 192.168.2.0 0.0.0.3 area 0
```

```
Telnet localhost
RouterC>
RouterC>enable
RouterC#config terminal
Enter configuration commands, one per line.  End with CNTL/Z.
RouterC(config)#hostname RouterC
RouterC(config)#interface s1/1
RouterC(config-if)#ip address 172.16.1.2 255.255.255.0
RouterC(config-if)#clockrate 64000
RouterC(config-if)#bandwidth 64
RouterC(config-if)#no shutdown
RouterC(config-if)#exit
RouterC(config)#interface s1/0
RouterC(config-if)#ip address 172.16.2.2 255.255.255.0
RouterC(config-if)#clockrate 64000
RouterC(config-if)#bandwidth 64
RouterC(config-if)#no shutdown
RouterC(config-if)#exit
RouterC(config)#interface s1/2
RouterC(config-if)#ip address 192.168.2.1 255.255.255.252
RouterC(config-if)#clockrate 64000
RouterC(config-if)#bandwidth 64
RouterC(config-if)#no shutdown
RouterC(config-if)#exit
RouterC(config)#interface f0/0
RouterC(config-if)#ip address 10.3.0.1 255.255.0.0
RouterC(config-if)#no shutdown
RouterC(config-if)#exit
RouterC(config)#
```

图 3—33　路由器 RouterC 的配置过程

```
Telnet localhost
RouterC#
RouterC#show ip route
Codes: C - connected, S - static, R - RIP, M - mobile, B - BGP
       D - EIGRP, EX - EIGRP external, O - OSPF, IA - OSPF inter area
       N1 - OSPF NSSA external type 1, N2 - OSPF NSSA external type 2
       E1 - OSPF external type 1, E2 - OSPF external type 2
       i - IS-IS, su - IS-IS summary, L1 - IS-IS level-1, L2 - IS-IS level-2
       ia - IS-IS inter area, * - candidate default, U - per-user static route
       o - ODR, P - periodic downloaded static route

Gateway of last resort is not set

     172.16.0.0/24 is subnetted, 2 subnets
C       172.16.1.0 is directly connected, Serial1/1
C       172.16.2.0 is directly connected, Serial1/0
     10.0.0.0/16 is subnetted, 1 subnets
C       10.3.0.0 is directly connected, FastEthernet0/0
     192.168.2.0/30 is subnetted, 1 subnets
C       192.168.2.0 is directly connected, Serial1/2
RouterC#
```

图 3—34　使用“show ip route”命令查看路由器 RouterC 的路由表

具体的配置过程如图 3—36 所示。

其次，先在路由器 RouterD 上配置一条默认路由指向外网端口 f0/0，再进行单域的 OSPF动态路由协议的配置。由于要在路由器 RouterD 上做动态 NAT，所以 OSPF 动态路由协议只需要宣告接口 s1/0 所在的网络 192.168.2.0 /30 即可。最后在路由协议进程下输

```
Telnet localhost
RouterD#
RouterD#show ip route
Codes: C - connected, S - static, R - RIP, M - mobile, B - BGP
       D - EIGRP, EX - EIGRP external, O - OSPF, IA - OSPF inter area
       N1 - OSPF NSSA external type 1, N2 - OSPF NSSA external type 2
       E1 - OSPF external type 1, E2 - OSPF external type 2
       i - IS-IS, su - IS-IS summary, L1 - IS-IS level-1, L2 - IS-IS level-2
       ia - IS-IS inter area, * - candidate default, U - per-user static route
       o - ODR, P - periodic downloaded static route

Gateway of last resort is not set

     192.168.2.0/30 is subnetted, 1 subnets
C       192.168.2.0 is directly connected, Serial1/0
     61.0.0.0/28 is subnetted, 1 subnets
C       61.164.87.0 is directly connected, FastEthernet0/0
RouterD#
```

图 3—35 使用 show ip route 命令查看路由器 RouterD 的路由表

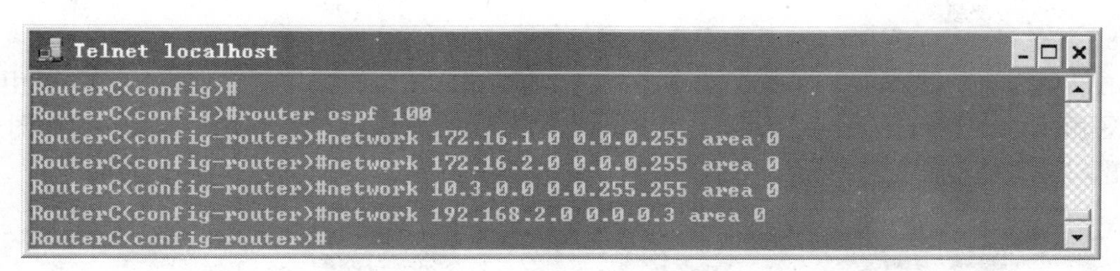

```
Telnet localhost
RouterC(config)#
RouterC(config)#router ospf 100
RouterC(config-router)#network 172.16.1.0 0.0.0.255 area 0
RouterC(config-router)#network 172.16.2.0 0.0.0.255 area 0
RouterC(config-router)#network 10.3.0.0 0.0.255.255 area 0
RouterC(config-router)#network 192.168.2.0 0.0.0.3 area 0
RouterC(config-router)#
```

图 3—36 在路由器 RouterC 上配置单域的 OSPF 动态路由协议

入“default-information originate”命令，将默认路由广播到 OSPF 域内。主要的配置命令如下：

```
RouterD(config)#ip routing
RouterD(config)#ip route 0.0.0.0 0.0.0.0 f0/0
RouterD(config)#router ospf 100
RouterD(config-router)#network 192.168.2.0 0.0.0.3 area 0
RouterD(config-router)#default-information originate
```

具体的配置过程如图 3—37 所示。

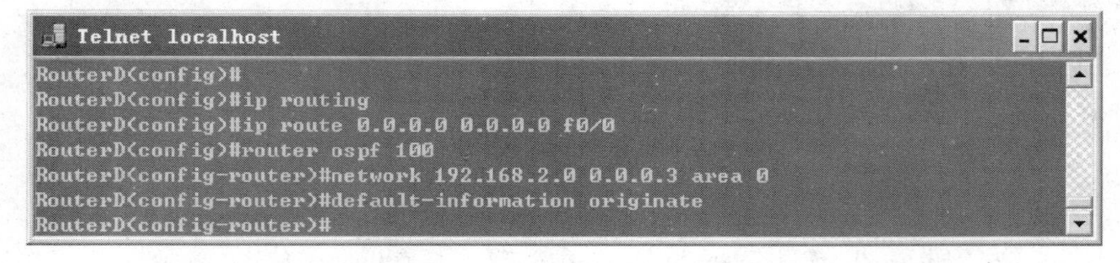

```
Telnet localhost
RouterD(config)#
RouterD(config)#ip routing
RouterD(config)#ip route 0.0.0.0 0.0.0.0 f0/0
RouterD(config)#router ospf 100
RouterD(config-router)#network 192.168.2.0 0.0.0.3 area 0
RouterD(config-router)#default-information originate
RouterD(config-router)#
```

图 3—37 在路由器 RouterD 上配置单域的 OSPF 动态路由协议等

7. 配置路由器 RouterD 动态 NAT

在路由器 RouterD 上配置动态 NAT。主要的配置命令如下：

```
RouterD(config)# ip nat pool p1 61.164.87.5 61.164.87.15 netmask 255.255.255.240
RouterD(config)#access-list 1 permit 192.168.0.0 0.0.255.255
RouterD(config)#access-list 1 permit 10.0.0.0 0.0.0.255
RouterD(config)#access-list 1 permit 172.0.0.0 0.0.0.255
RouterD(config)#ip nat inside source list 1 pool p1
```

具体的配置过程如图 3—38 所示。

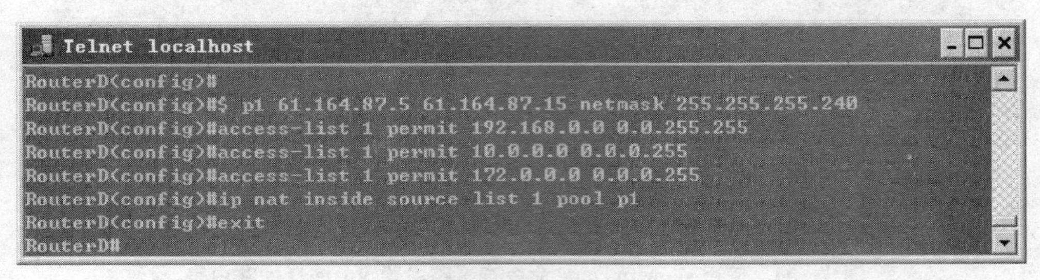

图 3—38 在路由器 RouterD 上配置动态 NAT

8. 测试动态 NAT 的正确性

首先，使用“show ip route”命令查看路由器 RouterC 和路由器 RouterD 上的路由表，以便了解路由配置可达的网络。路由器 RouterC 和路由器 RouterD 上的路由表分别如图 3—39 和图 3—40 所示。

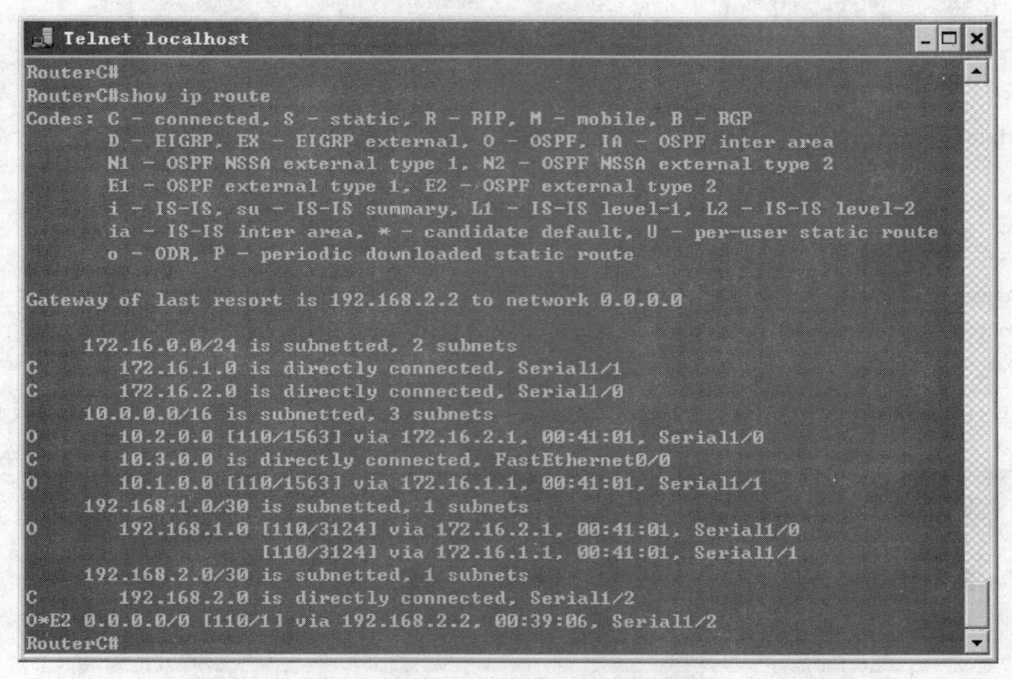

图 3—39 使用“show ip route”命令查看路由器 RouterC 的路由表

然后，使用“ping”命令测试路由器 RouterC 到外部网络的路由可达性，以及外部网络（用 PC4 模拟外部网络）到内部网络的可达性。在路由器 RouterC 和 PC4 上执行“ping”命令进行测试的过程分别如图 3—41 和图 3—42 所示。

```
Telnet localhost
RouterD#
RouterD#show ip route
Codes: C - connected, S - static, R - RIP, M - mobile, B - BGP
       D - EIGRP, EX - EIGRP external, O - OSPF, IA - OSPF inter area
       N1 - OSPF NSSA external type 1, N2 - OSPF NSSA external type 2
       E1 - OSPF external type 1, E2 - OSPF external type 2
       i - IS-IS, su - IS-IS summary, L1 - IS-IS level-1, L2 - IS-IS level-2
       ia - IS-IS inter area, * - candidate default, U - per-user static route
       o - ODR, P - periodic downloaded static route

Gateway of last resort is 0.0.0.0 to network 0.0.0.0

     172.16.0.0/24 is subnetted, 2 subnets
O       172.16.1.0 [110/3124] via 192.168.2.1, 00:39:33, Serial1/0
O       172.16.2.0 [110/3124] via 192.168.2.1, 00:39:33, Serial1/0
     10.0.0.0/16 is subnetted, 3 subnets
O       10.2.0.0 [110/3125] via 192.168.2.1, 00:39:33, Serial1/0
O       10.3.0.0 [110/1563] via 192.168.2.1, 00:39:33, Serial1/0
O       10.1.0.0 [110/3125] via 192.168.2.1, 00:39:33, Serial1/0
     192.168.1.0/30 is subnetted, 1 subnets
O       192.168.1.0 [110/4686] via 192.168.2.1, 00:39:33, Serial1/0
     192.168.2.0/30 is subnetted, 1 subnets
C       192.168.2.0 is directly connected, Serial1/0
     61.0.0.0/28 is subnetted, 1 subnets
C       61.164.87.0 is directly connected, FastEthernet0/0
S*   0.0.0.0/0 is directly connected, FastEthernet0/0
RouterD#
```

图 3—40　使用“show ip route”命令查看路由器 RouterD 的路由表

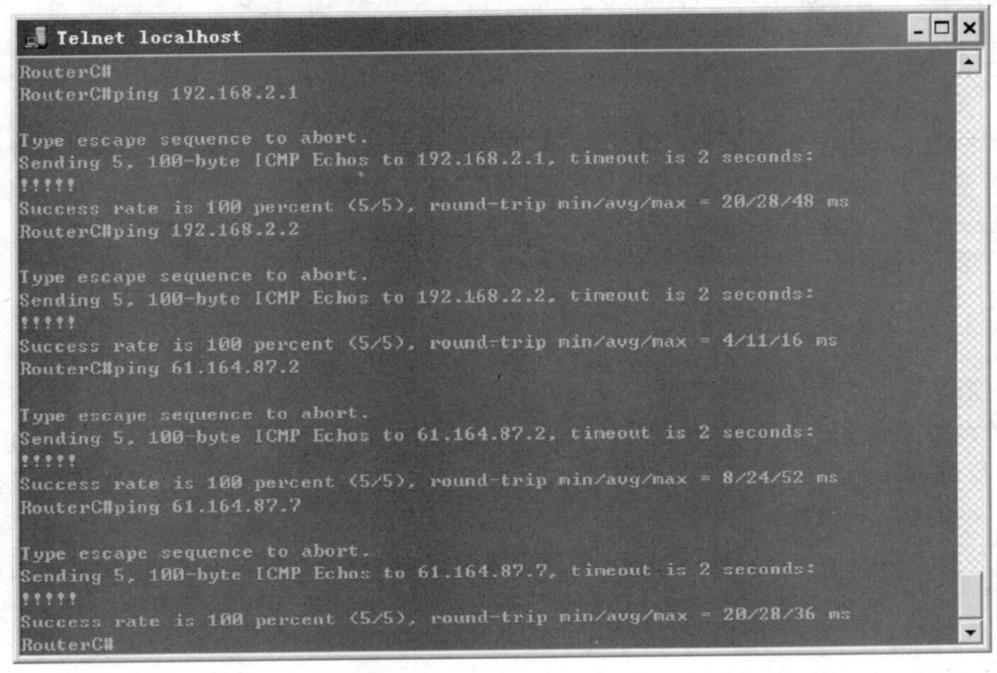

```
Telnet localhost
RouterC#
RouterC#ping 192.168.2.1

Type escape sequence to abort.
Sending 5, 100-byte ICMP Echos to 192.168.2.1, timeout is 2 seconds:
!!!!!
Success rate is 100 percent (5/5), round-trip min/avg/max = 20/28/48 ms
RouterC#ping 192.168.2.2

Type escape sequence to abort.
Sending 5, 100-byte ICMP Echos to 192.168.2.2, timeout is 2 seconds:
!!!!!
Success rate is 100 percent (5/5), round-trip min/avg/max = 4/11/16 ms
RouterC#ping 61.164.87.2

Type escape sequence to abort.
Sending 5, 100-byte ICMP Echos to 61.164.87.2, timeout is 2 seconds:
!!!!!
Success rate is 100 percent (5/5), round-trip min/avg/max = 8/24/52 ms
RouterC#ping 61.164.87.7

Type escape sequence to abort.
Sending 5, 100-byte ICMP Echos to 61.164.87.7, timeout is 2 seconds:
!!!!!
Success rate is 100 percent (5/5), round-trip min/avg/max = 20/28/36 ms
RouterC#
```

图 3—41　在路由器 RouterC 上使用“ping”命令进行连通性测试

最后使用“show ip nat translations”命令查看路由器 RouterD 上的 NAT 地址转换表，如图 3—43 所示。

```
Telnet localhost
PC4#
PC4#ping 61.164.87.2

Type escape sequence to abort.
Sending 5, 100-byte ICMP Echos to 61.164.87.2, timeout is 2 seconds:
!!!!!
Success rate is 100 percent (5/5), round-trip min/avg/max = 4/12/28 ms
PC4#ping 192.168.2.2

Type escape sequence to abort.
Sending 5, 100-byte ICMP Echos to 192.168.2.2, timeout is 2 seconds:
.....
Success rate is 0 percent (0/5)
PC4#ping 192.168.2.1

Type escape sequence to abort.
Sending 5, 100-byte ICMP Echos to 192.168.2.1, timeout is 2 seconds:
.....
Success rate is 0 percent (0/5)
PC4#
```

图 3—42　在 PC4 上使用“ping”命令进行连通性测试

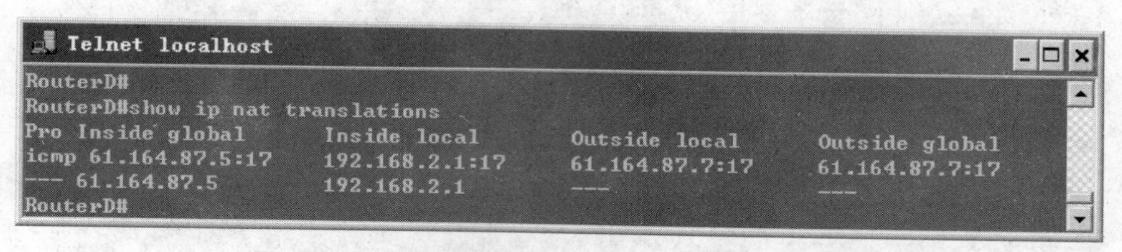

```
Telnet localhost
RouterD#
RouterD#show ip nat translations
Pro Inside global        Inside local       Outside local      Outside global
icmp 61.164.87.5:17      192.168.2.1:17     61.164.87.7:17     61.164.87.7:17
--- 61.164.87.5          192.168.2.1        ---                ---
RouterD#
```

图 3—43　查看路由器 RouterD 上的 NAT 地址转换表

测试结果表明：在路由器 RouterD 上配置好动态 NAT 之后，实现了内网地址到外网地址的转换功能。同时，达到内网的用户能够访问外网，而外网的用户无法访问内网的目的，有效地保障了企业园区网络的安全，达到了企业园区的应用需求。至此光纤专线接入互联网配置完毕。

3.3.6　任务小结

一般来说，光纤专线接入有两种应用。一是用专线连接到服务商网内，对托管于服务商网内的设备进行远程管理和维护；另一种是用专线接到服务商网内，并利用服务商的 Internet 出口访问 Internet。而后一种应用随着我国信息化水平的不断提高，已经成为企业园区快速、准确地获得信息，以不断应对市场变化的重要手段。

一个规模比较大的企业园区网络内部的主机通常使用保留地址作为内部地址，然后通过 NAT 技术进行内部地址和外部地址之间的转换，从而实现企业园区网内所有主机通过光纤高速接入互联网。

互联网的国内骨干结点所在地都拥有高速的 Internet 出口和丰富的带宽资源，与各大电信运营商的骨干结点能够高速互联互通，能够发挥资源、技术、服务等整体优势，为客户提供安全、高速、可靠的 Internet 连接。此外，对于传统专线所面临的运营商之间的互联互通问题以及境外访问速度慢等问题，传统运营商无法提供便捷的方案，用户需要同时在多家运营商各申请一条专线接入来解决全世界范围的访问问题。

3.3.7 练习与思考

1. IP 地址为 131.107.16.200 的主机，处于(　　)类网络中。

A. A类　　B. B类　　C. C类　　D. D类

2. 如下图所示，添加了一个包含 12 台主机的子网，为了减少地址浪费，该子网的网络号最好是(　　)。

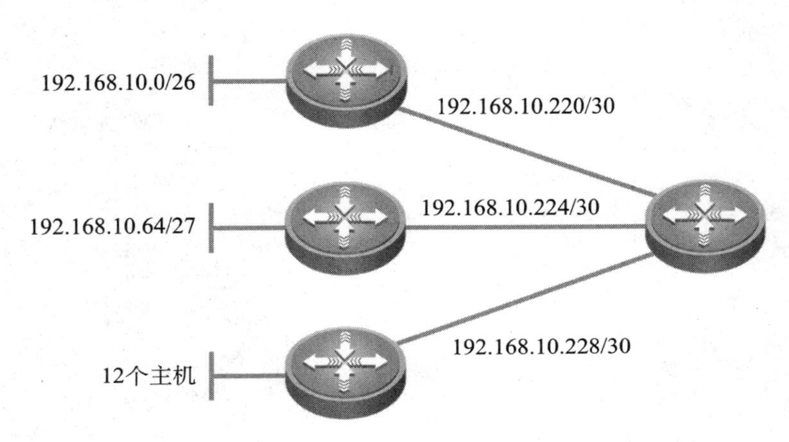

A. 192.168.10.80/29　　B. 192.168.10.96/28

C. 192.168.10.80/28　　D. 192.168.10.96/29

3. 关于数据包的描述正确的是(　　)。

A. 数据包内的信息不包括 IP 地址

B. 数据包是没有序号的

C. 不同的网络终端设备所产生的数据包大小是相同的

D. 不同的网络终端设备所产生的数据包大小是不相同的

4. 执行"ip nat inside source"命令时，为执行 NAPT 必须指定哪个参数(　　)。

A. napt　　B. overload　　C. load　　D. port

5. IP 地址中，(　　)被称作自返地址或回送地址（loop back)。

A. 192.168.0.1　　B. 172.16.0.　　C. 10.0.0.0　　D. 127.0.0.1

6. NAT 的缺点，以下描述正确的是(　　)。

A. 由于需要修改 IP 包的某些字段，增加了延迟

B. 失去了端到端的信息

C. 由于需要维护一张专门的转换表，耗费了内存

D. 只能在路由器上使用，而防火墙并不支持

7. 在 NAT 技术中定义的接口类型有(　　)。

A. inside　　B. IL　　C. outside　　D. IG

8. TCP/IP 协议共分为四个层次，它们分别是(　　)。

A. 应用层、数据链路层、网络接口层和物理层

B. 应用层、传输层、IP 层和物理网络接口层

C. 传输层、互联网层、数据链路层和物理层

D. 传输层、IP 层、数据链路层和物理层

9. NAT 配置中如果在定义地址映射的语句中含有 overload，则表示(　　)。

A. 配置需要重启才能生效　　B. 启用 NAPT

C. 启用动态 NAT　　D. 无意义

第4章　中小型企业网络互联项目

国际互联网（Internet）是很多网络不同之间的互联，因此路由技术就是互联网的基础和关键技术。近年来企业内部网络发展迅速，一些中小型企业集中在一起构成了企业园区，不管是网络规模还是技术力量都提高到了一个新的档次。因此，企业内部网络各个子网之间的互联问题成为了企业网络规划和建设甚至是维护的过程当中必须十分重视的问题。目前，随着交换机技术的发展和进步，企业内部网络各子网之间的互联基本上被三层交换机所代替，如图4—1所示为某企业园区的网络拓扑结构图。

由于三层交换机的路由配置方法与路由器类似，所以本章的讨论还是以路由器配置方法作为重点。

路由器是网络互联的主要结点设备，其主要作用是进行路由计算，将报文从一个网络转发到另一个网络。路由器常用于将用户的局域网连入广域网，也可用于大型企业局域网内部各子网之间的互联，实现路由互通的功能。

本章内容主要结合某企业园区的网络建设过程，着重介绍园区网络互联方案的设计及路由器的相关配置。路由配置包括静态路由配置和动态路由配置，动态路由配置主要介绍RIP动态路由协议和OSPF动态路由协议的配置方法。

4.1　静态路由实现网络互联任务

教学重点：

了解静态路由技术，掌握静态路由的配置方法。采用静态路由的方式实现企业园区内部网络的路由互通。

教学难点：

路由和静态路由技术的概念，园区内部网络中子网的规划。

4.1.1　应用环境

在企业园区建设的初期，园区内的建筑物不多，网络规模比较小。虽然在园区网络规划建设的时候，核心层设备已经预留有足够的扩充能力，但是由于前期的网络规模相对很小，所以仅仅需要一些简单的静态路由配置就能够使园区各大楼的网络具备路由互通的功能。而且静态路由能够提高路由的效率，增强网络的性能。静态路由适合于规模比较小的网络。

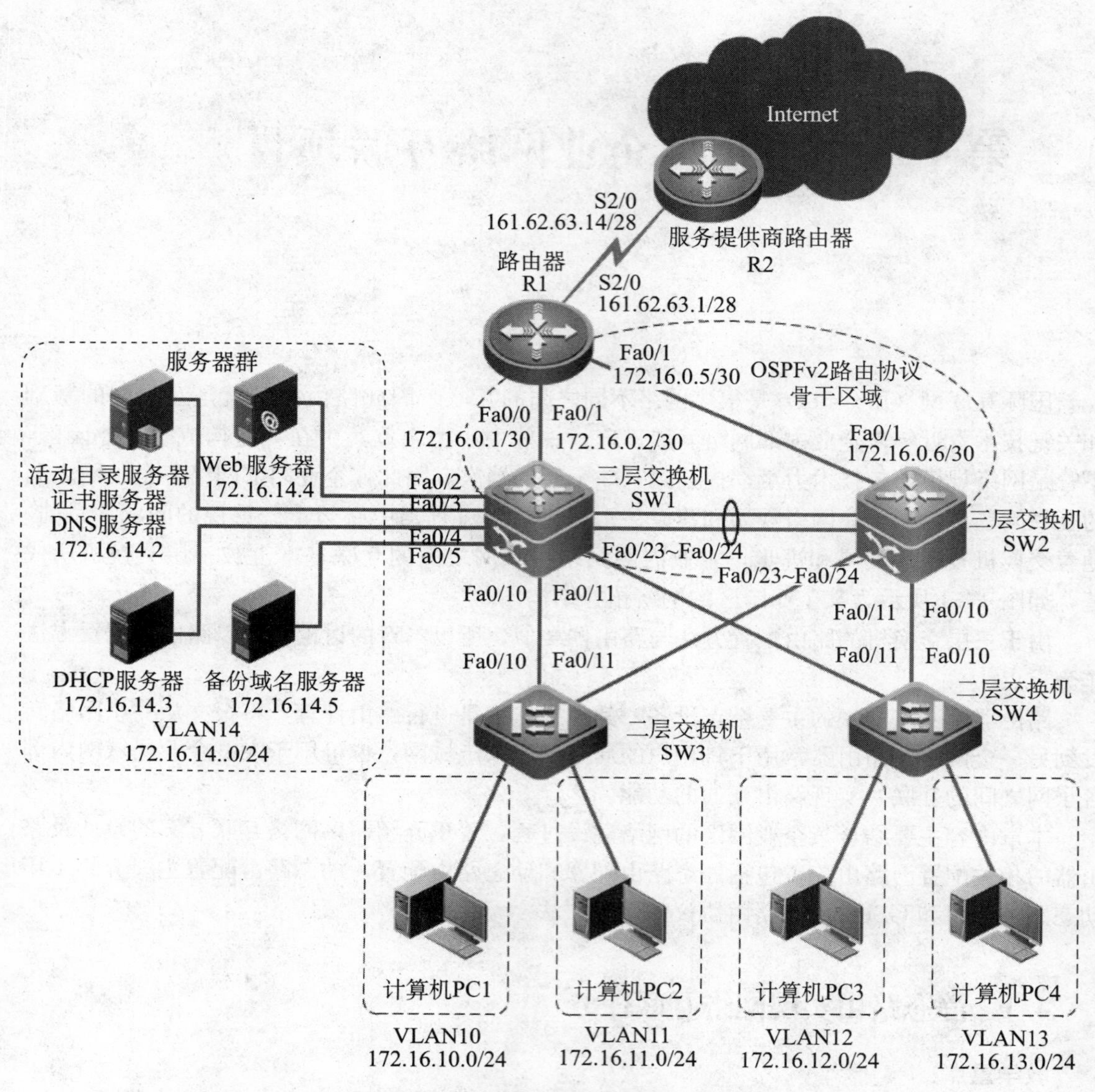

图 4—1　某企业园区的网络拓扑结构图

4.1.2　需求分析

企业园区网络建设的初期，可采用静态路由的方式实现园区内部网络路由互通的功能。

4.1.3　方案设计

（1）方案要求：在企业园区局域网建设的初期，只有 3 幢建筑物需要实现网络互联。3 幢建筑物内部的网络布线工程已经全部完成，而且每幢建筑物都安装了一个路由器，现在需要通过 3 台路由器将 3 幢建筑物的网络互相连接起来，实现路由的功能。路由方式采用静态路由。

（2）网络拓扑图如图 4—2 所示，每幢建筑物内部网络的 IP 地址分配及各路由器端口的

IP 地址设置已经全部标示在拓扑图中。

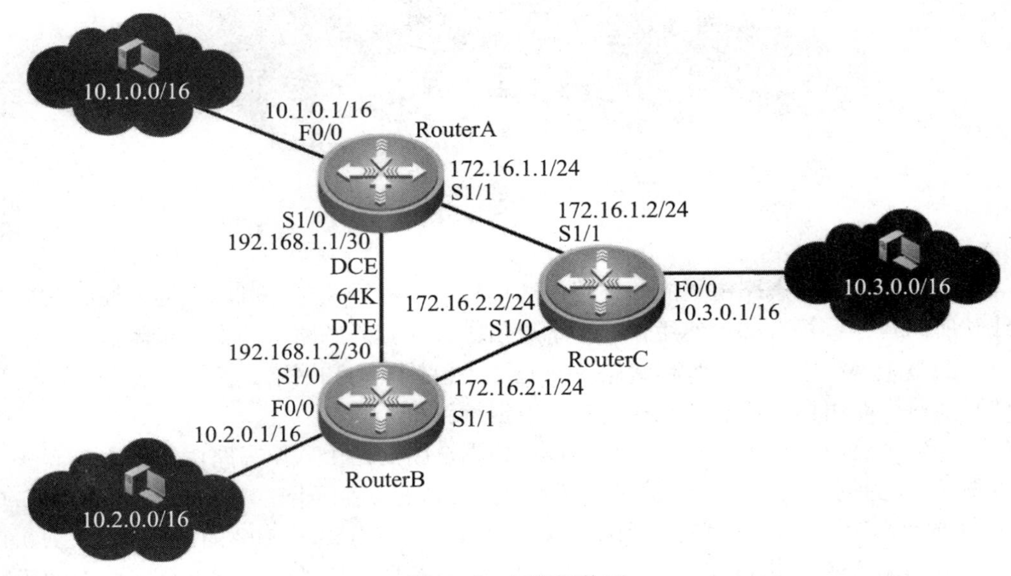

图 4—2 网络拓扑图

4.1.4 相关知识：静态路由技术

1. 静态路由的概念

静态路由是指由网络管理员手工配置的路由信息。当网络的拓扑结构或链路的状态发生变化时，网络管理员需要手工修改路由表中相关的静态路由信息。静态路由信息在缺省情况下是私有的，不会传递给其他的路由器。当然，网管员也可以通过对路由器进行设置使之成为共享的。静态路由一般适用于比较简单的网络环境，在这样的环境中，网络管理员易于清楚地了解网络的拓扑结构，便于设置正确的路由信息。

2. 静态路由的特点

(1) 静态路由是由人工建立和管理的；

(2) 静态路由不会自动发生变化；

(3) 静态路由必须手工更新以反映互联网拓扑结构或连接方式变化。

3. 静态路由的缺点

(1) 不能容错。如果路由器或链接宕机，静态路由器不能感知故障并将故障通知到其他路由器。这种问题一般出现在大型的公司网际网络中，而小型办公室（在 LAN 链接基础上的两个路由器和三个网络）不会经常宕机，也不用因此而配置多路径拓扑和路由协议。

(2) 管理开销较大。如果对网际网络添加或删除一个网络，则必须手动添加或删除与该网络连通的路由。如果添加新路由器，则必须针对网际网络的路由对其进行正确配置。因而维护较为麻烦。

(3) 路由表不会自动更新。

(4) 不适合于结构复杂的网络。

图 4—3 所示的是锐捷路由器实物图。

图 4—3　锐捷路由器实物图

4. 静态路由配置举例

静态路由相比于动态路由更能够在路由选择行为上进行控制。可以人为地控制数据的行走路线，所以在某些场合必须使用，如军事通信等。配置静态路由的常规步骤是：

(1) 为整个网络中的每个数据链路确定地址，包括子网和网络；

(2) 为每个路由标识所有非直接连接的数据链路；

(3) 为每个路由写出关于每个非直接连接数据链路的路由（填写路由选择表）。

以图 4—4 为例，网络拓扑图中包括了 4 个路由器和 6 个子网。其中：网络 10.0.0.0 的几个子网是不连续的；在路由器 2 和路由器 3 之间，192.168.1.192 的网络把 10.1.0.0 与 10.0.0.0 的其他子网分离开了；并且 10.0.0.0 的子网是变长子网，即整个网络中的子网掩码长度不一样，路由器 2 上是 16 位子网掩码，而其他是 24 位的子网掩码。

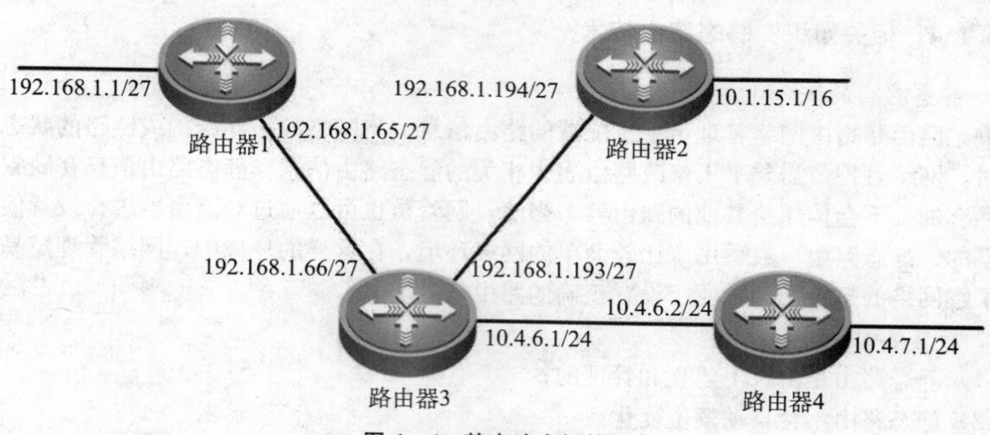

图 4—4　静态路由拓扑图

配置静态路由的具体步骤如下：

(1) 确定整个网络中所有的 6 个子网：

10.1.0.0/16——（路由器 2）；

10.4.6.0/24——（路由器 3—路由器 4）；

10.4.7.0/24——（路由器 4）；

192.168.1.192/27——（路由器 2—路由器 3）；

192.168.1.64/27——（路由器 1—路由器 3）；

192.168.1.0/27——（路由器 1）。

(2) 将各路由器上不直接相连的子网标识出来。

例如路由器 1，与路由器 1 直接相连的子网是：

192.168.1.0/27；

192.168.1.64/27。

不直接相连的是其他4个子网：

10.1.0.0/16；

10.4.6.0/24；

10.4.7.0/24；

192.168.1.192/27。

（3）写出路由器1到上面4个不相连子网的路由选择。

在路由器里使用 ip route 命令来添加静态路由，命令格式为：

```
ip route 目的网络 目的网络的子网掩码 下一跳 IP 地址
```

例如：

路由器1：

```
ip route 192.168.1.192 255.255.255.224 192.168.1.66
ip route 10.1.0.0 255.255.0.0 192.168.1.66
ip route 10.4.6.0 255.255.255.0 192.168.1.66
ip route 10.4.7.0 255.255.255.0 192.168.1.66
```

其他的三个路由器使用同样的方法写出静态路由。

路由器2：

```
ip route 192.168.1.0 255.255.255.224 192.168.1.193
ip route 192.168.1.64 255.255.255.224 192.168.1.193
ip route 10.4.6.0 255.255.255.0 192.168.1.193
ip route 10.4.7.0 255.255.255.0 192.168.1.193
```

路由器3：

```
ip route 192.168.1.0 255.255.255.224 192.168.1.65
ip route 10.1.00 255.255.0.0 192.168.1.194
ip route 10.4.7.0 255.255.255.0 10.4.6.2
```

路由器4：

```
ip route 192.168.1.0 255.255.255.224 10.4.6.1
ip route 192.168.1.64 255.255.255.224 10.4.6.1
ip route 192.168.1.192 255.255.255.224 10.4.6.1
ip route 10.1.0.0 255.255.0.0 10.4.6.1
```

4.1.5 实施过程

1. 设备和材料准备

搭建一个与企业园区相似的网络环境，至少需要使用以下设备和材料：

（1）3台路由器；

（2）1根路由器 Console 端口连接线；

（3）3根以上路由器串行端口连接线；

（4）5 根以上带 RJ45 接头超 5 类双绞线；

（5）3 台以上电脑，已经安装好网卡及驱动程序等。

2. 硬件连接

按照图 4—2 网络拓扑图所示进行硬件连接：

（1）用串行端口连接线将 RouterA 的 s1/0 端口和 RouterB 的 s1/0 端口连接起来；

（2）用串行端口连接线将 RouterA 的 s1/1 端口和 RouterC 的 s1/1 端口连接起来；

（3）用串行端口连接线将 RouterB 的 s1/1 端口和 RouterC 的 s1/0 端口连接起来；

（4）将 3 台电脑分别用 3 根双绞线连接到 3 台路由器的以太网端口 f0/0；

（5）将各个路由器的电源插头插入电源插座，启动路由器；

（6）启动电脑，设置如图 4—2 网络拓扑图所示的各幢建筑物中路由器各端口的 IP 地址等；

（7）配置路由器时，用 Console 端口连接线将电脑的串口和路由器的 Console 端口连接起来。

3. 在路由器 RouterA 上配置端口

主要的配置命令如下：

```
RouterA>enable
RouterA #config terminal
RouterA(config)#interface s1/0
RouterA(config-if)#ip address 192.168.1.1 255.255.255.252
RouterA(config-if)#clockrate 64000
RouterA(config-if)#bandwidth 64
RouterA(config-if)#no shutdown
RouterA(config-if)#exit
RouterA(config)#interface s1/1
RouterA(config-if)#ip address 172.16.1.1 255.255.255.0
RouterA(config-if)#clockrate 64000
RouterA(config-if)#bandwidth 64
RouterA(config-if)#no shutdown
RouterA(config-if)#exit
RouterA(config)#interface f0/0
RouterA(config-if)#ip address 10.1.0.1 255.255.0.0
RouterA(config-if)#no shutdown
RouterA(config-if)#exit
```

实际的配置过程图 4—5 所示。

4. 在路由器 RouterB 上配置端口

主要的配置命令如下：

```
RouterB>enable
RouterB#config terminal
RouterB(config)#interface s1/0
RouterB(config-if)#ip address 192.168.1.2 255.255.255.252
RouterB(config-if)#clockrate 64000
RouterB(config-if)#bandwidth 64
```

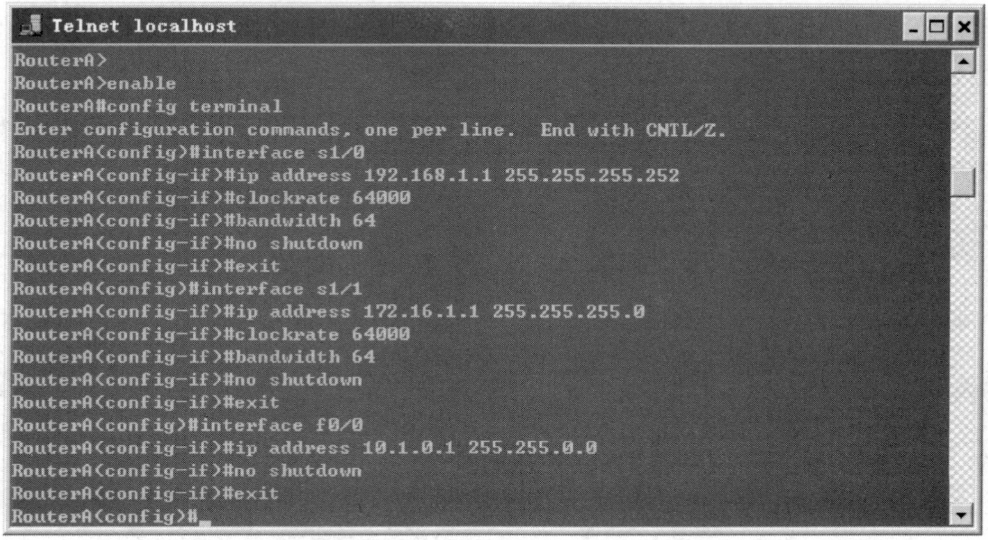

```
Telnet localhost
RouterA>
RouterA>enable
RouterA#config terminal
Enter configuration commands, one per line.  End with CNTL/Z.
RouterA(config)#interface s1/0
RouterA(config-if)#ip address 192.168.1.1 255.255.255.252
RouterA(config-if)#clockrate 64000
RouterA(config-if)#bandwidth 64
RouterA(config-if)#no shutdown
RouterA(config-if)#exit
RouterA(config)#interface s1/1
RouterA(config-if)#ip address 172.16.1.1 255.255.255.0
RouterA(config-if)#clockrate 64000
RouterA(config-if)#bandwidth 64
RouterA(config-if)#no shutdown
RouterA(config-if)#exit
RouterA(config)#interface f0/0
RouterA(config-if)#ip address 10.1.0.1 255.255.0.0
RouterA(config-if)#no shutdown
RouterA(config-if)#exit
RouterA(config)#
```

图 4—5　路由器 RouterA 的配置过程

```
RouterB(config-if)#no shutdown
RouterB(config-if)#exit
RouterB(config)#interface s1/1
RouterB(config-if)#ip address 172.16.2.1 255.255.255.0
RouterB(config-if)#clockrate 64000
RouterB(config-if)#bandwidth 64
RouterB(config-if)#no shutdown
RouterB(config-if)#exit
RouterB(config)#interface f0/0
RouterB(config-if)#ip address 10.2.0.1 255.255.0.0
RouterB(config-if)#no shutdown
RouterB(config-if)#exit
```

实际的配置过程图 4—6 所示。

5. 在路由器 RouterC 上配置端口

主要的配置命令如下：

```
RouterC>enable
RouterC#config terminal
RouterC(config)#interface s1/1
RouterC(config-if)#ip address 172.16.1.2 255.255.255.0
RouterB(config-if)#clockrate 64000
RouterB(config-if)#bandwidth 64
RouterC(config-if)#no shutdown
RouterC(config-if)#exit
RouterC(config)#interface s1/0
RouterC(config-if)#ip address 172.16.2.2 255.255.255.0
RouterB(config-if)#clockrate 64000
RouterB(config-if)#bandwidth 64
```

```
Telnet localhost
RouterB>enable
RouterB#config terminal
Enter configuration commands, one per line.  End with CNTL/Z.
RouterB(config)#interface s1/0
RouterB(config-if)#ip address 192.168.1.2 255.255.255.252
RouterB(config-if)#clockrate 64000
RouterB(config-if)#bandwidth 64
RouterB(config-if)#no shutdown
RouterB(config-if)#exit
RouterB(config)#interface s1/1
RouterB(config-if)#ip address 172.16.2.1 255.255.255.0
RouterB(config-if)#clockrate 64000
RouterB(config-if)#bandwidth 64
RouterB(config-if)#no shutdown
RouterB(config-if)#exit
RouterB(config)#interface f0/0
RouterB(config-if)#ip address 10.2.0.1 255.255.0.0
RouterB(config-if)#no shutdown
RouterB(config-if)#exit
RouterB(config)#
```

图 4—6　路由器 RouterB 的配置过程

```
RouterC(config-if)#no shutdown
RouterC(config-if)#exit
RouterC(config)#interface f0/0
RouterC(config-if)#ip address 10.3.0.1 255.255.0.0
RouterC(config-if)#no shutdown
RouterC(config-if)#exit
```

实际的配置过程如图 4—7 所示。

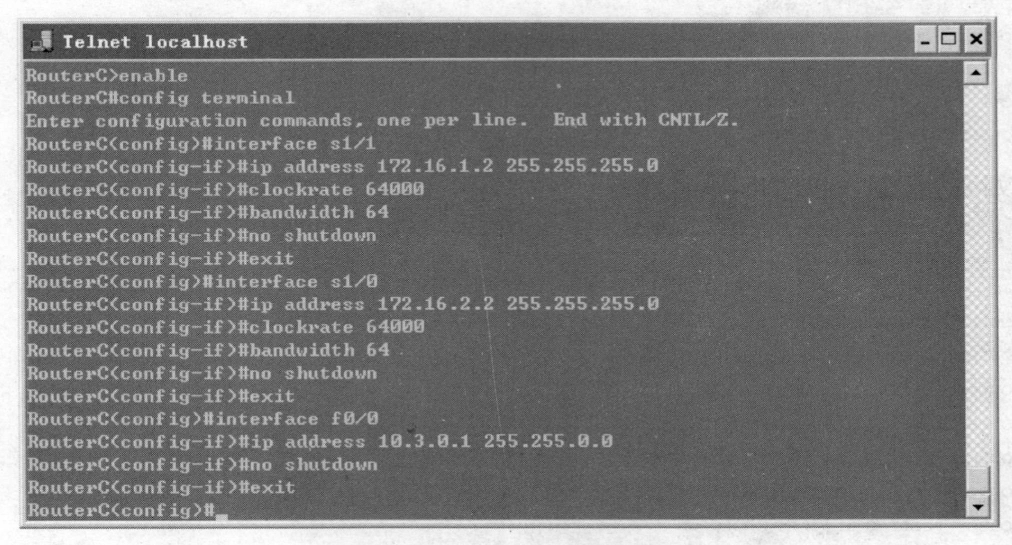

图 4—7　路由器 RouterC 的配置过程

6. 分别在 3 个路由器上添加静态路由并测试

经过步骤 3. 4. 5. 对路由器的端口进行配置之后，相邻路由器之间连接的端口已经能够连通。如在 RouterA 上执行“ping”命令，可以 ping 通 RouterA 上已经设置了 IP 地址的端口，以及与 RouterA 相连接的相邻路由器的端口的 IP 地址。执行“ping”命令的效果如图 4—8 所示。

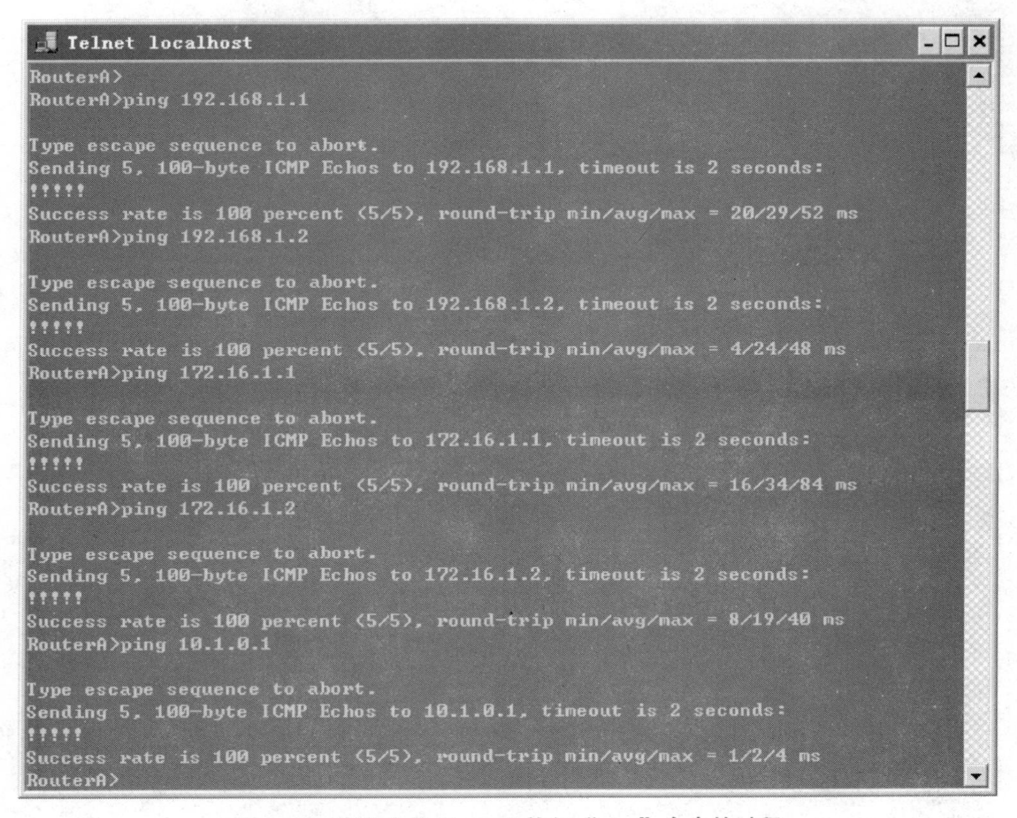

图 4—8 在路由器 RouterA 执行“ping”命令的过程

使用“show ip route”命令查看路由器 RouterA 的路由表，如图 4—9 所示。

其中有 3 条直连路由：以 C 开头的行是直连路由，其前一行是路由器提示我们已经进行了子网划分，本条路由表明路由器端口直连的只是其中的一个子网，如下所示，这 3 条直连路由表明路由器 RouterA 与其直接相连的三个网络（172.16.1.0/24、10.1.0.0/16、192.168.1.0/）已经实现直接连通，连通效果在图 4—8 也已经得到了验证。

```
     172.16.0.0/24 is subnetted, 1 subnets
C         172.16.1.0 is directly connected, Serial1/1
     10.0.0.0/16 is subnetted, 1 subnets
C         10.1.0.0 is directly connected, FastEthernet0/0
     192.168.1.0/30 is subnetted, 1 subnets
C         192.168.1.0 is directly connected, Serial1/0
```

但是，从路由器 RouterA 到 10.2.0.1/16、10.3.0.0/16、172.16.2.0/24 网络的路由不存在。根据路由器的路由转发机制，RouterA 到以上 3 个网段的路由不通，如图 4—10 所示。

为了能够在路由器 RouterA 上 ping 通未与其直连的网络，或者说让路由器 RouterA 知

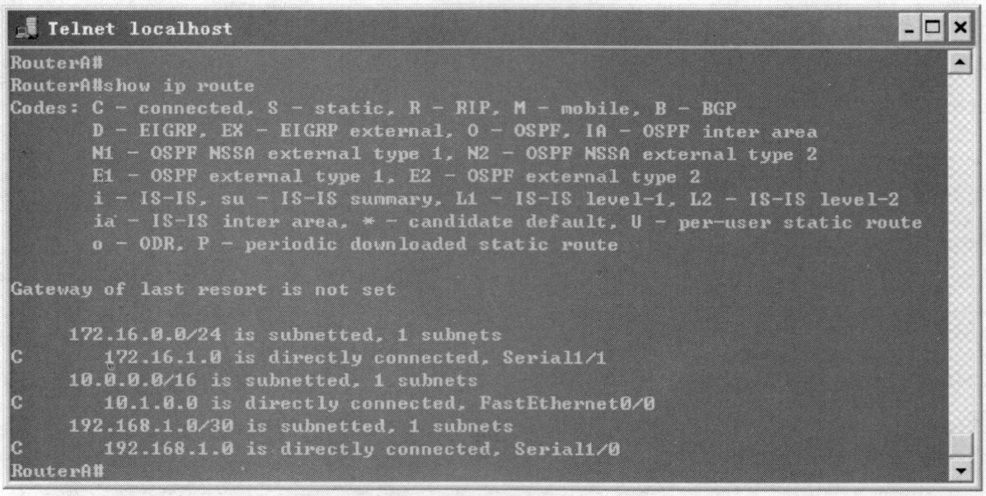

```
Telnet localhost
RouterA#
RouterA#show ip route
Codes: C - connected, S - static, R - RIP, M - mobile, B - BGP
       D - EIGRP, EX - EIGRP external, O - OSPF, IA - OSPF inter area
       N1 - OSPF NSSA external type 1, N2 - OSPF NSSA external type 2
       E1 - OSPF external type 1, E2 - OSPF external type 2
       i - IS-IS, su - IS-IS summary, L1 - IS-IS level-1, L2 - IS-IS level-2
       ia - IS-IS inter area, * - candidate default, U - per-user static route
       o - ODR, P - periodic downloaded static route

Gateway of last resort is not set

     172.16.0.0/24 is subnetted, 1 subnets
C       172.16.1.0 is directly connected, Serial1/1
     10.0.0.0/16 is subnetted, 1 subnets
C       10.1.0.0 is directly connected, FastEthernet0/0
     192.168.1.0/30 is subnetted, 1 subnets
C       192.168.1.0 is directly connected, Serial1/0
RouterA#
```

图 4—9　路由器 RouterA 执行“show ip route”命令的过程

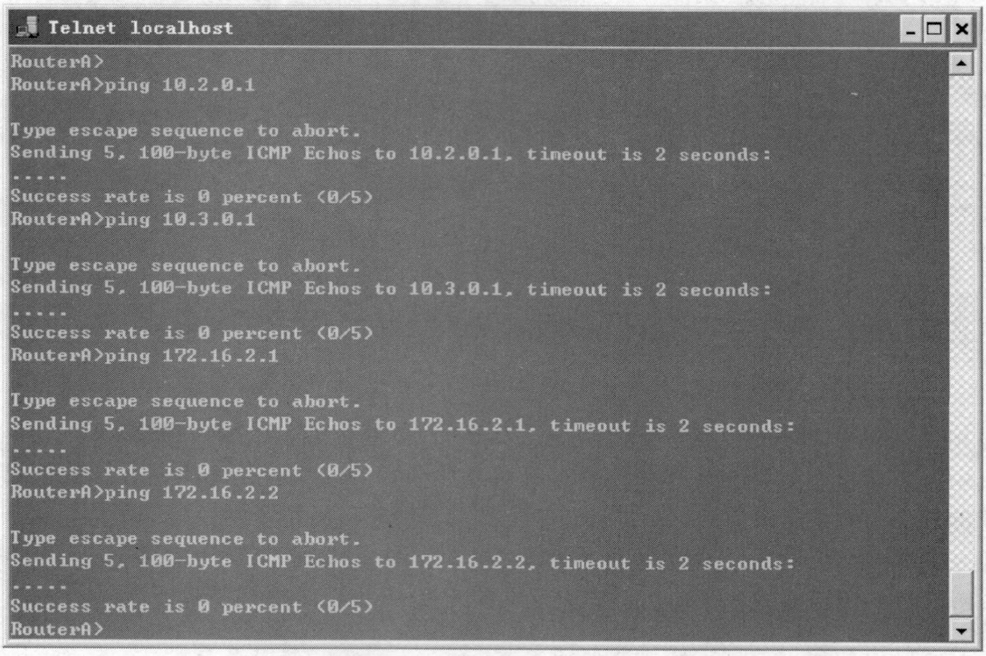

```
Telnet localhost
RouterA>
RouterA>ping 10.2.0.1

Type escape sequence to abort.
Sending 5, 100-byte ICMP Echos to 10.2.0.1, timeout is 2 seconds:
.....
Success rate is 0 percent (0/5)
RouterA>ping 10.3.0.1

Type escape sequence to abort.
Sending 5, 100-byte ICMP Echos to 10.3.0.1, timeout is 2 seconds:
.....
Success rate is 0 percent (0/5)
RouterA>ping 172.16.2.1

Type escape sequence to abort.
Sending 5, 100-byte ICMP Echos to 172.16.2.1, timeout is 2 seconds:
.....
Success rate is 0 percent (0/5)
RouterA>ping 172.16.2.2

Type escape sequence to abort.
Sending 5, 100-byte ICMP Echos to 172.16.2.2, timeout is 2 seconds:
.....
Success rate is 0 percent (0/5)
RouterA>
```

图 4—10　在路由器 RouterA 上 ping 未直连网络的过程

道去往未与其直连网络的路径，可以在路由器 RouterA 上手工添加 3 条静态路由，指明去往以上 3 个网络的路径，以实现路由的畅通，具体的命令为如下：

```
RouterA(config)# ip routing
RouterA(config)# ip route 10.2.0.0 255.255.0.0 192.168.1.2
RouterA(config)# ip route 10.3.0.0 255.255.0.0 172.16.1.2
RouterA(config)# ip route 172.16.2.0 255.255.255.0 172.16.1.2
```

具体的配置过程如图 4—11 所示。

```
Telnet localhost
RouterA#
RouterA#conf t
Enter configuration commands, one per line.  End with CNTL/Z.
RouterA(config)#ip routing
RouterA(config)#ip route 10.2.0.0 255.255.0.0 192.168.1.2
RouterA(config)#ip route 10.3.0.0 255.255.0.0 172.16.1.2
RouterA(config)#ip route 172.16.2.0 255.255.255.0 172.16.1.2
RouterA(config)#
```

图 4—11　在路由器 RouterA 上添加静态路由的过程

配置了静态路由之后，再使用“show ip route”命令查看路由器 RouterA 的路由表，结果如图 4—12 所示。

```
Telnet localhost
RouterA#
RouterA#show ip route
Codes: C - connected, S - static, R - RIP, M - mobile, B - BGP
       D - EIGRP, EX - EIGRP external, O - OSPF, IA - OSPF inter area
       N1 - OSPF NSSA external type 1, N2 - OSPF NSSA external type 2
       E1 - OSPF external type 1, E2 - OSPF external type 2
       i - IS-IS, su - IS-IS summary, L1 - IS-IS level-1, L2 - IS-IS level-2
       ia - IS-IS inter area, * - candidate default, U - per-user static route
       o - ODR, P - periodic downloaded static route

Gateway of last resort is not set

     172.16.0.0/24 is subnetted, 2 subnets
C       172.16.1.0 is directly connected, Serial1/1
S       172.16.2.0 [1/0] via 172.16.1.2
     10.0.0.0/16 is subnetted, 3 subnets
S       10.2.0.0 [1/0] via 192.168.1.2
S       10.3.0.0 [1/0] via 172.16.1.2
C       10.1.0.0 is directly connected, FastEthernet0/0
     192.168.1.0/30 is subnetted, 1 subnets
C       192.168.1.0 is directly connected, Serial1/0
RouterA#
```

图 4—12　在路由器 RouterA 上添加静态路由后的路由表

可以看到路由表中多了 3 条静态路由条目，以 S 开头的行就是一条静态路由，如下所示：

```
     172.16.0.0/24 is subnetted,2 subnets
C       172.16.1.0 is directly connected,Serial1/1
S       172.16.2.0 [1/0] via 172.16.1.2
     10.0.0.0/16 is subnetted,3 subnets
S       10.2.0.0 [1/0] via 192.168.1.2
S       10.3.0.0 [1/0] via 172.16.1.2
C       10.1.0.0 is directly connected,FastEthernet0/0
     192.168.1.0/30 is subnetted,1 subnets
C       192.168.1.0 is directly connected,Serial1/0
```

添加了静态路由之后，路由器 RouterA 就可以访问静态路由所指定的网络了。在路由器 RouterA 执行“ping”命令的效果如图 4—13 所示，说明路由器 RouterA 到未与其直接相连的网络的路径也是连通的。

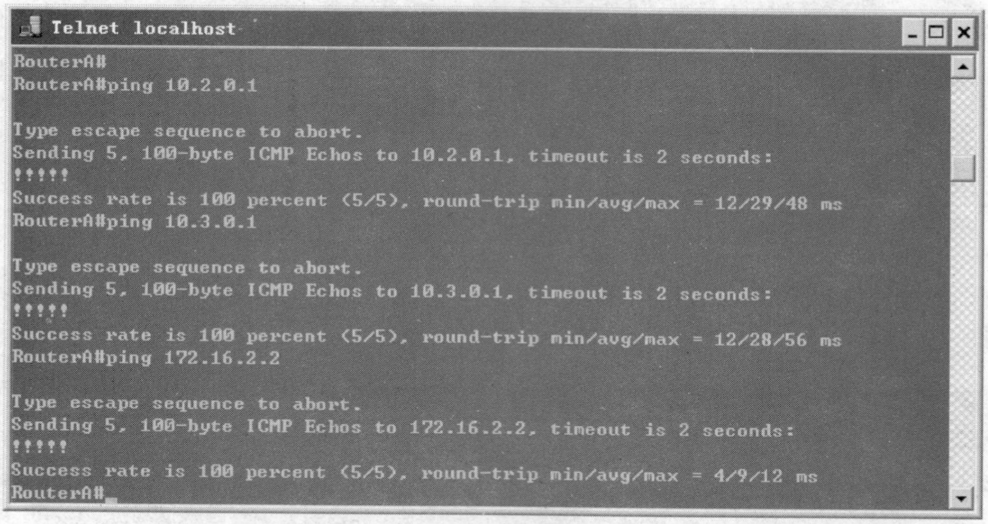

Telnet localhost
RouterA#
RouterA#ping 10.2.0.1
Type escape sequence to abort.
Sending 5, 100-byte ICMP Echos to 10.2.0.1, timeout is 2 seconds:
!!!!!
Success rate is 100 percent (5/5), round-trip min/avg/max = 12/29/48 ms
RouterA#ping 10.3.0.1
Type escape sequence to abort.
Sending 5, 100-byte ICMP Echos to 10.3.0.1, timeout is 2 seconds:
!!!!!
Success rate is 100 percent (5/5), round-trip min/avg/max = 12/28/56 ms
RouterA#ping 172.16.2.2
Type escape sequence to abort.
Sending 5, 100-byte ICMP Echos to 172.16.2.2, timeout is 2 seconds:
!!!!!
Success rate is 100 percent (5/5), round-trip min/avg/max = 4/9/12 ms
RouterA#

图 4—13　在路由器 RouterA 执行“ping”命令的过程

但是要注意，路由器上不允许同时存在两条或两条以上去往同一个网络的静态路由。因此 RouterA 上只可以配置一条指向 172.16.2.0/24 的静态路由，选择经过 RouterB 或者 RouterC 都是可以的。

在路由器 RouterB 上也要配置去往 10.1.0.0/16、10.3.0.0/16、172.16.1.0/24 网络的静态路由，其命令为：

```
RouterB(config)# ip routing
RouterB(config)# ip route 10.1.0.0 255.255.0.0 192.168.1.1
RouterB(config)# ip route 10.3.0.0 255.255.0.0 172.16.2.2
RouterB(config)# ip route 172.16.1.0 255.255.255.0 172.16.2.2
```

具体的配置过程如图 4—14 所示。

Telnet localhost
RouterB#
RouterB#conf t
Enter configuration commands, one per line. End with CNTL/Z.
RouterB(config)#ip routing
RouterB(config)#ip route 10.1.0.0 255.255.0.0 192.168.1.1
RouterB(config)#ip route 10.3.0.0 255.255.0.0 172.16.2.2
RouterB(config)#ip route 172.16.1.0 255.255.255.0 172.16.2.2
RouterB(config)#

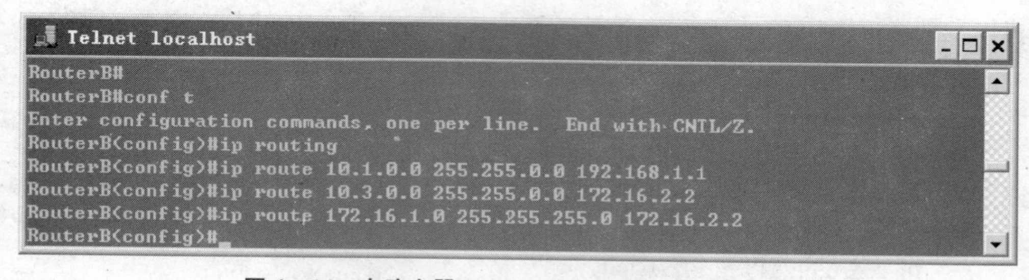

图 4—14　在路由器 RouterB 上添加静态路由的过程

在路由器 RouterC 上也要配置去往 10.1.0.0/16、10.2.0.0/16、192.168.1.0/30 网络的静态路由，其命令为：

```
RouterC(config)# ip routing
RouterC(config)# ip route 10.1.0.0 255.255.0.0 172.16.1.1
RouterC(config)# ip route 10.2.0.0 255.255.0.0 172.16.2.1
```

RouterC(config)＃ip route 192.168.1.0 255.255.255.252 172.16.1.1

具体配置过程如图 4—15 所示。

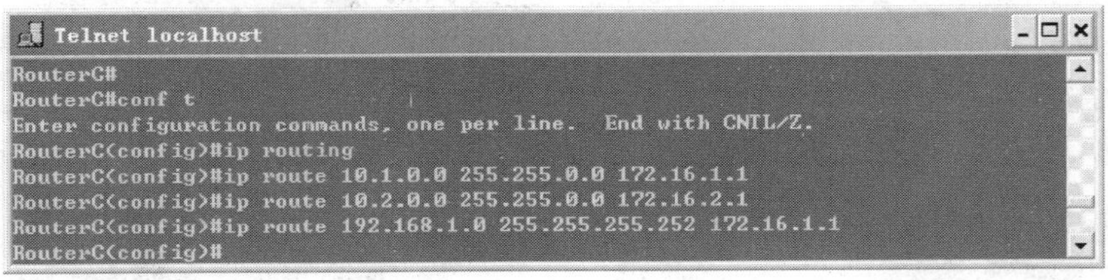

```
Telnet localhost
RouterC#
RouterC#conf t
Enter configuration commands, one per line.  End with CNTL/Z.
RouterC(config)#ip routing
RouterC(config)#ip route 10.1.0.0 255.255.0.0 172.16.1.1
RouterC(config)#ip route 10.2.0.0 255.255.0.0 172.16.2.1
RouterC(config)#ip route 192.168.1.0 255.255.255.252 172.16.1.1
RouterC(config)#
```

图 4—15　在路由器 RouterC 上添加静态路由的过程

4.1.6　任务小结

静态路由是在路由器中设置的固定的路由表。除非网络管理员干预，否则静态路由不会发生变化。由于静态路由不能对网络的改变做出反映，所示一般用于网络规模不大、拓扑结构固定的网络中。静态路由的优点是简单、高效、可靠。在所有的路由中，静态路由优先级最高。当动态路由与静态路由发生冲突时，以静态路由为准。

静态路由其设置简单明了，在不常变动的网络中稳定性好，排错也相对容易，所以在中小企业甚至一些大型的园区网中也都使用静态路由，它在实际应用中是很常见的，属于网络工作人员必会的基础知识。静态路由的设置原理比较简单，是学习各种路由协议的基础，是学习路由知识时必学的部分。

4.1.7　练习与思考

1. 下列静态路由器配置正确的是(　　)。

A. ip route 129.1.0.0 16 serial 0

B. ip route 10.0.0.2 16 129.1.0.0

C. ip route 129.1.0.0 16 10.0.0.2

D. ip route 129.1.0.0 255.255.0.0 10.0.0.2

2. 以下哪些路由由网管手动配置(　　)。

A. 静态路由　　B. 直接路由　　C. 缺省路由　　D. 动态路由

3. 网络拓扑如图 4—16 所示，要使计算机能访问到服务器，在路由器 R1 中配置路由表的命令是(　　)。

A. R1 (config) ＃ip host R2 202.116.45.110

B. R1 (config) ＃ip network 202.16.7.0 255.255.255.0

C. R1 (config) ＃ip host R2 202.116.45.0 255.255.255.0

D. R1 (config) ＃ip route 201.16.7.0 255.255.255.0 202.116.45.110

4. 静态路由的特点是什么?

5. 网络拓扑如图 4—17 所示，填空完成以下 3 个小题。

(1) 如果要让计算机 1 和计算机 2 通过路由器 1 访问计算机 3 所在的网段，则需要添加两条静态路由：分别在路由器 1 的________和________接口上设置目标网络是________，下

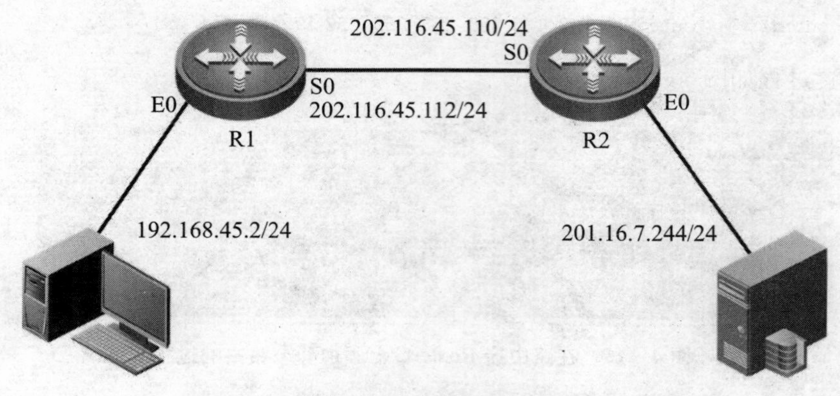

图 4—16　网络拓扑图

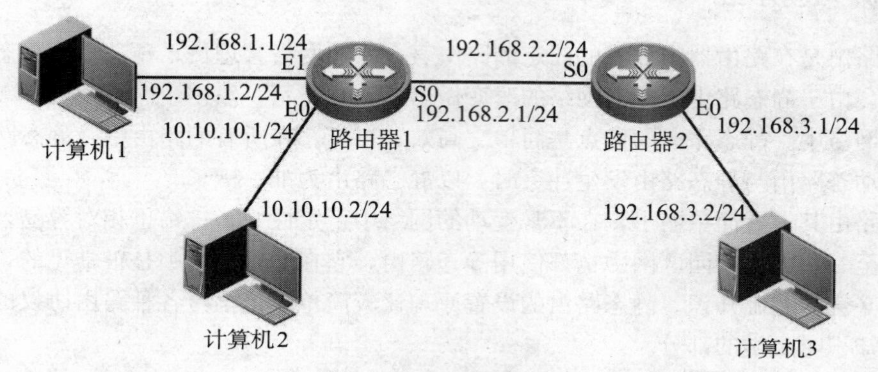

图 4—17　网络拓扑图

一跳地址是________。

（2）如果要让计算机 3 通过路由器 2 访问计算机 1 所在的网段，则添加一条静态路由：在路由器 2 的________接口上设置目标网络是________，下一跳地址是________。

（3）如果要让计算机 3 通过路由器 2 访问计算机 2 所在的网段，则添加一条静态路由：在路由器 2 的________接口上设置目标网络是________，下一跳地址是________。

4.2　RIP 路由实现网络互联任务

教学重点：

了解动态路由技术，掌握 RIP 动态路由的配置方法。采用 RIP 动态路由的方式实现企业园区内部网络的路由互通。

教学难点：

距离矢量（Distance-Vector）算法，动态路由和 RIP 动态路由技术的概念。

4.2.1　应用环境

在小规模的网络互联情况下，可以使用静态建立路由表的方法来指定每一个可达目的网络的路由，以提高路由的效率，增强网络的性能，但是静态路由适合于规模比较小的网络。要把静态路由应用到较大规模的网络互联中，显然是非常困难的，这个时候动态路由协议就派上用场了。路由器一般都支持常用的一些动态路由协议，如 RIP 和 OSPF 动态路由协议等。路由协议定义了路由器间相互交换网络信息的规范。采用动态路由协议的路由器通过与相邻的路由器互相交换网络的可达信息，然后，每个路由器据此计算出到达各个目的网络的路由，从而建立并维护自己的路由表以实现路由的功能。一般的中小型网络使用 RIP 动态路由协议就能够满足应用的需要。

4.2.2 需求分析

随着企业园区网络规模的不断增大，如果仅仅依靠静态路由实现路由互通的功能将会变得比较困难：一方面，网络规模的增大意味着网络拓扑结构将会变得比较复杂，一般的管理人员难以完全掌握网络的拓扑结构；另一方面，路由器等核心设备也随之增多，如果使用静态来实现路由功能，那么配置静态路由的工作量将会变得很大、使工作效率降低。

为了适应不断变化的网络，以随时获得最优的寻路效果，可以采用动态路由来实现路由互通的功能。现在要求使用 RIP 路由协议实现企业园区各幢建筑物网络之间的互联。

4.2.3 方案设计

1. 方案要求

在企业园区局域网建设的中期，网络规模不断扩大，有多幢建筑物需要实现网络互联。各幢建筑物内部的网络布线工程已经全部完成，而且每幢建筑物都安装了一个路由器，现在需要通过路由器将各幢建筑物的网络互相连接起来，实现路由的功能。路由方式采用 RIP 动态路由方式。

2. 网络拓扑

网络拓扑如图 4—18 所示，此拓扑图只描述了 3 幢建筑物互联的情况，每幢建筑物内部网络的 IP 地址分配及各路由器端口的 IP 地址设置已经全部标示在拓扑图上面。

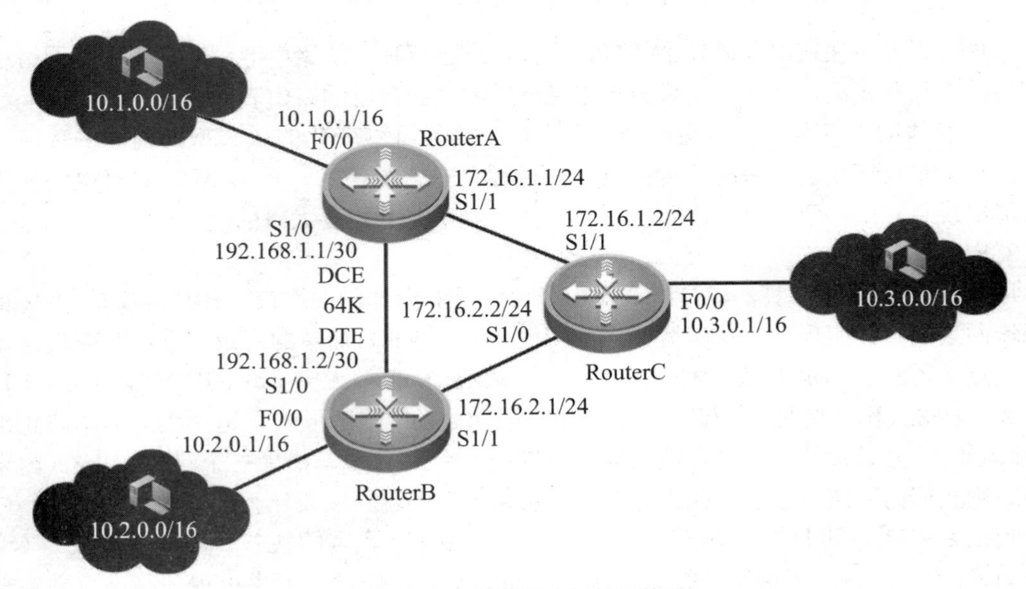

图 4—18 静态路由网络拓扑图

4.2.4 相关知识：RIP 协议

在当今的互联网上，运行一种网关（路由）协议是不可能的，我们要将它分成很多的自治系统（Autonomous System，AS），在每个自治系统有它自己的路由技术。我们称自治系统内部的路由协议为内部网关协议（Interior Gateway Protocol，IGP）。RIP（Routing Information Protocol）就是内部网关协议的一种，它采用的是距离矢量（Distance Vector）算法。RIP 只适用于小系统中，当系统变大后受到无限计算问题的困扰，且往往收敛的很慢。

1. 距离矢量算法

距离矢量算法（简称 D-V 算法）是动态路由协议常用的一种路由算法，其基本原理就是运用矢量叠加的方式获取和计算路由信息。

所谓距离矢量即是将一条路由信息考虑成一个由目标和距离（用度量值 Metric 来度量）组成的矢量，每一台路由器从其邻居处获得路由信息，并在每一条路由信息上叠加从自己到这个邻居的距离矢量，从而形成自己的路由信息。

在图 4—19 所示的例子中，路由器 I 从路由器 J 获得到达目标网络 N 的路由信息（N，M2），其中 N 标示目标网络（Network N），M2 标示距离长短的 Metric 值。并且在这条矢量数据上叠加从 I 到 J 的距离矢量（J，M1），形成从 I 到目标网络 N 的路由信息（N，M），其中 M ＝ M1＋M2。

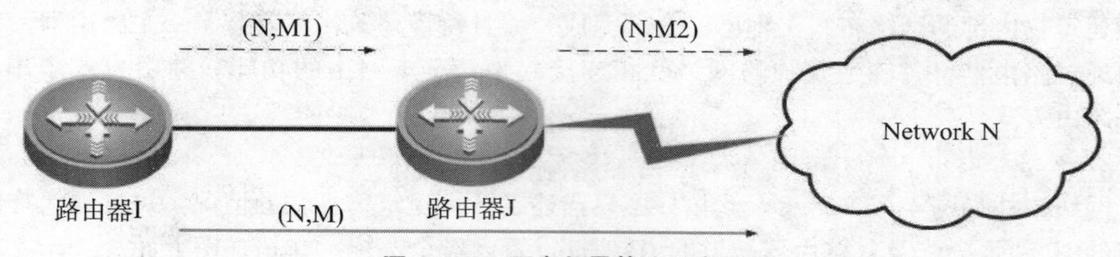

图 4—19 距离矢量算法示意图

这种过程发生在路由器的各个邻接方向上，通过这种方法路由器可以获得到达网络中目标网络的途径和距离，并从中选择最佳路径形成和维护自己的路由表。

D-V 算法的优点是易于实现，但是它不适应路径剧烈变化的或大型的网间网环境，因为某网关的路径变化从相邻网关传播出去的过程是非常缓慢的，在 D-V 算法路径刷新过程中可能出现路径不一致问题。D-V 算法的另一个缺陷是它需要大量的信息交换。

2. RIP 的原理

RIP 协议采用 D-V 算法，是当今应用最为广泛的内部网关协议，RIP 协议是 D-V 算法在局域网上的直接实现。在默认情况下，RIP 使用一种非常简单的度量制度：距离就是通往目的站点所需经过的链路数，取值为 1～15，数值 16 表示无穷大。RIP 进程使用 UDP 的 520 端口来发送和接收 RIP 分组。RIP 分组每隔 30s 以广播的形式发送一次，为了防止出现“广播风暴”，其后续的分组将做随机延时后发送。在 RIP 中，如果一个路由在 180s 内未被刷新，则相应的距离就被设定成无穷大，并从路由表中删除该表项。

包括 RIP 在内的 D-V 算法路径刷新协议，都有一个严重的缺陷，即“慢收敛”（Slow Convergence）问题，又叫“计数到无穷”（Count to Infinity）。如果出现环路，直到路径长度达到 16，也就是说要经过 7 次来回（至少 30×7 秒），路径回路才能被解除，这就是所谓的慢收敛问题。收敛问题解决的方法有很多种，主要采用分割范围（Split Horizon）法和带触发更新的毒性逆转（Poison Reverse with Triggered updates）法。分割范围法的原理是：当路由器从某个网络接口发送 RIP 路径刷新报文时，其中不能包含从该接口获得的路径信息。毒性逆转法的原理是：某路径崩溃后，最早广播此路径的网关将原路径继续保存在若干刷新报文中，但是指明路径为无限长。为了加强毒性逆转的效果，最好同时使用触发更新技术：一旦检测到路径崩溃，立即广播路径刷新报文，而不必等待下一个广播周期。

3. RIP 协议的运行

路由器刚启动时，运行 D-V 算法，对 D-V 路由表进行初始化，为每一个和它直接相连的实体建一个表目，并设置目的 IP 地址，距离为 1（这里 RIP 和 D-V 略有不同），下一站的 IP 为 0，还要为这个表目设置两个定时器（超时计时器和垃圾收集计时器）。每隔 30 秒就向它相邻的实体广播路由表的内容。相邻的实体收到广播时，在对广播的内容进行细节上的处理之前，对广播的数据报进行检查。因为广播的内容可能引起路由表的更新，所以这种检查是细致的。首先检查报文是否来自端口 520 的 UDP 数据报，如果不是，则丢弃。否则看 RIP 报文的版本号：如果为 0，这个报文就被忽略；如果为 1，检查必须为 0 的字段，如果不为 0，忽略该报文。然后对源 IP 地址进行检查，看它是否来自直接相连的邻居，如果不是来自直接邻居，则报文被忽略。如果上面的检查都是有效的，则对广播的内容进行逐项的处理。看它的度量值是否大于 15，如果是则忽略该报文（实际上，如果来自相邻路由器的广播，这是不可能的）。然后检查地址簇的内容，如果不为 2，则忽略该报文。然后更新自己的路由表，并为每个表目设置两个计时器，初始化其为 0。就这样所有的路由器都每隔 30 秒向外广播自己的路由表，相邻的路由器收到广播后来更新自己的路由表。直到每个实体的路由表都包含到所有实体的寻径信息。如果某条路由突然断了，或者是其度量大于 15，则与其直接相邻的路由器采用分割范围或触发更新的方法向外广播该信息，其他的实体在两个计时器溢出的情况下将该路由从路由表中删除。如果某个路由器发现了一条更好的路径，它也向外广播，与该路由相关的每个实体都要更新自己的路由表的内容。

为了更好地理解 RIP 协议的运行，下面以图 4—20 为例来讨论图中各个路由器中的路由表是怎样建立起来的。

首先，在一开始所有路由器中的路由表只有路由器所接入的网络（共有两个网络）的情况。现在的路由表增加了一列，这就是从该路由表到目的网络上的路由器的“距离”。在图中“下一站路由器”项目中有符号“—”，表示直接交付。这是因为路由器和同一网络上的主机可直接通信而不需要再经过别的路由器进行转发。同理，到目的网络的距离也都是零，因为需要经过的路由器数为零。图中粗的空心箭头表示路由表的更新，细的箭头表示更新路由表要用到相邻路由表传送过来的信息。

接着，各路由器都向其相邻路由器广播 RIP 报文，这实际上就是广播路由表中的信息。假定路由器 R2 先收到了路由器 R1 和 R3 的路由信息，然后就更新自己的路由表。更新后的路由表再发送给路由器 R1 和 R3。路由器 R1 和 R3 分别再进行更新。

RIP 协议存在的一个问题是：当网络出现故障时，要经过比较长的时间才能将此信息传送到所有的路由器。在图中，假设三个路由器都已经建立了各自的路由表，现在路由器 R1 和网络 1 的连接线路突然断开。路由器 R1 发现后，将到网络 1 的距离改为 16，并将此信息发给路由器 R2。由于路由器 R3 发给 R2 的信息是：“到网络 1 经过 R2 距离为 2”，于是 R2

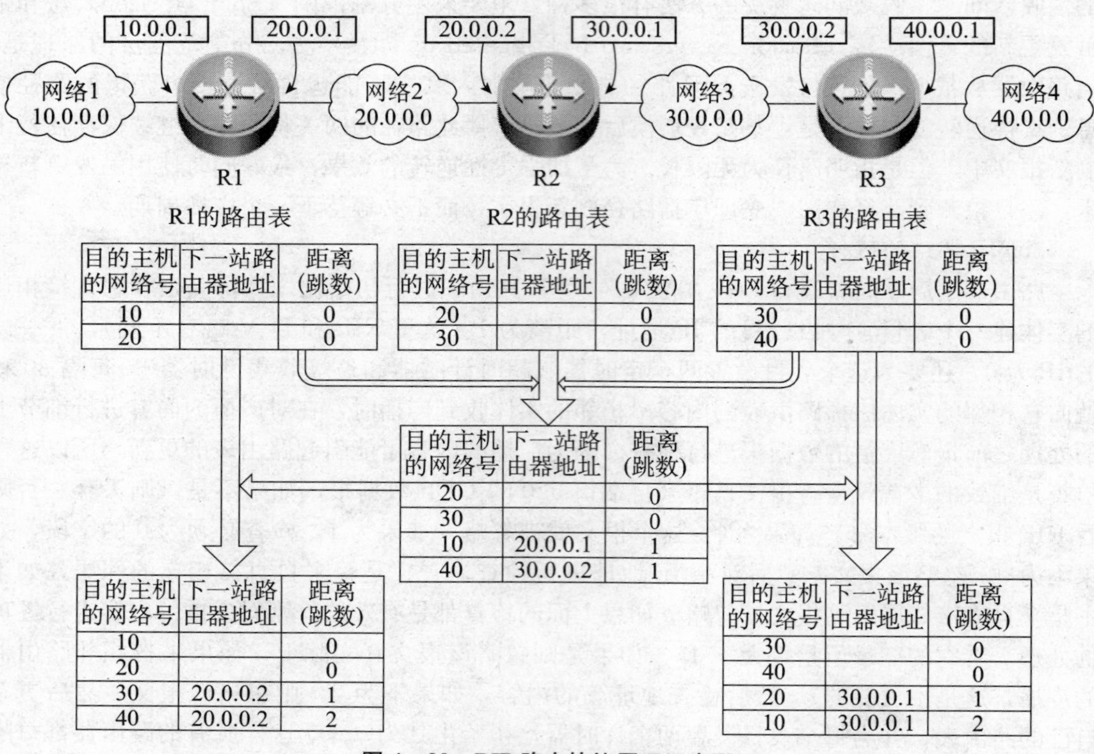

目的主机的网络号	下一站路由器地址	距离（跳数）
10		0
20		0

目的主机的网络号	下一站路由器地址	距离（跳数）
20		0
30		0

目的主机的网络号	下一站路由器地址	距离（跳数）
30		0
40		0

目的主机的网络号	下一站路由器地址	距离（跳数）
20		0
30		0
10	20.0.0.1	1
40	30.0.0.2	1

目的主机的网络号	下一站路由器地址	距离（跳数）
10		0
20		0
30	20.0.0.2	1
40	20.0.0.2	2

目的主机的网络号	下一站路由器地址	距离（跳数）
30		0
40		0
20	30.0.0.1	1
10	30.0.0.1	2

图 4—20　RIP 路由协议原理示意图

将此项目更新为“到网络 1 经过 R3 距离为 3”，发给 R3。R3 再发给 R2 信息：“到网络 1 经过 R2 距离为 4”。这样一直到距离增大到 16 时，R2 和 R3 才知道网络 1 是不可达的。RIP 协议的这一特点叫做：好消息传播得快，而坏消息传播得慢。这是 RIP 的一个主要缺点。

4.2.5　实施过程

1. 设备和材料准备

搭建一个与企业园区相似的网络环境，至少需要使用以下设备和材料：

(1) 3 台路由器；

(2) 1 根路由器 Console 端口连接线；

(3) 3 根以上串行端口连接线；

(4) 5 根以上带 RJ45 接头超 5 类直通双绞线；

(5) 3 台以上电脑，已经安装好网卡及驱动程序。

2. 硬件连接

按照图 4—18 网络拓扑图所示进行硬件连接：

(1) 用串行端口连接线将 RouterA 的 s1/0 端口和 RouterB 的 s1/0 端口连接起来；

(2) 用串行端口连接线将 RouterA 的 s1/1 端口和 RouterC 的 s1/1 端口连接起来；

(3) 用串行端口连接线将 RouterB 的 s1/1 端口和 RouterC 的 s1/0 端口连接起来；

(4) 将 3 台电脑分别用 3 根双绞线连接到 3 台路由器的以太网端口 f0/0；

(5) 将各个路由器的电源插头插入电源插座，启动路由器；

（6）启动电脑，设置如图 4—18 网络拓扑图所示的各幢建筑物中路由器各端口的 IP 地址等；

（7）配置路由器时，用 Console 端口连接线将电脑的串口和路由器的 Console 端口连接起来。

3. 在路由器 RouterA 上配置端口

主要的配置命令如下：

```
RouterA>enable
RouterA #config terminal
RouterA(config)#interface s1/0
RouterA(config-if)#ip address 192.168.1.1 255.255.255.252
RouterA(config-if)#clockrate 64000
RouterA(config-if)#bandwidth 64
RouterA(config-if)#no shutdown
RouterA(config-if)#exit
RouterA(config)#interface s1/1
RouterA(config-if)#ip address 172.16.1.1 255.255.255.0
RouterA(config-if)#clockrate 64000
RouterA(config-if)#bandwidth 64
RouterA(config-if)#no shutdown
RouterA(config-if)#exit
RouterA(config)#interface f0/0
RouterA(config-if)#ip address 10.1.0.1 255.255.0.0
RouterA(config-if)#no shutdown
RouterA(config-if)#exit
```

实际的配置过程如图 4—21 所示。

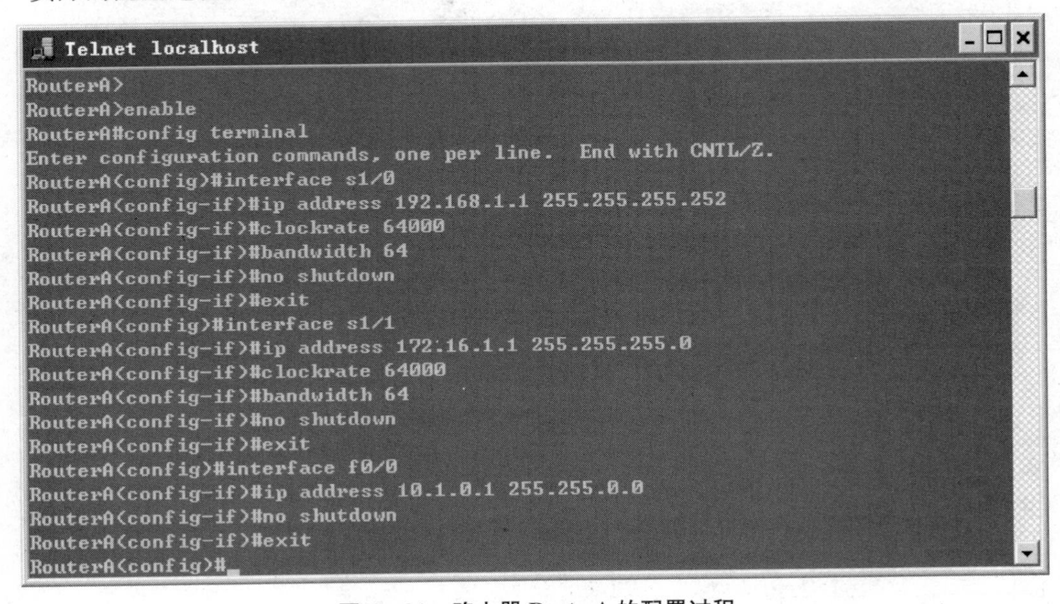

图 4—21　路由器 RouterA 的配置过程

4. 在路由器 RouterB 上配置端口

主要的配置命令如下：

```
RouterB>enable
RouterB#config terminal
RouterB(config)#interface s1/0
RouterB(config-if)#ip address 192.168.1.2 255.255.255.252
RouterB(config-if)#clockrate 64000
RouterB(config-if)#bandwidth 64
RouterB(config-if)#no shutdown
RouterB(config-if)#exit
RouterB(config)#interface s1/1
RouterB(config-if)#ip address 172.16.2.1 255.255.255.0
RouterB(config-if)#clockrate 64000
RouterB(config-if)#bandwidth 64
RouterB(config-if)#no shutdown
RouterB(config-if)#exit
RouterB(config)#interface f0/0
RouterB(config-if)#ip address 10.2.0.1 255.255.0.0
RouterB(config-if)#no shutdown
RouterB(config-if)#exit
```

实际的配置过程如图 4—22 所示。

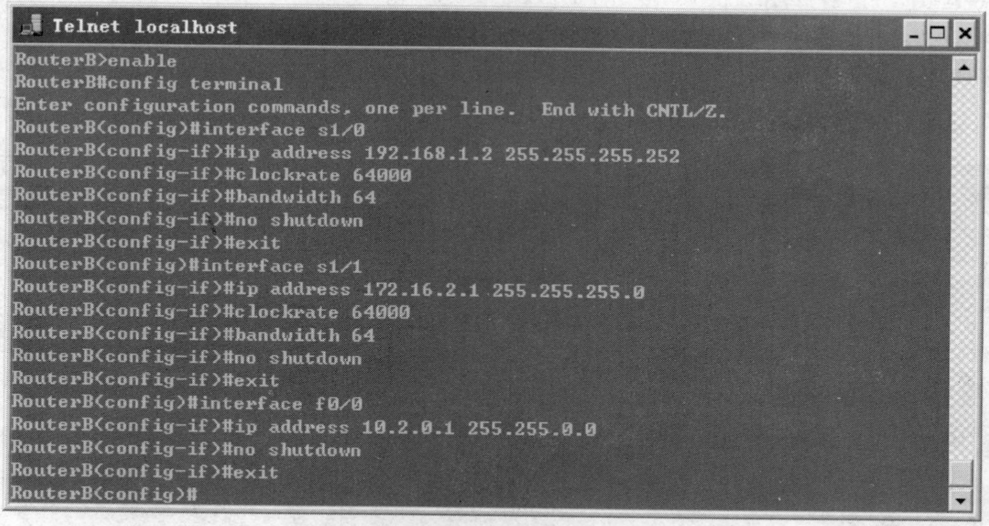

```
Telnet localhost
RouterB>enable
RouterB#config terminal
Enter configuration commands, one per line.  End with CNTL/Z.
RouterB(config)#interface s1/0
RouterB(config-if)#ip address 192.168.1.2 255.255.255.252
RouterB(config-if)#clockrate 64000
RouterB(config-if)#bandwidth 64
RouterB(config-if)#no shutdown
RouterB(config-if)#exit
RouterB(config)#interface s1/1
RouterB(config-if)#ip address 172.16.2.1 255.255.255.0
RouterB(config-if)#clockrate 64000
RouterB(config-if)#bandwidth 64
RouterB(config-if)#no shutdown
RouterB(config-if)#exit
RouterB(config)#interface f0/0
RouterB(config-if)#ip address 10.2.0.1 255.255.0.0
RouterB(config-if)#no shutdown
RouterB(config-if)#exit
RouterB(config)#
```

图 4—22 路由器 RouterB 的配置过程

5. 在路由器 RouterC 上配置端口

主要的配置命令如下：

```
RouterC>enable
RouterC#config terminal
RouterC(config)#interface s1/1
```

```
RouterC(config-if)# ip address 172.16.1.2 255.255.255.0
RouterB(config-if)# clockrate 64000
RouterB(config-if)# bandwidth 64
RouterC(config-if)# no shutdown
RouterC(config-if)# exit
RouterC(config)# interface s1/0
RouterC(config-if)# ip address 172.16.2.2 255.255.255.0
RouterB(config-if)# clockrate 64000
RouterB(config-if)# bandwidth 64
RouterC(config-if)# no shutdown
RouterC(config-if)# exit
RouterC(config)# interface f0/0
RouterC(config-if)# ip address 10.3.0.1 255.255.0.0
RouterC(config-if)# no shutdown
RouterC(config-if)# exit
```

实际的配置过程如图 4—23 所示。

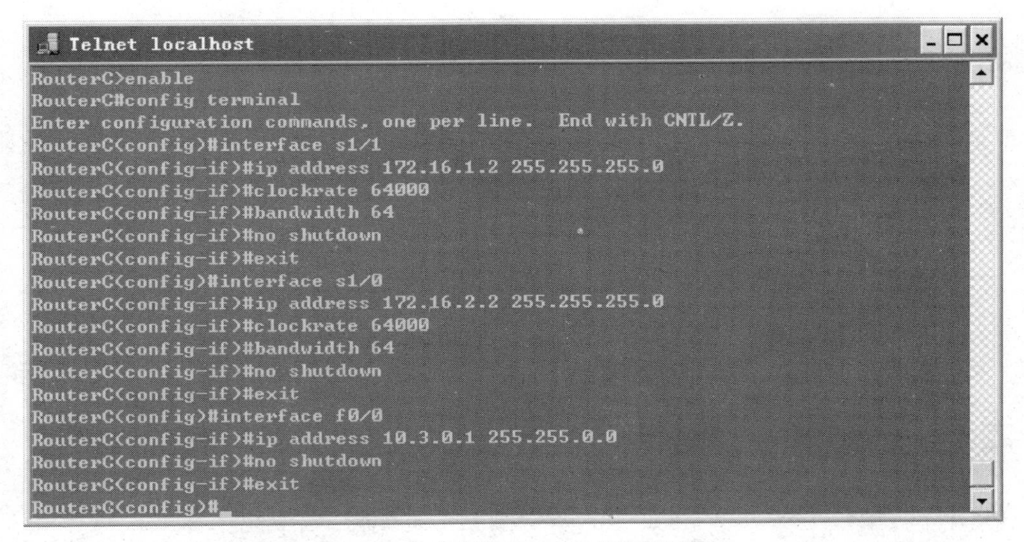

图 4—23　路由器 RouterC 的配置过程

6. 在路由器 RouterA 上配置 RIP 静态路由协议

首先测试一下路由器 RouterA 到各个网络的路由连通性，以便验证 RIP 路由协议的作用。使用“show ip route”命令查看路由器 RouterA 的路由表，如图 4—24 所示。

其中有 3 条直连路由：以 C 开头的行是直连路由，其前一行是路由器提示我们已经进行了子网划分，本条路由表明路由器端口直连的只是其中的一个子网，如下所示，这 3 条直连路由表明路由器 RouterA 到与其直接相连的三个网络（172.16.1.0/24、10.1.0.0/16、192.168.1.0/）已经实现直接连通。

```
     172.16.0.0/24 is subnetted, 1 subnets
C         172.16.1.0 is directly connected, Serial1/1
     10.0.0.0/16 is subnetted, 1 subnets
```

```
Telnet localhost
RouterA#
RouterA#show ip route
Codes: C - connected, S - static, R - RIP, M - mobile, B - BGP
       D - EIGRP, EX - EIGRP external, O - OSPF, IA - OSPF inter area
       N1 - OSPF NSSA external type 1, N2 - OSPF NSSA external type 2
       E1 - OSPF external type 1, E2 - OSPF external type 2
       i - IS-IS, su - IS-IS summary, L1 - IS-IS level-1, L2 - IS-IS level-2
       ia - IS-IS inter area, * - candidate default, U - per-user static route
       o - ODR, P - periodic downloaded static route

Gateway of last resort is not set

     172.16.0.0/24 is subnetted, 1 subnets
C       172.16.1.0 is directly connected, Serial1/1
     10.0.0.0/16 is subnetted, 1 subnets
C       10.1.0.0 is directly connected, FastEthernet0/0
     192.168.1.0/30 is subnetted, 1 subnets
C       192.168.1.0 is directly connected, Serial1/0
RouterA#
```

图 4—24　路由器 RouterA 执行“show ip route”命令的过程

```
C          10. 1. 0. 0 is directly connected, FastEthernet0/0
      192. 168. 1. 0/30 is subnetted, 1 subnets
C          192. 168. 1. 0 is directly connected, Serial1/0
```

但是，从路由器 RouterA 到 10. 2. 0. 1/16、10. 3. 0. 0/16、172. 16. 2. 0/24 网络的路由不存在。根据路由器的路由转发机制，RouterA 到以上 3 个网段的路由不通，如图 4—25 所示。

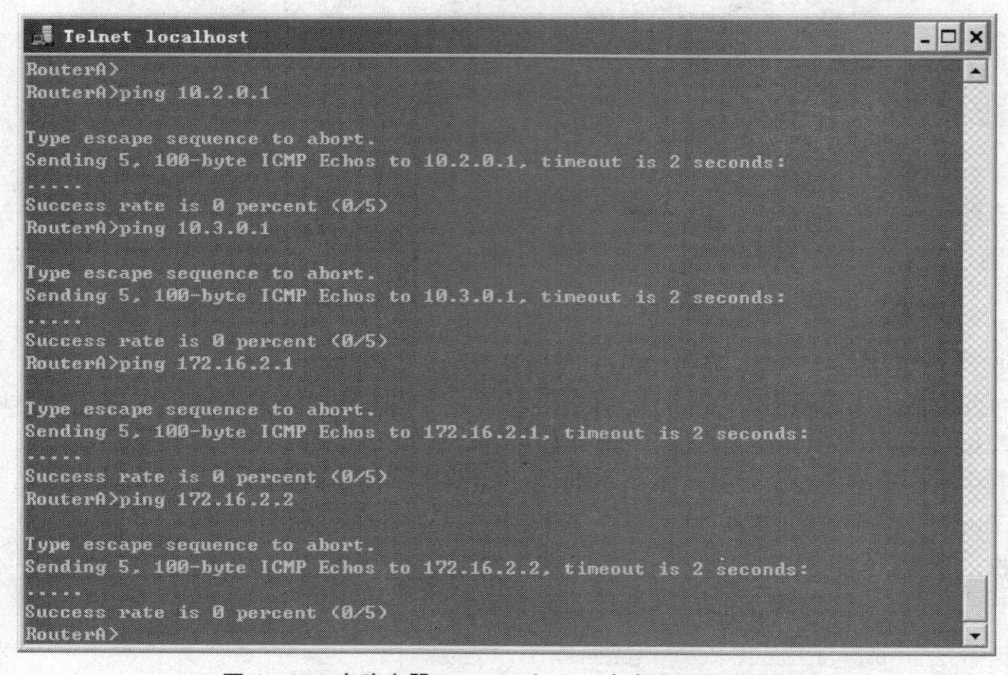

图 4—25　在路由器 RouterA 上 ping 未直连网络的过程

我们的任务是使用 RIP 动态路由协议实现路由器 RouterA 到 10.2.0.1/16、10.3.0.0/16、172.16.2.0/24 等网络的路由可达性。RIP 动态路由协议的配置必须在全局配置模式下进行，首先用“route rip”命令进入 RIP 协议配置模式，然后使用“version 2”命令指定 RIP 协议的版本是第二版，最后使用“network”命令指定与路由器相连的网段，使该网段可被 RIP 通告，具体的命令为如下：

```
RouterA(config)#router rip
RouterA(config-router)#version 2
RouterA(config-router)#network 10.1.0.0
RouterA(config-router)#network 172.16.1.0
RouterA(config-router)#network 192.168.1.0
```

具体的配置过程如图 4—26 所示。

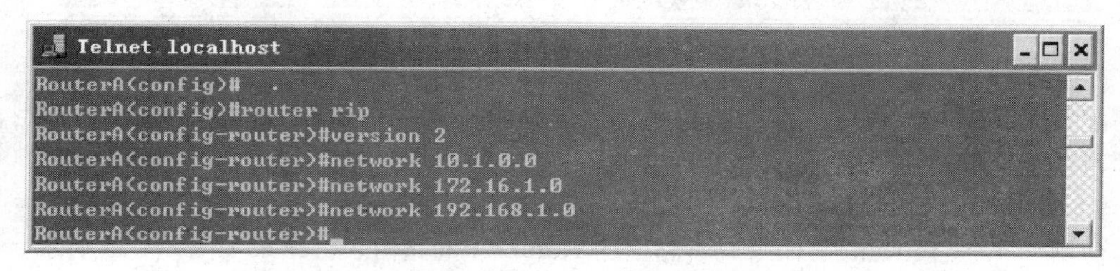

图 4—26　在路由器 RouterA 上配置 RIP 路由的过程

7. 在路由器 RouterB 上配置 RIP 静态路由协议

RIP 动态路由协议的配置方法与在路由器 RouterA 上配置的方法相同，只是在使用“network”命令指定与路由器相连的网段是有所区别的，即要指定与路由器 RouterB 直接相连的网络。具体的命令如下：

```
RouterB(config)#router rip
RouterB(config-router)#version 2
RouterB(config-router)#network 10.2.0.0
RouterB(config-router)#network 172.16.2.0
RouterB(config-router)#network 192.168.1.0
```

具体的配置过程如图 4—27 所示。

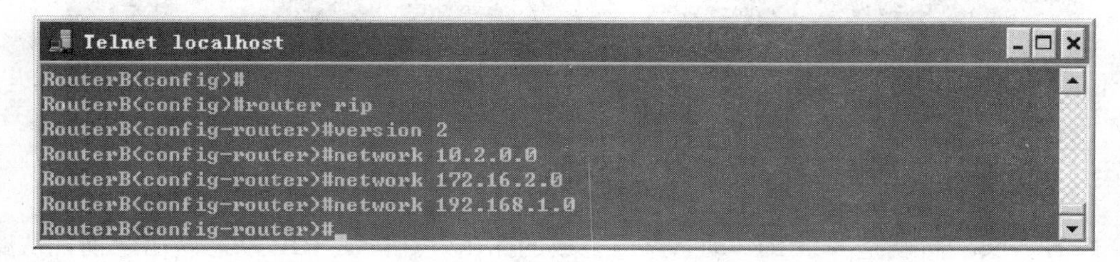

图 4—27　在路由器 RouterB 上配置 RIP 路由的过程

8. 在路由器 RouterC 上配置 RIP 静态路由协议

使用“network”命令指定与路由器 RouterC 直接相连的网络。具体的命令如下：

```
RouterC(config)#router rip
RouterC(config-router)#version 2
RouterC(config-router)#network 10.3.0.0
RouterC(config-router)#network 172.16.1.0
RouterC(config-router)#network 172.16.2.0
```

具体的配置过程如图 4—28 所示。

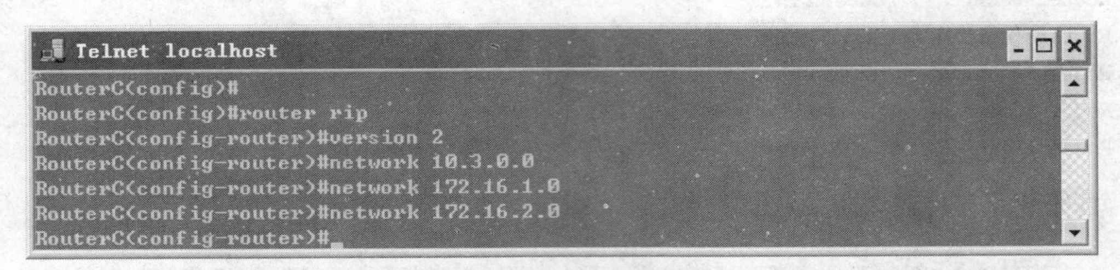

图 4—28　在路由器 RouterC 上配置 RIP 路由的过程

配置完 RIP 协议以后，路由器会把自己的路由信息广播给相邻的路由器，各路由器通过学习获得其他路由器的路由信息，生成各自的路由表。

9. 测试路由的正确性

使用“show ip route”命令查看路由器 RouterA 的路由表，结果如图 4—29 所示。

```
Telnet localhost
RouterA#
RouterA#show ip route
Codes: C - connected, S - static, R - RIP, M - mobile, B - BGP
       D - EIGRP, EX - EIGRP external, O - OSPF, IA - OSPF inter area
       N1 - OSPF NSSA external type 1, N2 - OSPF NSSA external type 2
       E1 - OSPF external type 1, E2 - OSPF external type 2
       i - IS-IS, su - IS-IS summary, L1 - IS-IS level-1, L2 - IS-IS level-2
       ia - IS-IS inter area, * - candidate default, U - per-user static route
       o - ODR, P - periodic downloaded static route

Gateway of last resort is not set

     172.16.0.0/16 is variably subnetted, 3 subnets, 2 masks
R       172.16.0.0/16 [120/1] via 192.168.1.2, 00:00:12, Serial1/0
C       172.16.1.0/24 is directly connected, Serial1/1
R       172.16.2.0/24 [120/1] via 172.16.1.2, 00:00:11, Serial1/1
     10.0.0.0/8 is variably subnetted, 2 subnets, 2 masks
R       10.0.0.0/8 [120/1] via 192.168.1.2, 00:00:12, Serial1/0
                   [120/1] via 172.16.1.2, 00:00:11, Serial1/1
C       10.1.0.0/16 is directly connected, FastEthernet0/0
     192.168.1.0/30 is subnetted, 1 subnets
C       192.168.1.0 is directly connected, Serial1/0
RouterA#
```

图 4—29　使用“show ip route”命令查看路由器 RouterA 的路由表

以 R 开头的行就是一条 RIP 动态路由生成的路由。在配置 RIP 动态路由之前，从路由器 RouterA 到 10.2.0.1/16、10.3.0.0/16、172.16.2.0/24 网络的路由不存在；配置了 RIP 动态路由之后，我们可以查看到以上 3 个网络的路径是否存在。我们先把路由器 RouterA 的路由表的路由信息列出来，如下所示：

```
172.16.0.0/16 is variably subnetted,3 subnets,2 masks
```

```
R          172.16.0.0/16 [120/1] via 192.168.1.2,00:00:08,Serial1/0
C          172.16.1.0/24 is directly connected,Serial1/1
R          172.16.2.0/24 [120/1] via 172.16.1.2,00:00:18,Serial1/1
     10.0.0.0/8 is variably subnetted,2 subnets,2 masks
R          10.0.0.0/8 [120/1] via 192.168.1.2,00:00:08,Serial1/0
                      [120/1] via 172.16.1.2,00:00:18,Serial1/1
C          10.1.0.0/16 is directly connected,FastEthernet0/0
     192.168.1.0/30 is subnetted,1 subnets
C          192.168.1.0 is directly connected,Serial1/0
```

在路由表中我们并没有看到目的网络是 10.2.0.1/16、10.3.0.0/16 的路由信息，这是因为 RIP 动态路由协议将 10.2.0.1/16、10.3.0.0/16 两个网络进行了路由归并，将两个目标网络归并成了一个目标网络 10.0.0.0/8，目的是为了缩小路由表的尺寸，提高路由表的效率。使用“ping”命令测试路由器 RouterA 到 10.2.0.1/16、10.3.0.0/16、172.16.2.0/24 网络的连通性，测试过程如图 4—30 所示。

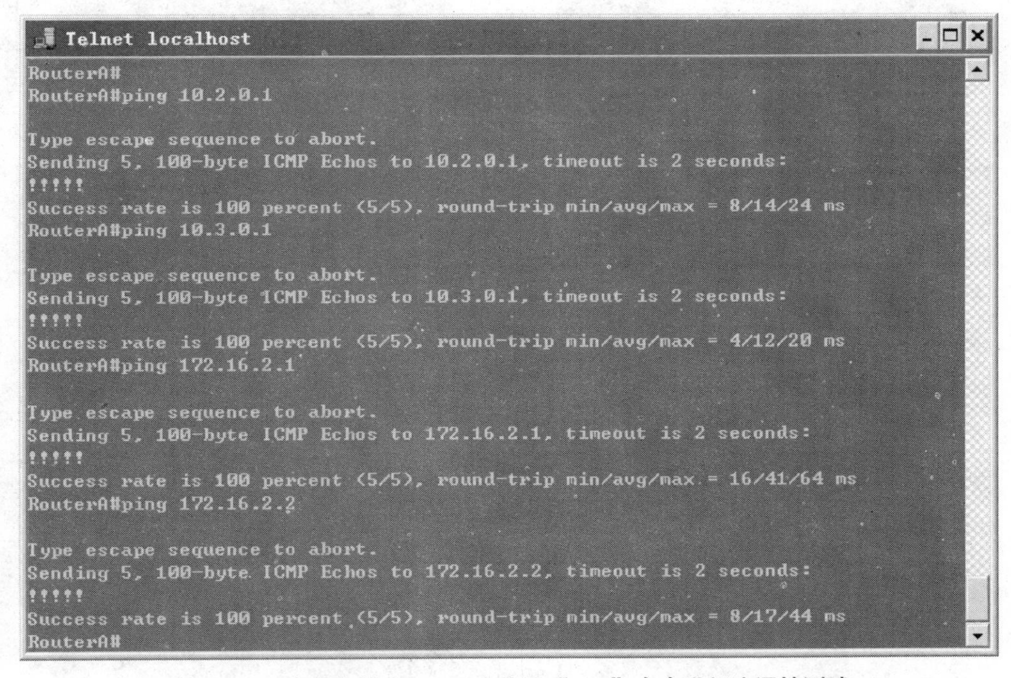

图 4—30　在路由器 RouterA 上使用“ping”命令进行连通性测试

测试结果表明路由器 RouterA 到 10.2.0.1/16、10.3.0.0/16、172.16.2.0/24 网络的是路由可达的。

同样，使用“show ip route”命令查看路由器 RouterB 的路由表，结果如图 4—31 所示。

然后使用“ping”命令测试路由器 RouterB 到 10.1.0.1/16、10.3.0.0/16、172.16.1.0/24 网络的连通性，测试过程如图 4—32 所示。

测试结果表明路由器 RouterA 到 10.1.0.1/16、10.3.0.0/16、172.16.1.0/24 网络是路由可达的。

```
Telnet localhost
RouterB#
RouterB#show ip route
Codes: C - connected, S - static, R - RIP, M - mobile, B - BGP
       D - EIGRP, EX - EIGRP external, O - OSPF, IA - OSPF inter area
       N1 - OSPF NSSA external type 1, N2 - OSPF NSSA external type 2
       E1 - OSPF external type 1, E2 - OSPF external type 2
       i - IS-IS, su - IS-IS summary, L1 - IS-IS level-1, L2 - IS-IS level-2
       ia - IS-IS inter area, * - candidate default, U - per-user static route
       o - ODR, P - periodic downloaded static route

Gateway of last resort is not set

     172.16.0.0/16 is variably subnetted, 3 subnets, 2 masks
R       172.16.0.0/16 [120/1] via 192.168.1.1, 00:00:09, Serial1/0
R       172.16.1.0/24 [120/1] via 172.16.2.2, 00:00:22, Serial1/1
C       172.16.2.0/24 is directly connected, Serial1/1
     10.0.0.0/8 is variably subnetted, 2 subnets, 2 masks
C       10.2.0.0/16 is directly connected, FastEthernet0/0
R       10.0.0.0/8 [120/1] via 192.168.1.1, 00:00:09, Serial1/0
                   [120/1] via 172.16.2.2, 00:00:22, Serial1/1
     192.168.1.0/30 is subnetted, 1 subnets
C       192.168.1.0 is directly connected, Serial1/0
RouterB#
```

图 4—31　使用“show ip route”命令查看路由器 RouterB 的路由表

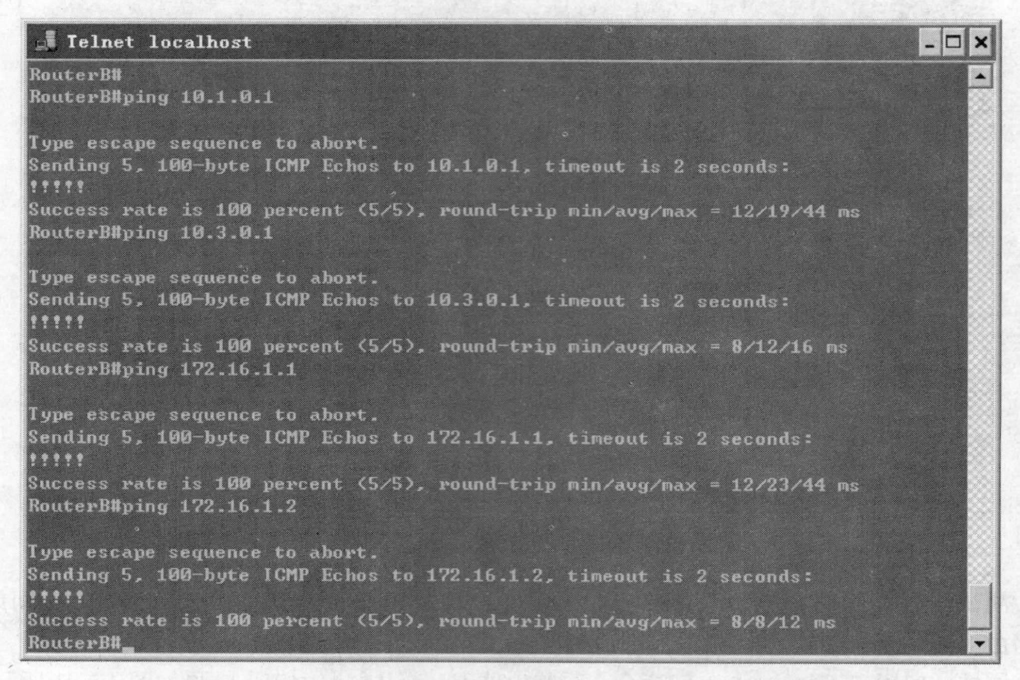

```
Telnet localhost
RouterB#
RouterB#ping 10.1.0.1

Type escape sequence to abort.
Sending 5, 100-byte ICMP Echos to 10.1.0.1, timeout is 2 seconds:
!!!!!
Success rate is 100 percent (5/5), round-trip min/avg/max = 12/19/44 ms
RouterB#ping 10.3.0.1

Type escape sequence to abort.
Sending 5, 100-byte ICMP Echos to 10.3.0.1, timeout is 2 seconds:
!!!!!
Success rate is 100 percent (5/5), round-trip min/avg/max = 8/12/16 ms
RouterB#ping 172.16.1.1

Type escape sequence to abort.
Sending 5, 100-byte ICMP Echos to 172.16.1.1, timeout is 2 seconds:
!!!!!
Success rate is 100 percent (5/5), round-trip min/avg/max = 12/23/44 ms
RouterB#ping 172.16.1.2

Type escape sequence to abort.
Sending 5, 100-byte ICMP Echos to 172.16.1.2, timeout is 2 seconds:
!!!!!
Success rate is 100 percent (5/5), round-trip min/avg/max = 8/8/12 ms
RouterB#
```

图 4—32　在路由器 RouterB 上使用“ping”命令进行连通性测试

最后，使用“show ip route”命令查看路由器 RouterC 的路由表，结果如图 4—33 所示。

然后使用“ping”命令测试路由器 RouterC 到 10.1.0.1/16、10.2.0.0/16、192.168.1.0/30 网络的连通性，测试过程如图 4—34 所示。

```
Telnet localhost
RouterC#
RouterC#show ip route
Codes: C - connected, S - static, R - RIP, M - mobile, B - BGP
       D - EIGRP, EX - EIGRP external, O - OSPF, IA - OSPF inter area
       N1 - OSPF NSSA external type 1, N2 - OSPF NSSA external type 2
       E1 - OSPF external type 1, E2 - OSPF external type 2
       i - IS-IS, su - IS-IS summary, L1 - IS-IS level-1, L2 - IS-IS level-2
       ia - IS-IS inter area, * - candidate default, U - per-user static route
       o - ODR, P - periodic downloaded static route

Gateway of last resort is not set

     172.16.0.0/16 is variably subnetted, 3 subnets, 2 masks
R       172.16.0.0/16 [120/2] via 172.16.2.1, 00:00:07, Serial1/0
                      [120/2] via 172.16.1.1, 00:00:13, Serial1/1
C       172.16.1.0/24 is directly connected, Serial1/1
C       172.16.2.0/24 is directly connected, Serial1/0
     10.0.0.0/8 is variably subnetted, 2 subnets, 2 masks
C       10.3.0.0/16 is directly connected, FastEthernet0/0
R       10.0.0.0/8 [120/1] via 172.16.2.1, 00:00:07, Serial1/0
                   [120/1] via 172.16.1.1, 00:00:13, Serial1/1
R    192.168.1.0/24 [120/1] via 172.16.2.1, 00:00:07, Serial1/0
                    [120/1] via 172.16.1.1, 00:00:13, Serial1/1
RouterC#
```

图 4—33 使用“show ip route”命令查看路由器 RouterC 的路由表

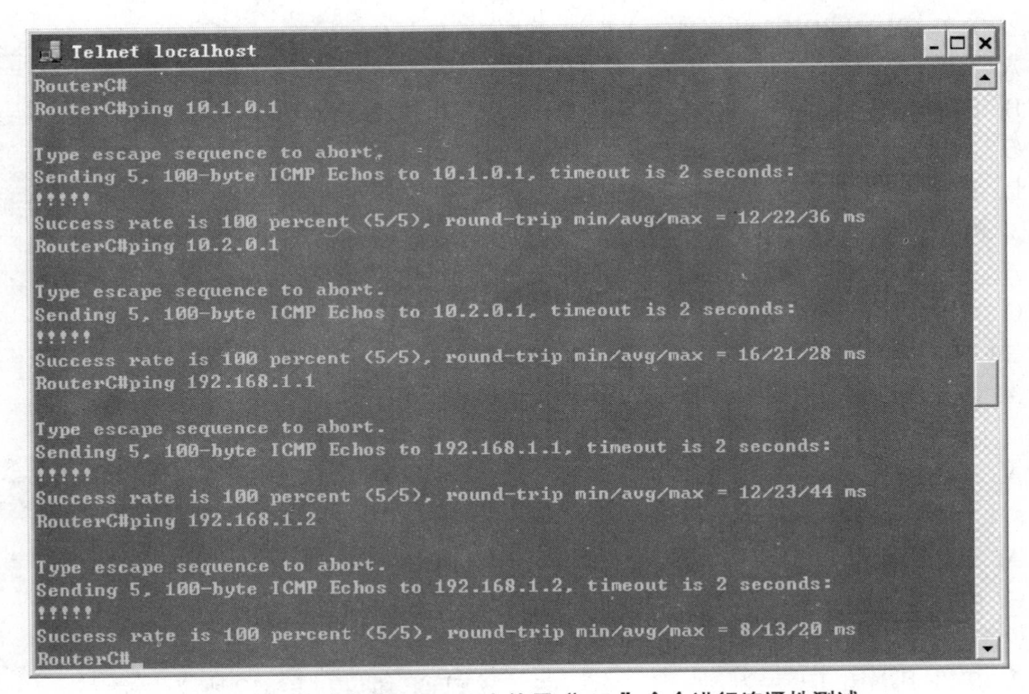

图 4—34 在路由器 RouterC 上使用“ping”命令进行连通性测试

测试结果表明路由器 RouterC 到 10.1.0.1/16、10.2.0.0/16、192.168.1.0/30 网络是路由可达的。至此 RIP 动态路由协议配置完毕。

4.2.6 任务小结

动态路由协议是指各路由器间通过路由选择算法动态地交互所知道的路由信息，动态地生成、维护相应的路由表的协议。动态路由协议按照算法的不同有很多种，能适应的网络规模也不尽相同。在中小规模的网络中，最常使用的动态路由协议是基于距离矢量算法的 RIP 协议。RIP（Routing Information Protocol，路由信息协议）是基于 D-V 算法的路由协议，使用跳数（Hop Count）来表示度量值（Metric），而不考虑链路的带宽、时延、流量等复杂的因素。跳数是一个数据报到达目标所必须经过的路由器的数目。RIP 动态路由协议其最大的问题是路由的范围有限，RIP 认为跳数最少的路径为最优路径，最多支持的跳数为 15，即源到目的网络可以经过的路由器的数目最多为 15 个，跳数为 16 表示目的网络不可达，所以 RIP 只适用与小型网络。

4.2.7 练习与思考

1. 关于 RIP，以下选项中错误的是(　　)。

A. RIP 使用距离矢量算法计算最佳路由

B. RIP 规定的最大跳数为 16

C. RIP 默认的路由更新周期为 30 秒

D. RIP 是一种内部网关协议

2. 关于 RIP1 与 RIP2 的区别，下面说法中正确的是(　　)。

A. RIP1 是距离矢量路由协议，而 RIP2 是链路状态路由协议

B. RIP1 不支持可变长子网掩码，而 RIP2 支持可变长子网掩码

C. RIP1 每隔 30 秒广播一次路由信息，而 RIP2 每隔 90 秒广播一次路由信息

D. RIP1 的最大跳数为 15，而 RIP2 的最大跳数为 30

3. 内部网关协议 RIP 是一种广泛使用的基于(　　)的协议。

A. 链路状态算法　　B. 距离矢量算法

C. 集中式路由算法　　D. 固定路由算法

4. OSI 参考模型从(　　)开始向上是端到端的协议，与网络传输设备无关。

A. 数据链路层　　B. 网络层　　C. 传输层　　D. 会话层

5. 网关工作在 OSI 模型的(　　)。

A. 应用层　　B. 网络层　　C. 传输层　　D. 物理层

6. UDP 的含义是(　　)。

A. 单用户账号　　B. 用户数据报协议

C. 用户定位服务　　D. 资源描述框架

7. TCP/IP 协议的传输层包括的两个协议是(　　)。

A. TCP 协议和 IP 协议　　B. TCP 协议和 ICMP 协议

C. IP 协议和 APP 协议　　D. TCP 协议和 UDP 协议

8. 通常 IP 地址 10.0.0.0 对应的子网掩码为(　　)。

A. 255.0.0.0　　B. 255.240.0.0

C. 255.255.0.0　　D. 126.19.0.12

9. IP 地址为 131. 107. 16. 200 的主机，处于(　　)类网络中。

A. A类　　B. B类　　C. C类　　D. D类

4.3 OSPF路由实现网络互联任务

教学重点：

了解动态路由技术，掌握OSPF动态路由的配置方法。采用OSPF动态路由的方式实现企业园区内部网络的路由互通。

教学难点：

OSPF动态路由技术和OSPF区域的概念。

4.3.1 应用环境

OSPF（Open Shortest Path First，开放式最短路径优先）协议是一种基于链路—状态(L-S)算法的路由协议。OSPF协议适用于从大到小的各种规模的网络。在大型网络中通过把大的网络划分成多个小的区域网络来应用OSPF技术；对于小型网络可以直接把其当成一个单个区域应用OSPF技术。OSPF动态路由协议通过向全网扩散本路由器的链路状态信息，使网络中每台设备最终同步到一个具有全网链路状态的数据库，因此网络的可信度更高，网络的收敛速度更快。

4.3.2 需求分析

在企业园区网络建设的后期，由于入住园区的企业数量越来越多，网络规模也随之迅速扩大，园区内部所有的建筑物需要实现网络互联。路由方式采用OSPF动态路由方式。

4.3.3 方案设计

1. 方案要求

需要通过路由器将各幢建筑物的网络互相连接起来。各幢建筑物内部的网络布线工程已经全部完成，而且每幢建筑物都安装了一个路由器。路由采用OSPF动态路由方式，既可以采用单域OSPF，也可以采用多域OSPF来实现动态路由的功能，以提高网络管理的效率。

2. 网络拓扑图

如图4—35和图4—36所示，采用OSPF动态路由协议的网络既可以采用单域OSPF，也可以采用多域OSPF。这两个拓扑图都只描述了3幢建筑物互联的情况，每幢建筑物内部网络的IP地址分配及各路由器端口的IP地址设置已经全部标示在拓扑图上面。

4.3.4 相关知识：OSPF协议

1. OSPF协议的概念

OSPF（Open Shortest Path First，开放式最短路径优先）协议是一个内部网关协议(Interior Gateway Protocol，IGP)，用于在单一自治系统（Autonomous System，AS）内决策路由。与RIP相对，OSPF是链路状态路由协议，而RIP是距离矢量路由协议。

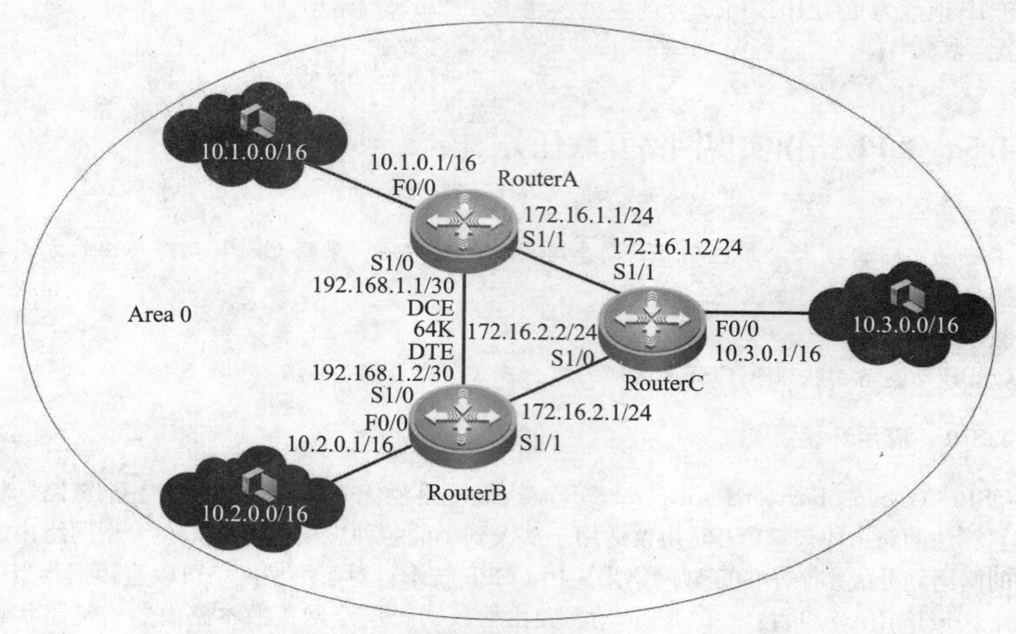

图 4—35 单域 OSPF 路由拓扑图

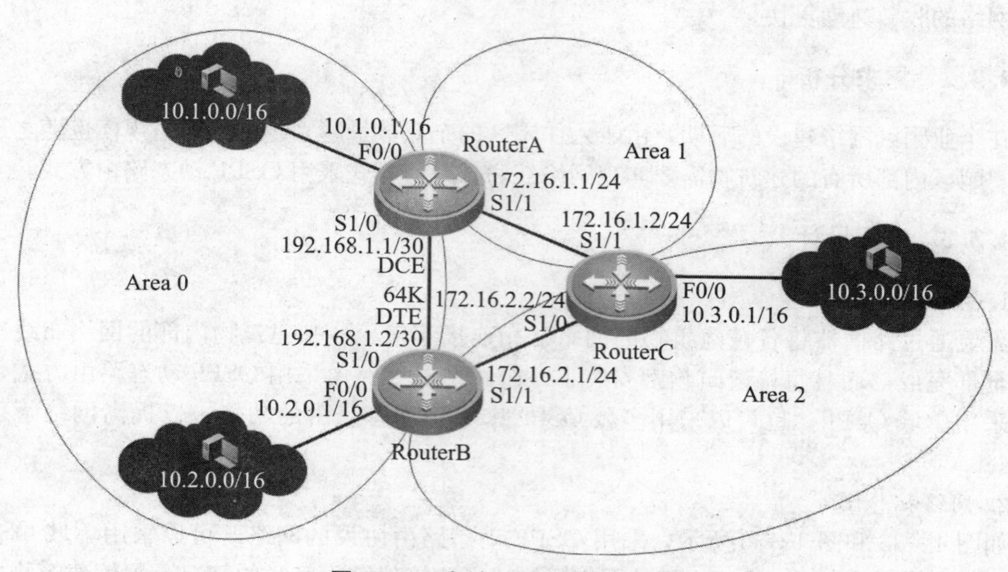

图 4—36 多域 OSPF 路由拓扑图

OSPF 是一种基于链路状态的路由协议，需要每个路由器向其同一管理域的所有其他路由器发送链路状态广播信息。在 OSPF 的链路状态广播中包括所有接口信息、所有的量度和其他一些变量。利用 OSPF 的路由器首先必须收集有关的链路状态信息，并根据一定的算法计算出到每个结点的最短路径。而基于距离向量的路由协议仅向其邻接路由器发送有关路由更新信息。OSPF 路由选择的变化基于网络中路由器物理连接的状态与速度，并且变化被立即广播到网络中的每一个路由器。

2. OSPF 的起源

OSPF 由 IETF 在 20 世纪 80 年代末期开发，OSPF 是 SPF 类路由协议中的开放式版本。最初的 OSPF 规范体现在 RFC 1131 中。这个第 1 版（OSPF 版本 1）很快被进行了重大改进的版本所代替，这个新版本体现在 RFC 1247 文档中。RFC 1247 OSPF 称为 OSPF 版本 2，是为了明确指出其在稳定性和功能性方面的实质性改进。这个 OSPF 版本有许多更新文档，每一个更新都是对开放标准的精心改进。接下来的一些规范出现在 RFC 1583、2178 和 2328 中。OSPF 版本 2 的最新版体现在 RFC 2328 中。最新版只会和由 RFC 2138、1583 和 1247 所规范的版本进行互操作。

3. OSPF 的区域

OSPF 协议适用于从大到小的各种规模的网络。在大型网络中通过把大的网络划分成多个小的区域网络去应用 OSPF 技术；对于小型网络可以直接把其当成一个单个区域应用 OSPF 技术。图 4—37 是 OSPF 区域及 AS 示意，展示的是 OSPF 的区域的概念，以下是关于其区域概念的详细说明。

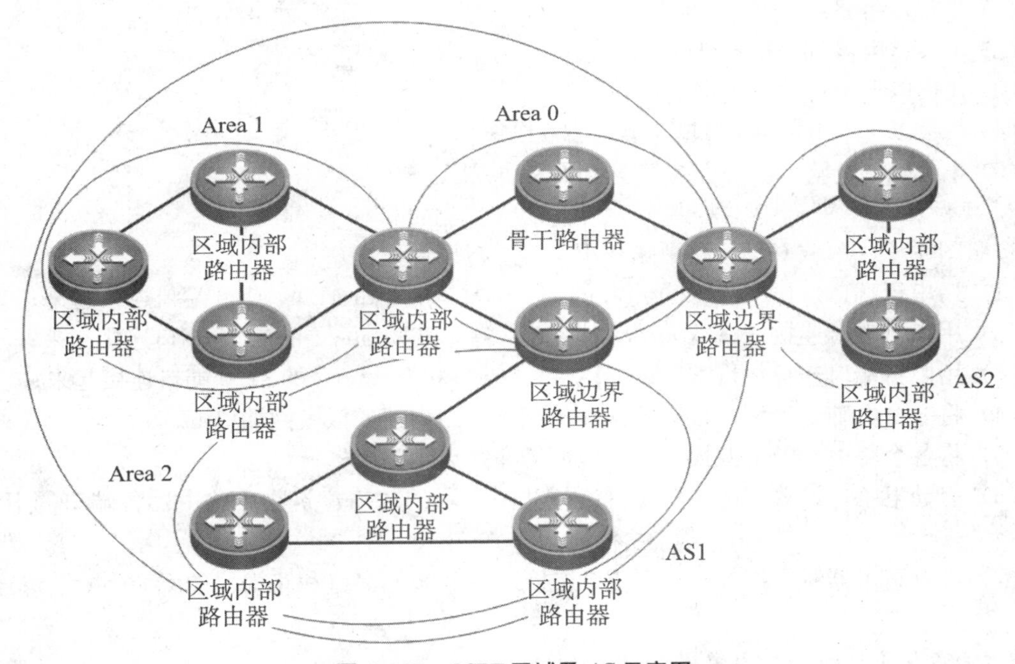

图 4—37　OSPF 区域及 AS 示意图

（1）为了使 OSPF 能够用于规模很大的网络，OSPF 将一个自治系统再划分为若干个更小的范围，称为区域。

（2）每一个区域都有一个 32bit 的区域标识符（用点分十进制表示）。区域也不能太大，在一个区域内的路由器最好不超过 200 个。

（3）划分区域的好处就是将利用洪泛法交换链路状态信息的范围局限于每一个区域而不是整个自治系统，这就减少了整个网络上的通信量。

（4）在一个区域内部的路由器只知道本区域的完整网络拓扑，而不知道其他区域的网络拓扑的情况。

（5）OSPF 使用层次结构的区域划分。在上层的区域称为主干区域（Backbone Area）。主干区域的标识符规定为 0.0.0.0。主干区域的作用是连通其他在下层的区域。

（6）区域内路由器（Inter Area Router，IAR）：该路由器负责维护本区域内部路由器之间的链路状态数据库。

（7）骨干（主干）路由器：可以是区域内路由器，也可以是区域边界路由器。

（8）区域边界路由器（Area Border Router，ABR）：该路由器拥有所连接的区域的所有链路状态数据库并负责在区域之间发送 LSA 更新消息。

（9）自治系统边界路由器（Autonomous System Border Router，ASBR）。该路由器处于自治系统边界，负责和自治系统外部交换路由信息。

4.3.5 实施过程

1. 设备和材料准备

如果要搭建一个跟园区一样的模拟环境，至少需要使用以下设备和材料：

（1）3 台路由器；

（2）1 根路由器 Console 端口连接线；

（3）3 根以上串行端口连接线；

（4）5 根以上带 RJ45 接头超 5 类直通双绞线；

（5）3 台以上电脑，已经安装好网卡及驱动程序。

2. 硬件连接

按照图 4—34 单域 OSPF 路由拓扑图所示进行硬件连接：

（1）用串行端口连接线将 RouterA 的 s1/0 端口和 RouterB 的 s1/0 端口连接起来；

（2）用串行端口连接线将 RouterA 的 s1/1 端口和 RouterC 的 s1/1 端口连接起来；

（3）用串行端口连接线将 RouterB 的 s1/1 端口和 RouterC 的 s1/0 端口连接起来；

（4）将 3 台电脑分别用 3 根双绞线连接到 3 台路由器的以太网端口 f0/0；

（5）将各个路由器的电源插头插入电源插座，启动路由器；

（6）启动电脑，设置如图 4—34 网络拓扑图所示的各幢建筑物中路由器各端口的 IP 地址等；

（7）配置路由器时，用 Console 端口连接线将电脑的串口和路由器的 Console 端口连接起来。

3. 在路由器 RouterA 上配置端口

主要的配置命令如下：

```
RouterA>enable
RouterA #config terminal
RouterA(config)#interface s1/0
RouterA(config-if)#ip address 192.168.1.1 255.255.255.252
RouterA(config-if)#clockrate 64000
RouterA(config-if)#bandwidth 64
RouterA(config-if)#no shutdown
RouterA(config-if)#exit
RouterA(config)#interface s1/1
```

RouterA(config-if)#ip address 172. 16. 1. 1 255. 255. 255. 0
RouterA(config-if)#clockrate 64000
RouterA(config-if)#bandwidth 64
RouterA(config-if)#no shutdown
RouterA(config-if)#exit
RouterA(config)#interface f0/0
RouterA(config-if)#ip address 10. 1. 0. 1 255. 255. 0. 0
RouterA(config-if)#no shutdown
RouterA(config-if)#exit

实际的配置过程如图 4—38 所示。

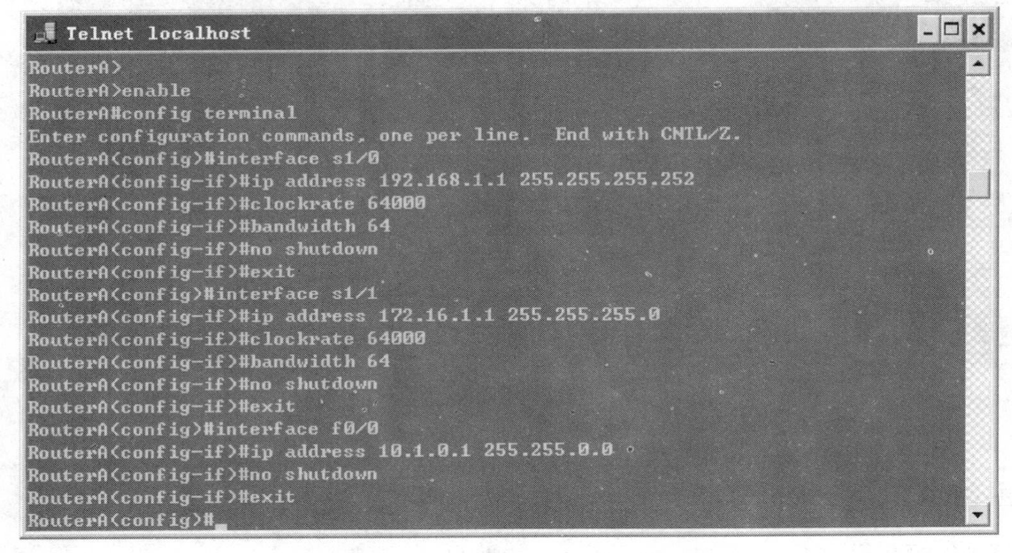

图 4—38　路由器 RouterA 的配置过程

4. *在路由器 RouterB 上配置端口*

主要的配置命令如下：

RouterB〉enable
RouterB#config terminal
RouterB(config)#interface s1/0
RouterB(config-if)#ip address 192. 168. 1. 2 255. 255. 255. 252
RouterB(config-if)#clockrate 64000
RouterB(config-if)#bandwidth 64
RouterB(config-if)#no shutdown
RouterB(config-if)#exit
RouterB(config)#interface s1/1
RouterB(config-if)#ip address 172. 16. 2. 1 255. 255. 255. 0
RouterB(config-if)#clockrate 64000
RouterB(config-if)#bandwidth 64
RouterB(config-if)#no shutdown
RouterB(config-if)#exit

```
RouterB(config)#interface f0/0
RouterB(config-if)#ip address 10.2.0.1 255.255.0.0
RouterB(config-if)#no shutdown
RouterB(config-if)#exit
```

实际的配置过程如图 4—39 所示。

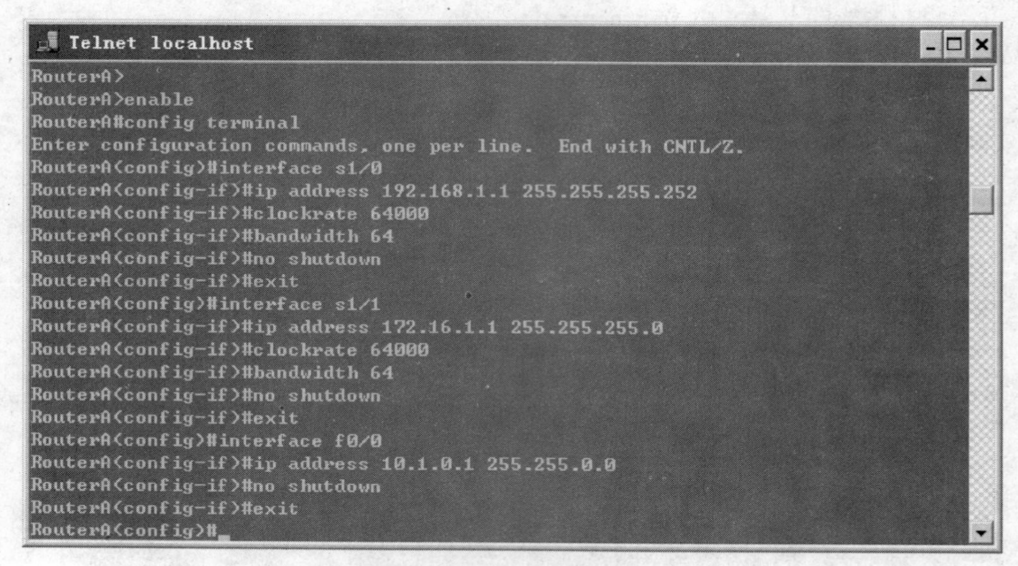

图 4—39 路由器 RouterB 的配置过程

5. 在路由器 RouterC 上配置端口

主要的配置命令如下：

```
RouterC>enable
RouterC#config terminal
RouterC(config)#interface s1/1
RouterC(config-if)#ip address 172.16.1.2 255.255.255.0
RouterB(config-if)#clockrate 64000
RouterB(config-if)#bandwidth 64
RouterC(config-if)#no shutdown
RouterC(config-if)#exit
RouterC(config)#interface s1/0
RouterC(config-if)#ip address 172.16.2.2 255.255.255.0
RouterB(config-if)#clockrate 64000
RouterB(config-if)#bandwidth 64
RouterC(config-if)#no shutdown
RouterC(config-if)#exit
RouterC(config)#interface f0/0
RouterC(config-if)#ip address 10.3.0.1 255.255.0.0
RouterC(config-if)#no shutdown
RouterC(config-if)#exit
```

实际的配置过程图 4—40 所示。

```
Telnet localhost
RouterC>enable
RouterC#config terminal
Enter configuration commands, one per line.  End with CNTL/Z.
RouterC(config)#interface s1/1
RouterC(config-if)#ip address 172.16.1.2 255.255.255.0
RouterC(config-if)#clockrate 64000
RouterC(config-if)#bandwidth 64
RouterC(config-if)#no shutdown
RouterC(config-if)#exit
RouterC(config)#interface s1/0
RouterC(config-if)#ip address 172.16.2.2 255.255.255.0
RouterC(config-if)#clockrate 64000
RouterC(config-if)#bandwidth 64
RouterC(config-if)#no shutdown
RouterC(config-if)#exit
RouterC(config)#interface f0/0
RouterC(config-if)#ip address 10.3.0.1 255.255.0.0
RouterC(config-if)#no shutdown
RouterC(config-if)#exit
RouterC(config)#
```

图 4—40　路由器 RouterC 的配置过程

前面的针对各个路由器端口的配置操作不管是对单域 OSPF 还是多域 OSPF 都是一样的。如果要将数字科技园的网络配置成单域的 OSPF 动态路由的网络，那么就按照步骤 6 进行配置；如果要将数字科技园的网络配置成多域的 OSPF 动态路由的网络，那么就按照步骤 7 进行配置。

6. *在各个路由器上配置单域的 OSPF 动态路由协议*

首先，在路由器 RouterA 上配置单域的 OSPF 动态路由协议。主要的配置命令如下：

```
RouterA(config)#router ospf 100
RouterA(config-router)#network 192.168.1.0 0.0.0.3 area 0
RouterA(config-router)#network 172.16.1.0 0.0.0.255 area 0
RouterA(config-router)#network 10.1.0.0 0.0.255.255 area 0
```

具体的配置过程如图 4—41 所示。

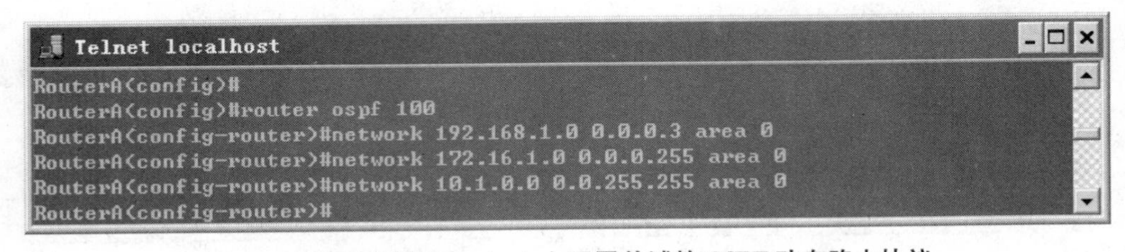

```
Telnet localhost
RouterA(config)#
RouterA(config)#router ospf 100
RouterA(config-router)#network 192.168.1.0 0.0.0.3 area 0
RouterA(config-router)#network 172.16.1.0 0.0.0.255 area 0
RouterA(config-router)#network 10.1.0.0 0.0.255.255 area 0
RouterA(config-router)#
```

图 4—41　在路由器 RouterA 上配置单域的 OSPF 动态路由协议

其次，在路由器 RouterB 上配置单域的 OSPF 动态路由协议。主要的配置命令如下：

```
RouterB(config)#router ospf 100
RouterB(config-router)#network 192.168.1.0 0.0.0.3 area 0
RouterB(config-router)#network 172.16.2.0 0.0.0.255 area 0
RouterB(config-router)#network 10.2.0.0 0.0.255.255 area 0
```

具体的配置过程如图 4—42 所示。

```
Telnet localhost
RouterB(config)#
RouterB(cpnfig)#router ospf 100
RouterB(config-router)#network 192.168.1.0 0.0.0.3 area 0
RouterB(config-router)#network 172.16.2.0 0.0.0.255 area 0
RouterB(config-router)#network 10.2.0.0 0.0.255.255 area 0
RouterB(config-router)#
```

图 4—42　在路由器 RouterB 上配置单域的 OSPF 动态路由协议

最后，在路由器 RouterC 上配置单域的 OSPF 动态路由协议。主要的配置命令如下：

```
RouterC(config)#router ospf 100
RouterC(config-router)#network 172.16.1.0 0.0.0.255 area 0
RouterC(config-router)#network 172.16.2.0 0.0.0.255 area 0
RouterC(config-router)#network 10.3.0.0 0.0.255.255 area 0
```

具体的配置过程如图 4—43 所示。

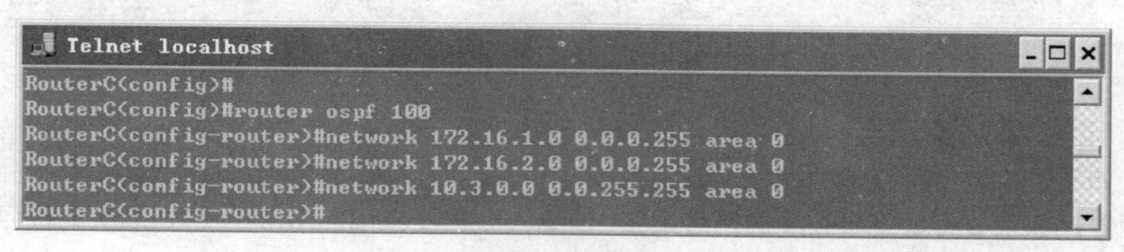

图 4—43　在路由器 RouterC 上配置单域的 OSPF 动态路由协议

7. 在各个路由器上配置多域的 OSPF 动态路由协议

首先，在路由器 RouterA 上配置多域的 OSPF 动态路由协议。主要的配置命令如下：

```
RouterA(config)#router ospf 100
RouterA(config-router)#network 192.168.1.0 0.0.0.3 area 0
RouterA(config-router)#network 172.16.1.0 0.0.0.255 area 1
RouterA(config-router)#network 10.1.0.0 0.0.255.255 area 0
```

具体的配置过程如图 4—44 所示。

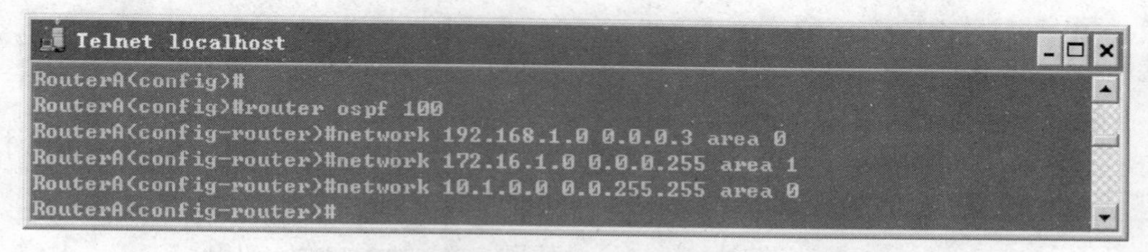

图 4—44　在路由器 RouterA 上配置多域的 OSPF 动态路由协议

其次，在路由器 RouterB 上配置多域的 OSPF 动态路由协议。主要的配置命令如下：

```
RouterB(config)#router ospf 100
RouterB(config-router)#network 192.168.1.0 0.0.0.3 area 0
RouterB(config-router)#network 172.16.2.0 0.0.0.255 area 2
RouterB(config-router)#network 10.2.0.0 0.0.255.255 area 0
```

具体的配置过程如图 4—45 所示。

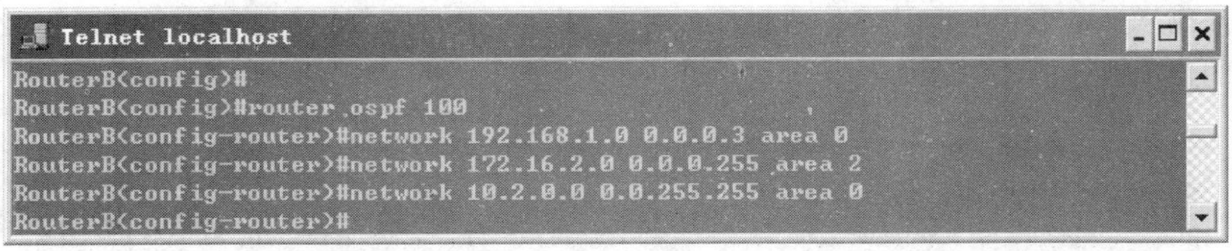

```
Telnet localhost
RouterB(config)#
RouterB(config)#router ospf 100
RouterB(config-router)#network 192.168.1.0 0.0.0.3 area 0
RouterB(config-router)#network 172.16.2.0 0.0.0.255 area 2
RouterB(config-router)#network 10.2.0.0 0.0.255.255 area 0
RouterB(config-router)#
```

图 4—45　在路由器 RouterB 上配置多域的 OSPF 动态路由协议

最后，在路由器 RouterC 上配置多域的 OSPF 动态路由协议。主要的配置命令如下：

```
RouterC(config)#router ospf 100
RouterC(config-router)#network 172.16.1.0 0.0.0.255 area 1
RouterC(config-router)#network 172.16.2.0 0.0.0.255 area 2
RouterC(config-router)#network 10.3.0.0 0.0.255.255 area 2
```

具体的配置过程如图 4—46 所示。

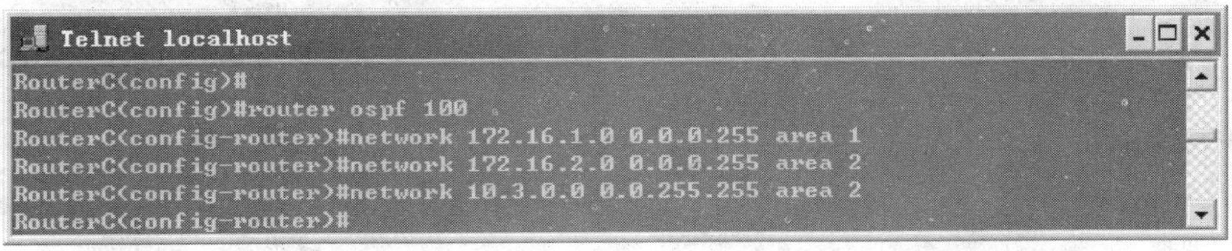

```
Telnet localhost
RouterC(config)#
RouterC(config)#router ospf 100
RouterC(config-router)#network 172.16.1.0 0.0.0.255 area 1
RouterC(config-router)#network 172.16.2.0 0.0.0.255 area 2
RouterC(config-router)#network 10.3.0.0 0.0.255.255 area 2
RouterC(config-router)#
```

图 4—46　路由器 RouterC 上配置多域的 OSPF 动态路由协议

8. 测试路由的正确性

不管是单域的 OSPF 动态路由协议还是多域的 OSPF 动态路由协议，在测试路由的正确性的时候使用的方法都是一样的。下面以多域的 OSPF 动态路由协议作为例子进行路由正确性的测试。

首先，使用“show ip route”命令查看路由器 RouterA 的路由表，结果如图 4—47 所示。

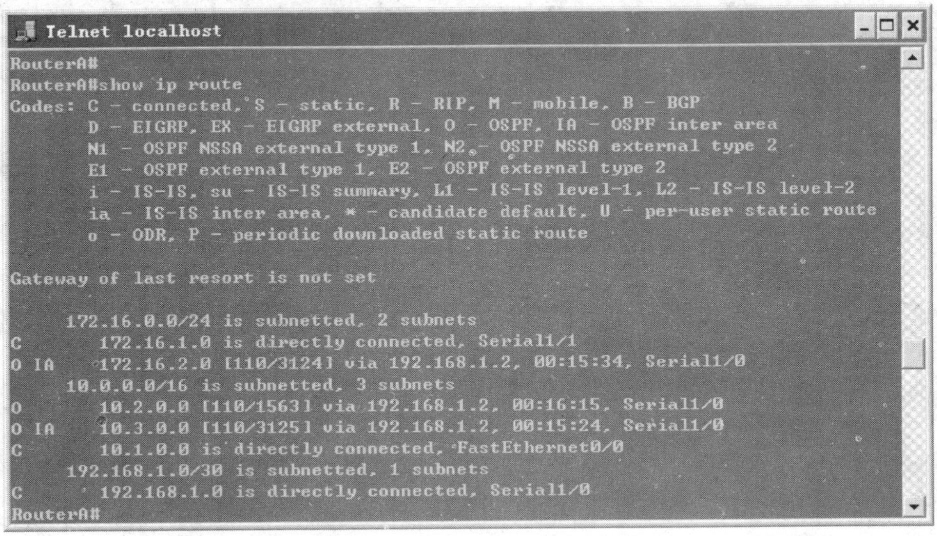

```
Telnet localhost
RouterA#
RouterA#show ip route
Codes: C - connected, S - static, R - RIP, M - mobile, B - BGP
       D - EIGRP, EX - EIGRP external, O - OSPF, IA - OSPF inter area
       N1 - OSPF NSSA external type 1, N2 - OSPF NSSA external type 2
       E1 - OSPF external type 1, E2 - OSPF external type 2
       i - IS-IS, su - IS-IS summary, L1 - IS-IS level-1, L2 - IS-IS level-2
       ia - IS-IS inter area, * - candidate default, U - per-user static route
       o - ODR, P - periodic downloaded static route

Gateway of last resort is not set

     172.16.0.0/24 is subnetted, 2 subnets
C       172.16.1.0 is directly connected, Serial1/1
O IA    172.16.2.0 [110/3124] via 192.168.1.2, 00:15:34, Serial1/0
     10.0.0.0/16 is subnetted, 3 subnets
O       10.2.0.0 [110/1563] via 192.168.1.2, 00:16:15, Serial1/0
O IA    10.3.0.0 [110/3125] via 192.168.1.2, 00:15:24, Serial1/0
C       10.1.0.0 is directly connected, FastEthernet0/0
     192.168.1.0/30 is subnetted, 1 subnets
C       192.168.1.0 is directly connected, Serial1/0
RouterA#
```

图 4—47　使用“show ip route”命令查看路由器 RouterA 的路由表

使用“ping”命令测试路由器 RouterA 到 10.2.0.1/16、10.3.0.0/16、172.16.2.0/24 网络的连通性，测试过程如图 4—48 所示。

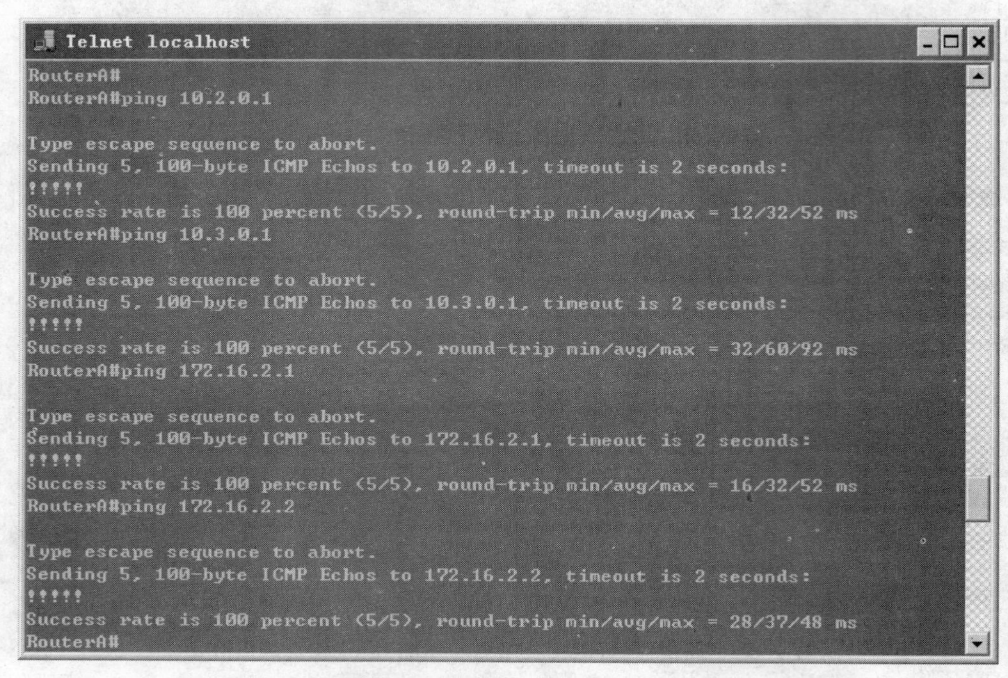

图 4—48　在路由器 RouterA 上使用“ping”命令进行连通性测试

测试结果表明路由器 RouterA 到 10.2.0.1/16、10.3.0.0/16、172.16.2.0/24 网络是路由可达的。

同样，使用“show ip route”命令查看路由器 RouterB 的路由表，结果如图 4—49 所示。

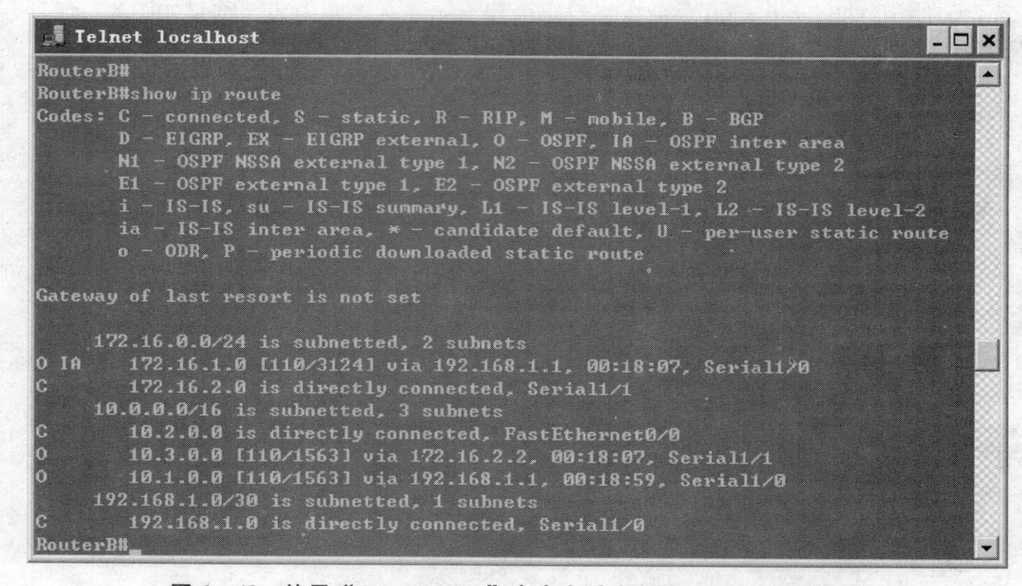

图 4—49　使用“show ip route”命令查看路由器 RouterB 的路由表

然后使用“ping”命令测试路由器 RouterB 到 10. 1. 0. 1/16、10. 3. 0. 0/16、172. 16. 1. 0/24 网络的连通性，测试过程如图 4—50 所示。

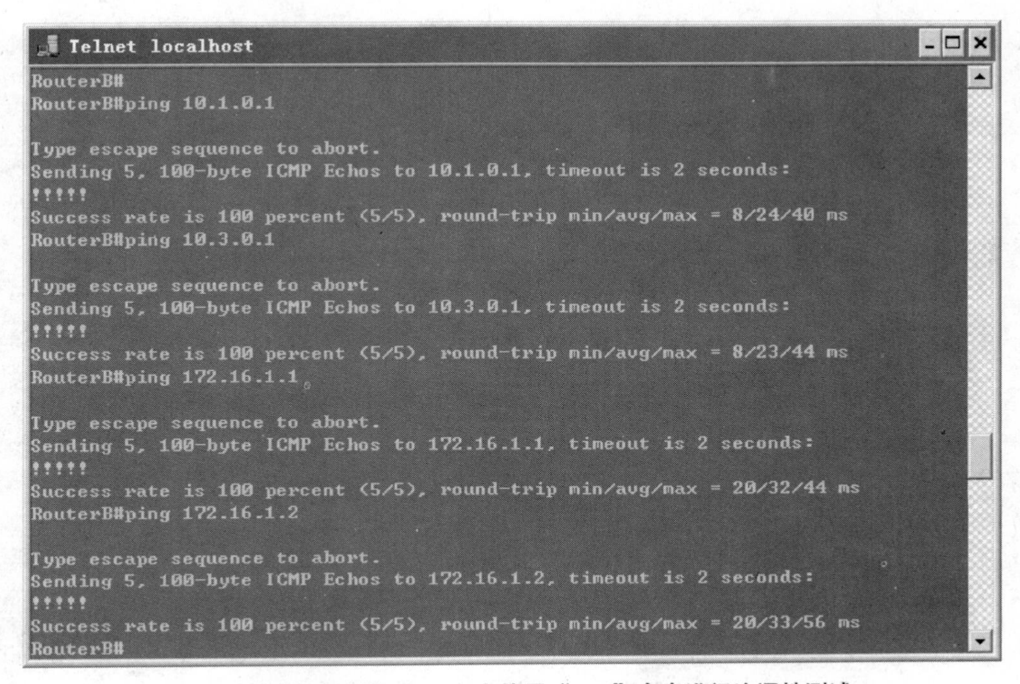

图 4—50 在路由器 RouterB 上使用“ping”命令进行连通性测试

测试结果表明路由器 RouterA 到 10. 1. 0. 1/16、10. 3. 0. 0/16、172. 16. 1. 0/24 网络是路由可达的。

最后，使用“show ip route”命令查看路由器 RouterC 的路由表，结果如图 4—51 所示。

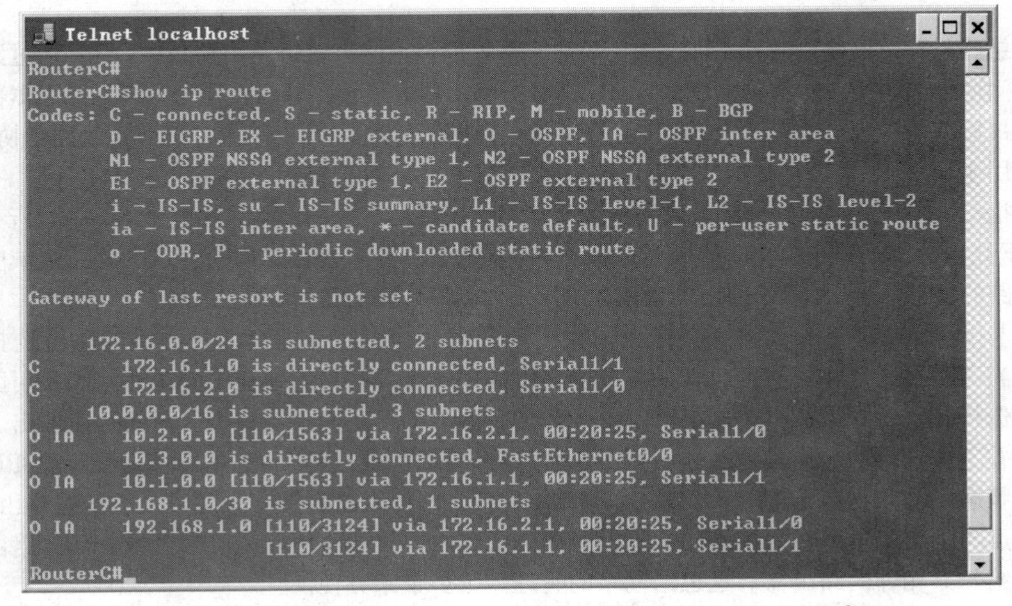

图 4—51 使用“show ip route”命令查看路由器 RouterC 的路由表

然后使用“ping”命令测试路由器 RouterC 到 10.1.0.1/16、10.2.0.0/16、192.168.1.0/30 网络的连通性，测试过程如图 4—52 所示。

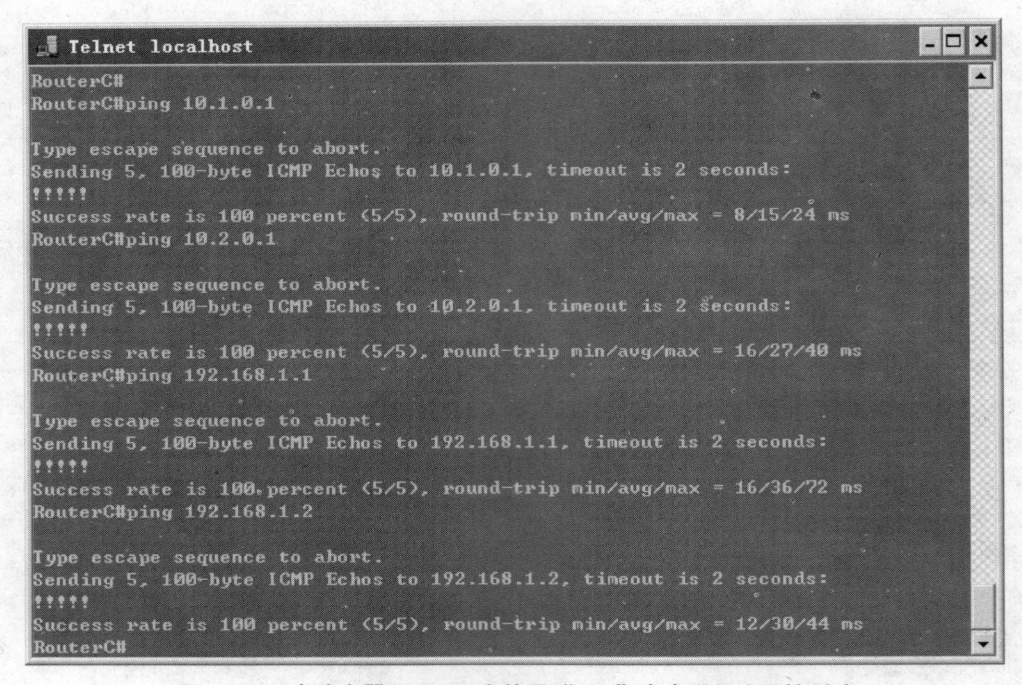

图 4—52 在路由器 RouterC 上使用“ping”命令进行连通性测试

测试结果表明路由器 RouterC 到 10.1.0.1/16、10.2.0.0/16、192.168.1.0/30 网络是路由可达的。至此 OSPF 动态路由协议配置完毕。

4.3.6 任务小结

链路是路由器接口的另一种说法，因此 OSPF 也称为接口状态路由协议。OSPF 通过路由器之间通告网络接口的状态来建立链路状态数据库，生成最短路径树，每个 OSPF 路由器使用这些最短路径构造路由表。OSPF 路由协议是一种典型的链路状态（Link State）的路由协议，一般用于同一个路由域内。在这里，路由域是指一个自治系统（Autonomous System，AS），它是指一组通过统一的路由政策或路由协议互相交换路由信息的网络。在这个 AS 中，所有的 OSPF 路由器都维护一个相同的描述这个 AS 结构的数据库，该数据库中存放的是路由域中相应链路的状态信息，OSPF 路由器正是通过这个数据库计算出其 OSPF 路由表的。

与 RIP 不同，OSPF 将一个自治区域再划分为区，相应地即有两种类型的路由选择方式：当源和目的地在同一区时，采用区内路由选择；当源和目的地在不同区时，则采用区间路由选择。这就大大减少了网络开销，并增加了网络的稳定性。当一个区内的路由器出了故障时并不影响自治域内其他区路由器的正常工作，作为一种链路状态的路由协议，OSPF 将链路状态广播数据包 LSA（Link State Advertisement）传送给在某一区域内的所有路由器，这一点与距离矢量路由协议不同。运行距离矢量路由协议的路由器是将部分或全部的路由表传递给与其相邻的路由器。这也给网络的管理、维护带来方便。

4.3.7 练习与思考

某企业有 1 个总部和 6 个分公司，总部和各个分公司都有自己的局域网。该公司申请了 6 个 C 类 IP 地址 202.115.10.0/24～202.115.15.0/24，其中总部与公司 4 共用一个 C 类地址。现计划将总部和各个分公司用路由器互联，网络拓扑结构如图 4—53 所示。

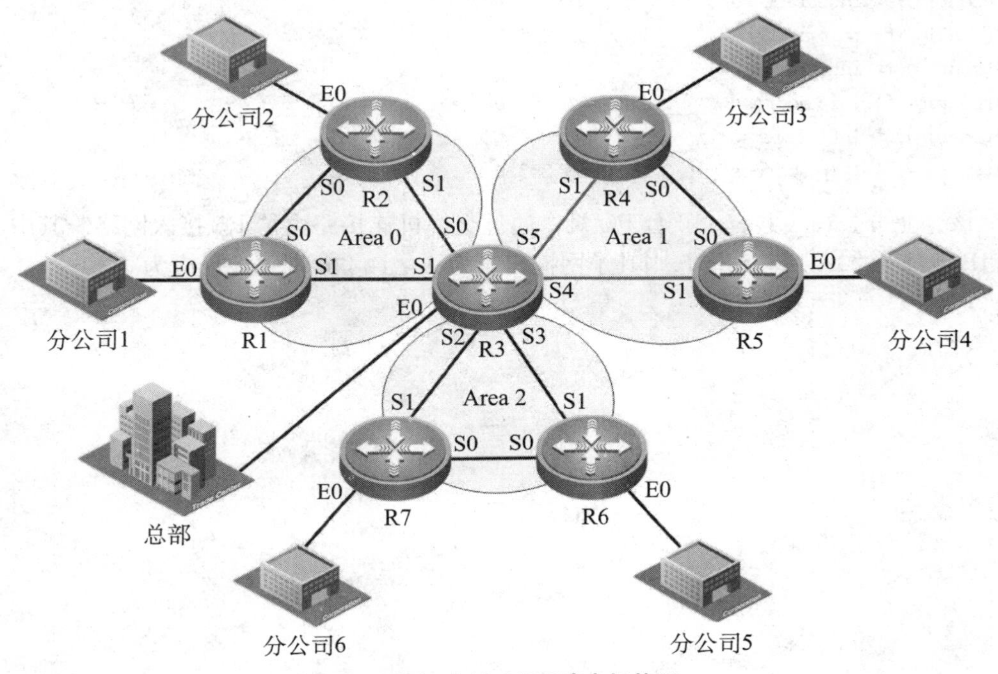

图 4—53 多域 OSPF 路由拓扑图

1. 该网络采用 R1～R7 共 7 台路由器，采用动态路由协议 OSPF。由图 4—53 可知，该网络共划分了 3 个 OSPF 区域，其主干区域为________，主干区域中，________为区域边界路由器，________为区域内路由器。

2. 表 4—1 是该系统中路由器的 IP 地址分配表。

表 4—1

路由器	端口 IP 地址	路由器	端口 IP 地址	路由器	端口 IP 地址
R1	E0：202.115.10.1/24	R4	E0：202.115.12.1/24	R6	E0：202.115.14.1/24
	S0：10.0.0.1/24		S0：10.0.3.2/24		S0：10.0.6.1/24
	S1：10.0.1.1/24		S1：10.0.5.1/24		S1：10.0.7.1/24
R2	E0：202.115.11.1/24	R5	E0：202.115.13.1/25	R7	E0：202.115.15.1/24
	S0：10.0.0.2/24		S0：10.0.3.1/24		S0：10.0.6.2/24
	S1：10.0.2.1/24		S1：10.0.4.1/24		S1：10.0.8.1/24

请根据图 4—53 完成以下 R3 路由器的配置：

```
R3 (config) # interface e0/1                          (进入接口 e0/1 配置模式)
R3 (config-if) # ip address 202.115.13.254 ______     (设置 IP 地址和掩码)
```

```
R3(config) # interface s0/0                                  (进入串口配置模式)
R3(config-if) # ip address ______ 255.255.255.0              (设置 IP 地址和掩码)
R3(config) # interface s0/1
R3(config-if) # ip address ______ 255.255.255.0
R3(config) # interface s0/2
R3(config-if) # ip address ______ 255.255.255.0
R3(config) # interface s0/3
R3(config-if) # ip address ______ 255.255.255.0
R3(config) # interface s0/4
R3(config-if) # ip address ______ 255.255.255.0
R3(config) # interface s0/5
R3(config-if) # ip address ______ 255.255.255.0
```

3. 该企业分公司 4 共有 110 台 PC 机，通过交换机连接路由器 R5 接入网络。其中一台 PC 机 IP 地址为 202.115.13.5，则其子网掩码应为________，网关地址应为________。

第 5 章　中小型企业网络安全项目

企业园区网络是一个信息点较为密集的网络系统，它所连接的数以千计的计算机为各企业和企业内各部门提供了一个快速、方便的信息交流平台。但是，高速交换技术和灵活的网络互联方案为用户提供快速、方便的通信平台的同时，也为网络的安全带来了更大的风险。

例如 DDOS 攻击，虽然路由器和防火墙可以利用一些设定好的规则判断出哪些数据包带有 DDOS 攻击的特征，但是它必须在收到这些数据包之后才能对数据包进行分析，而这些数据包在收过来的时候其实就已经占用了 LAN 口的带宽资源，由于路由器和防火墙都在局域网的最外端，这样的网络结构已经决定了它们无法在攻击数据包产生的时候就进行封堵，而且这些设备大部分还是采用 100Mb 的带宽与 LAN 交换机相连，加上大部分的局域网交换机都是线速转发的二层交换机，受感染客户端发送的大量数据包可以很快用完这些带宽，因此网络数据传输的压力都加载在路由器的 LAN 端口，这时候很多正常的请求都无法顺利通过 LAN 口提交过去，因此即使路由器知道哪些是正常的请求也无济于事。图 5—1 所示的企业园区培训中心计算机房是网络病毒高发的地方。

图 5—1　企业园区培训中心的计算机房

面对日益严重的局域网攻击问题，很多路由器和防火墙开发商也在产品中加入了相关技术，例如加入 IP-MAC 绑定功能可以防止局域网的 ARP 欺骗，但是这些设备由于以太网工作原理的关系，其实还是无法全面解决内网安全问题。因此，采取各种措施保证局域网上服务器和客户机自身的安全显得尤为重要。

本章内容主要结合某企业园区的网络建设过程，针对园区网络的安全，分服务器和客户端的安全保障、交换机的安全配置和企业园区网络出口安全设置等三个任务展开学习和讨论。

5.1　服务器和客户端的安全保障任务

教学重点：

选择安全稳定的操作系统并扫描安全漏洞和安装补丁；了解和安装杀毒软件并及时更新病毒库，为用户提供较好的安全保障；启用软件防火墙等安全策略，增强计算机的安全能力和强壮性。

教学难点：

局域网病毒入侵原理及现象、网络反病毒技术。

5.1.1　应用环境

随着企业园区规模的迅速扩大，入住园区的企业数量迅速增加。所有的企业都是直接使用园区的局域网。虽然单个企业的电脑数量有的只有几台，最多的也不过上百台，但是企业数量不断增加，整个园区网络的规模也就随之迅速增大。整个园区网络在规划建设时配置的硬件防火墙在园区网络内病毒的泛滥下变得束手无策。因此，保证企业园区网络内部所有服务器和客户机自身的安全，有效地控制局域网病毒成为整个园区网络安全和管理面临的重大挑战。

5.1.2　需求分析

园区网络的安全至少包括两个方面：首先，硬件防火墙必须能够为园区网络提供最基本的保护作用；其次，要求园区网络内部的所有服务器和客户机自身必须足够安全，避免沦为局域网病毒的宿主，减少成为“毒源”的可能性。

保证服务器和客户机自身的安全并不是一件容易的事情。除了企业园区内部公共服务器之外，其他所有的服务器和客户机均属于不同的企业并由其自行管理和维护。由于不同企业对计算机的管理水平不尽相同，使用习惯有好坏之分，因此经常有计算机感染病毒。特别是局域网病毒，一旦有少量计算机中毒，就会迅速波及整个企业园区的网络，致使其他有漏洞的计算机也中毒，进而极大地影响网络的性能，甚至让企业园区网络面临整体瘫痪的威胁。

因此，加强服务器和客户机自身的安全工作，成为企业园区网络运行和维护的最基本也是最重要的工作内容之一。

5.1.3　方案设计

服务器和客户机的安全保障工作主要涉及以下几个方面的内容：

1. 选择安全稳定的操作系统

服务器的操作系统最好选择 UNIX 或 Linux 操作系统，如果必须使用微软的操作系统的话，最好选择 Windows 2003 及以上的操作系统。客户机的操作系统可以选择 Windows XP 操作系统。

2. 合理部署用户权限，提高密码安全性

操作系统安装完成后，设置一个足够强壮的账号和密码非常关键，并最好将不用的匿名用户都删除。

3. 安全漏洞扫描和补丁安装

目前的操作系统特别是Windows操作系统，每隔一段时间就会出现新的漏洞和安全威胁，所以用户要经常关注它的官方站点，下载系统补丁程序。另外，选择一款系统漏洞扫描工具比较重要。

4. 安装杀毒软件更新病毒库

选择一款功能强大的杀毒软件是至关重要的。好的杀毒软件能够实时监控用户的计算机，及时查杀侵入到计算机中的各种病毒。优秀的杀毒软件公司能够动态监测互联网病毒的发展态势，及时提供最新的病毒库在线更新服务，能够为用户提供较好的安全保障。

5. 启用软件防火墙等安全策略

可以启用操作系统自带的防火墙程序或者安装个人版防火墙软件。软件防火墙能够在一定程度上截获来自局域网内部的攻击，增强计算机的安全能力和强壮性。

6. 避免在服务器上运行与业务无关的程序

无关的程序运行得越多，潜藏的漏洞和风险必然越多。一旦某个程序的漏洞被利用，那么整个服务器的安全都将面临极大的风险，所以服务器一般只运行特定的程序，与业务无关的程序一律不在服务器上运行。

5.1.4 相关知识：计算机病毒

计算机病毒在网络中泛滥已久，而其在局域网中也能快速繁殖，导致局域网计算机的相互感染，以下是有关局域网病毒的入侵原理及防范方法。

1. 局域网病毒入侵原理及现象

一般来说，计算机网络的基本构成包括网络服务器和客户机。一旦局域网中有服务器或者是客户机感染了局域网病毒，那么其他有漏洞的计算机就面临着极大的威胁，并且很有可能在很短的时间内也会感染同样的病毒，当网络中有较多的电脑感染了局域网病毒之后，整个局域网就有可能瘫痪。目前网络中流行的病毒具备下列特点：

（1）感染速度快。

在单机环境下，病毒只能通过介质从一台计算机带到另一台，而在网络中则可以通过网络通信机制进行迅速扩散。根据测定，在网络正常工作情况下，只要有一台客户机有病毒，就可在几十分钟内将网上的数百台计算机全部感染。

（2）扩散面广。

由于病毒在网络中扩散非常快，扩散范围很大，不但能迅速传染局域网内所有计算机，还能通过远程客户机将病毒在一瞬间传播到千里之外。

（3）传播的形式复杂多样。

计算机病毒在网络上一般是通过“客户机”到“服务器”到“客户机”的途径进行传播的，但现在病毒技术进步了不少，传播的形式复杂多样。

（4）难于彻底清除。

单机上的计算机病毒有时可以通过删除带毒文件来解决。低级格式化硬盘等措施能将病毒彻底清除。而网络中只要有一台客户机未能清除干净，就可使整个网络重新被病毒感染，甚至刚刚完成杀毒工作的一台客户机，就有可能被网上另一台带毒客户机所感染。因此，仅对客户机进行杀毒，并不能解决病毒对网络的危害。

（5）破坏性大。

网络病毒将直接影响网络的工作，轻则降低速度，影响工作效率，重则使网络崩溃，破坏服务器信息，使多年工作毁于一旦。

（6）可激发性。

网络病毒激发的条件多样化，可以是内部时钟、系统的日期和用户名，也可以是网络的一次通信等。一个病毒程序可以按照病毒设计者的要求，在某个客户机上激发并发出攻击。

（7）潜在性。

网络一旦感染了病毒，即使病毒已被清除，其潜在的危险性也是巨大的。根据统计，病毒在网络上被清除后，85%的网络在30天内会被再次感染。例如尼姆达病毒，会搜索本地网络的文件共享，无论是文件服务器还是终端客户机，一旦找到，便安装一个隐藏文件，名为Riched20. dll到每一个包含“doc”和“eml”文件的目录中，当用户通过Word、写字板、OutLook打开“doc”和“eml”文档时，这些应用程序将执行Riched20. dll文件，从而使机器被感染，同时该病毒还可以感染远程服务器被启动的文件。带有尼姆达病毒的电子邮件，不需打开附件，只要阅读或预览了带病毒的邮件，就会继续发送带毒邮件给通讯簿里的朋友。

2. 网络反病毒技术

由于在网络环境下，计算机病毒有不可估量的威胁性和破坏力，因此计算机病毒的防范是网络安全性建设中重要的一环。网络反病毒技术包括预防病毒、检测病毒和清除病毒三种技术：

（1）预防病毒技术。

它通过自身常驻系统内存，优先获得系统的控制权，监视和判断系统中是否有病毒存在，进而阻止计算机病毒进入计算机系统和对系统进行破坏。这类技术有，加密可执行程序、引导区保护、系统监控与读写控制（如防病毒软件等）。

（2）检测病毒技术。

它是通过对计算机病毒的特征来进行判断的技术，如自身校验、关键字、文件长度的变化等。

（3）清除病毒技术。

它通过对计算机病毒的分析，开发出具有删除病毒程序并恢复原文件的软件的技术。网络反病毒技术的具体实现方法包括对网络服务器中的文件进行频繁地扫描和监测；在客户机上用防病毒芯片和对网络目录及文件设置访问权限等。所选的防毒软件应该构造全网统一的防病毒体系。主要面向Mail、Web服务器，以及办公网段的PC服务器和PC机等。支持对网络、服务器和客户机的实时病毒监控；能够在中心控制台向多个目标分发新版杀毒软件，并监视多个目标的病毒防治情况；支持多种平台的病毒防范；能够识别广泛的已知和未知病毒，包括宏病毒；支持对Internet/ Intranet服务器的病毒防治，能够阻止恶意的Java或ActiveX小程序的破坏；支持对电子邮件附件的病毒防治，包括Word、Excel中的宏病毒；支持对压缩文件的病毒检测；支持广泛的病毒处理选项，如对染毒文件进行实时杀毒，移出，重新命名等；支持病毒隔离，当客户机试图上载一个染毒文件时，服务器可自动关闭对该客户机的连接；提供对病毒特征信息和检测引擎的定期在线更新服务；支持日志记录功能；支持多种方式的告警功能（声音、图像、电子邮件等），等等。

5.1.5 实施过程

1. 选择安全稳定的操作系统

每种操作系统都有自己的特点，选择操作系统应该从实际的应用需求出发，同时确保操作系统的安全性。下面是选择操作系统的几个依据：

（1）应用程序的可用性。

首先要充分考虑操作系统是否是能够很好地支持单位业务需要的应用程序；其次要弄清楚目前正在为它开发的应用程序有多少等。

（2）性能。

操作系统的性能是否能够满足应用的需要。

（3）管理。

能否从一个点上控制多个服务器，能否对服务器进行远程访问以及该操作系统能否与现有管理系统兼容等。

（4）可靠性。

操作系统本身要有可靠性保证，满足 7 天每天 24 小时不间断正常运行的要求。

（5）安全性。

操作系统的安全性是至关重要的。只有操作系统的安全才能保证业务系统的正常运行和关键数据的安全。因此，安全性是衡量一个操作系统最重要的依据。

从这些方面对操作系统进行通盘考虑后，就可以清楚地知道哪种操作系统是自己所需的。Windows 2000/2003/2008、Solaris、Redhat Linux 都是功能强大的操作系统，可以在服务器上安装；而 Windows XP 则更适合在一般的客户机上安装。

2. 合理部署用户权限，提高密码安全性

操作系统安装完成后，设置一个足够强壮的账号和密码非常关键，并最好将不用的匿名用户都删除。如 Windows XP 操作系统是通过用户级别来设置用户的操作权限的，所以配置安全策略十分必要。配置安全策略的步骤如下：

（1）在“控制面板”中打开“管理工具”窗口，双击“计算机管理”图标，打开“计算机管理”窗口，依次展开“系统工具”—“本地用户和组”—“用户”，在右边窗口中的空白处右击，弹出一个快捷菜单，如图 5—2 所示。

（2）在该快捷菜单中选择“新用户”命令，弹出“新用户”对话框，如图 5—3 所示。在该对话框中输入用户名和密码等信息，并选中“密码永不过期”复选框，单击“创建”按钮，即可添加一个新用户。

（3）管理员制定安全策略，为每个用户在公共电脑上建立私人文件夹仅供个人使用，另外建一个共享文件夹让大家使用。具体步骤是：在公共电脑上建立 NTFS 分区，然后为每个用户创建一个账号，再创建一个组包含所有的用户。为每个用户创建一个共享文件夹，在设置共享权限的时候去掉 Everyone 组，将对应的个人用户账号添加进来，然后根据需要设置权限。为所有的人创建一个共享文件夹，再在设置共享权限的时候去掉 Everyone 组，将第一步中创建的包含所有用户的组添加进来如图 5—4 所示，然后根据需要设置权限即可。

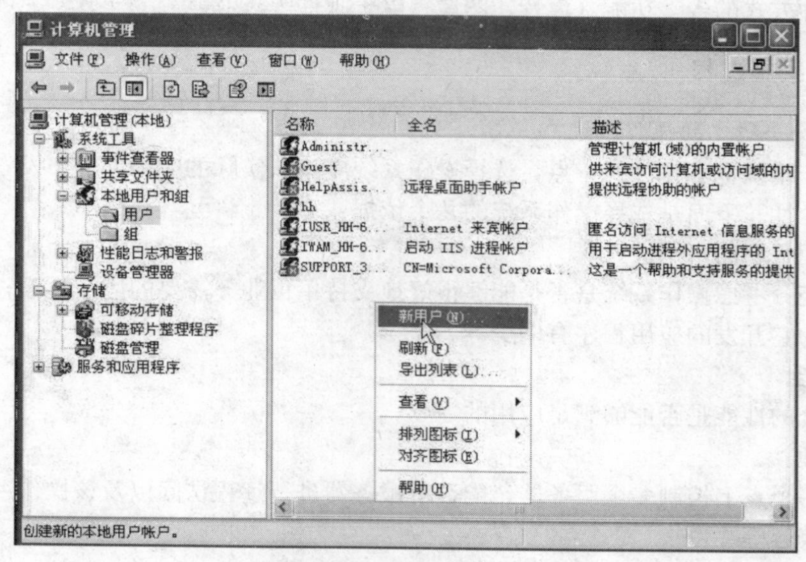

图 5—2 计算机管理窗口

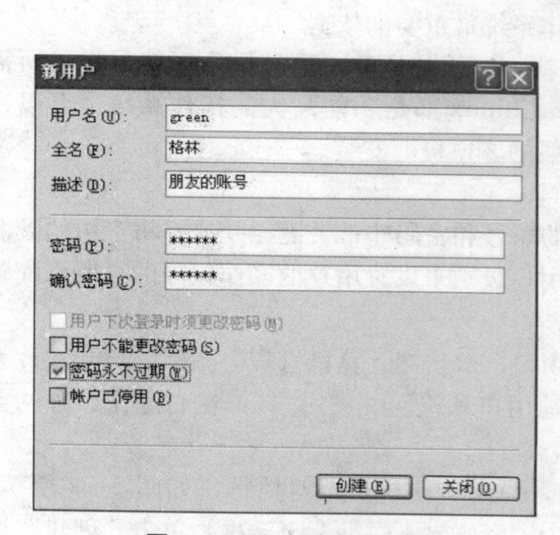

图 5—3 建立新用户窗口

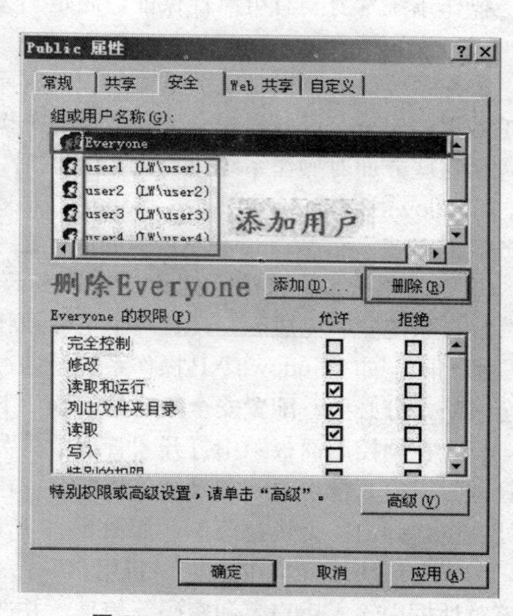

图 5—4 Public 属性设置对话框

3. 安全漏洞扫描和补丁安装

目前的操作系统特别是 Windows 操作系统，每隔一段时间就会出现新的漏洞和安全威胁，所以用户要经常关注它的官方站点，下载系统补丁程序。另外，选择一款系统漏洞扫描工具比较重要。对于 Windows 操作系统，可以登录微软官方网站 http：//windowsupdate. microsoft. com 更新大部分的系统组件和修补漏洞。360 安全卫士提供了较好的修复系统漏洞的功能，具体的操作步骤如下：

（1）打开 360 安全卫士主程序，选择“修复系统漏洞”，选项，如图 5—5 和图 5—6 所示。

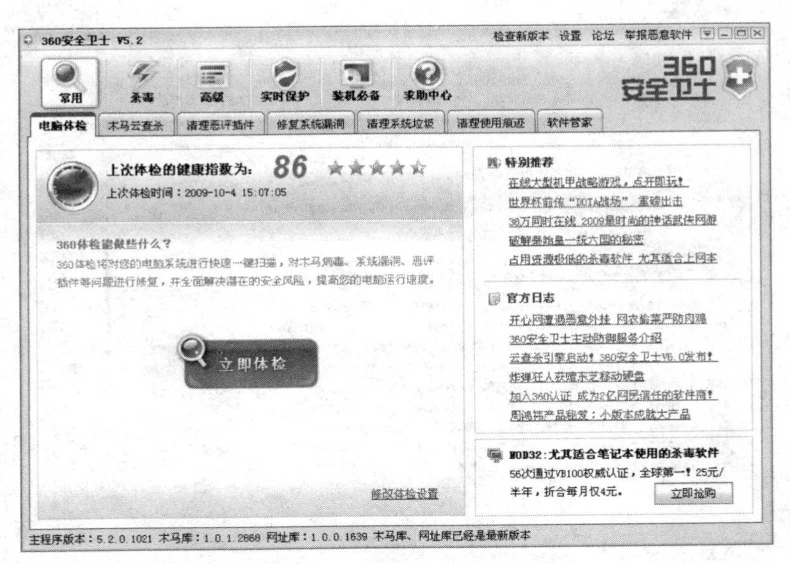

图 5—5　360 安全卫士主程序界面

图 5—6　360 安全卫士漏洞修复界面

（2）单击“修复选中漏洞”按钮，打开如图 5—7 所示的窗口。

（3）单击“第三方软件补丁”页面，开始为常用软件安装补丁，如图 5—8 所示。

（4）最后一个页面是“设置选项”，可以对安装补丁需要的各种参数进行详细的设置，如图 5—9 所示。

4. 安装杀毒软件更新病毒库

（1）国外的杀毒软件。

目前，市场上的杀毒软件产品琳琅满目，而且国外的杀毒软件在国内具有很大的市场占有率。Toptenreviews（http：//anti-virus-software-review. toptenreviews. com/）已经发布

图 5—7　360 安全卫士修复漏洞过程

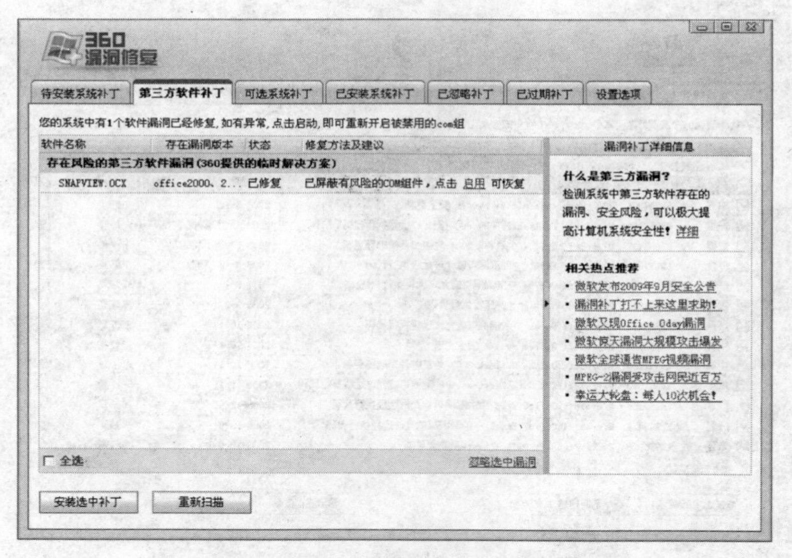

图 5—8　360 安全卫士第三方软件补丁界面

了 2012 年度的世界杀毒软件排名，图 5—10 所示的是 Toptenreviews 站点上的杀毒软件排名，以下简单介绍排名前五位的国外杀毒软件产品。

① BitDefender。

BitDefender（比特梵德）是来自罗马尼亚的老牌杀毒软件，它有 24 万种病毒的超大病毒库，为用户的计算机提供最大可能的保护，具有功能强大的反病毒引擎以及互联网过滤技术。

最新的 BitDefender 2011 改进了病毒扫描和 Active Virus Control（活动病毒控制）。另外，BitDefender 2011 还提供了最新的安全解决方案，例如主动防护、系统维护和备份功

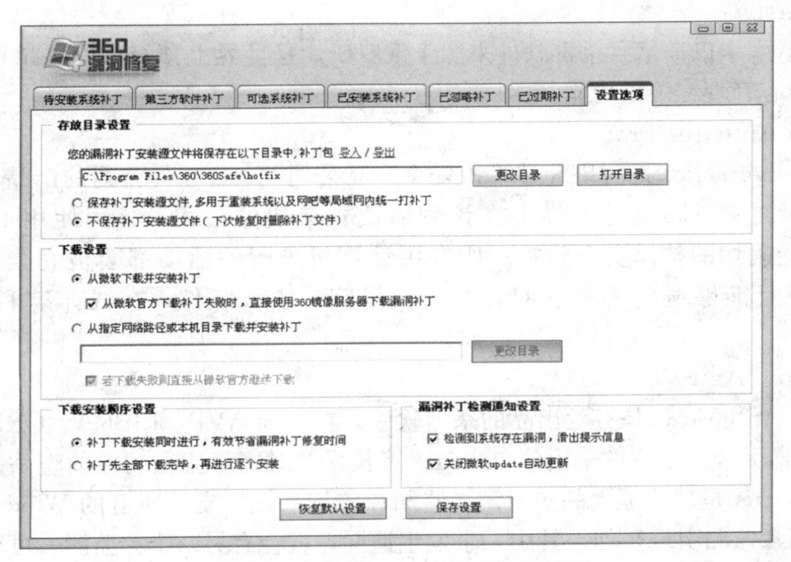

图 5—9　360 安全卫士设置选项界面

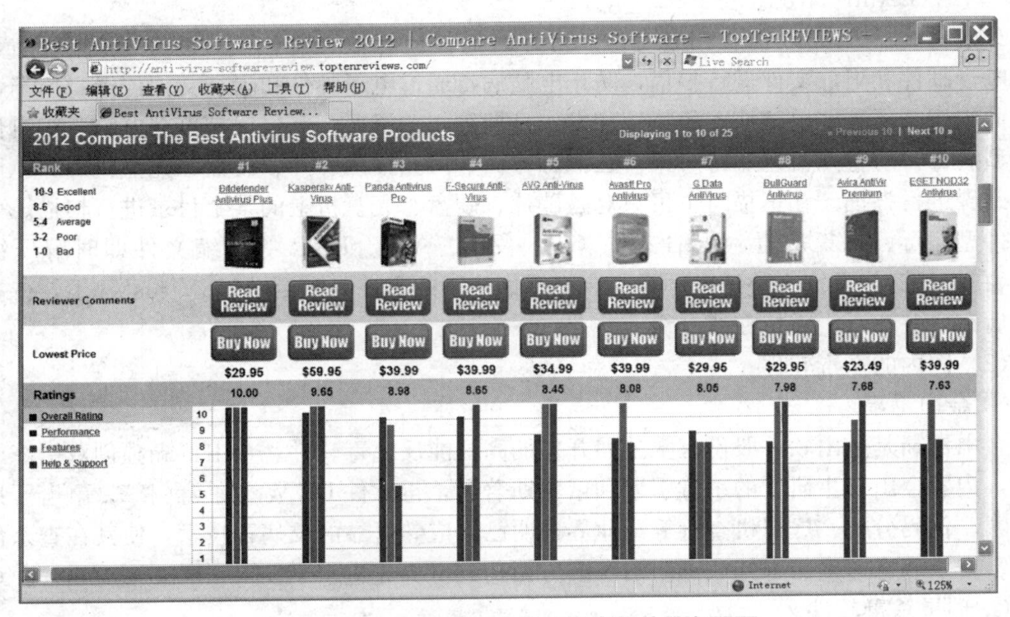

图 5—10　Toptenreviews 网站杀毒软件排名页面

能。BitDefender 2011 最重要的功能就是 Active Virus Control 和 Usage Profiles（使用模式）功能。Active Virus Control 可以通过监测应用程序和类似病毒的活动，为用户提供删除病毒代码的先进启发式技术。用法概况可以帮助用户量身订制适合自己的安全解决方案。因此，BitDefender 2011 用户可以选择典型、家长和游戏这三种模式。方便灵活、直观易用的配置向导，是 BitDefender 2011 版的亮点。BitDefender 2011 带有一个自动更新的架构，性能稳定，并自动检查系统文件，保护文件安全。有三个简单的功能类别：组件检查、截获数据、处理数据和组件，用户可以设置这些模块。

② Kaspersky。

Kaspersky（卡巴斯基）杀毒软件来源于俄罗斯，是世界上顶级的网络杀毒软件；软件具有超强的中心管理和杀毒功能。

③ Panda Antivirus Pro。

Panda Antivirus Pro 是西班牙计算机安全产品公司 Panda 软件公司的产品，拥有 100% 自有技术，同时 Panda 也是世界上在该领域成长最快的公司。公司使用 Panda Internet Security来享受确切的整体安全防护。所有用计算机进行的活动都会被完全充分的防护，以对抗窃贼并且能够避免病毒、间谍程序、黑客、垃圾邮件、在线诈欺和其他因特网威胁。

④ F-Secure Anti-Virus。

F-Secure Anti-Virus 是芬兰出品的杀毒软件，它集合 AVP、LIBRA、ORION 和 DRACO 共 4 套杀毒引擎。该软件采用分布式防火墙技术，对网络流行病毒的查杀尤其有效。F-Secure Anti-Virus 是功能强大的实时病毒监测和防护系统，支持所有的 Windows 平台，它集成了多个病毒监测引擎，如果其中一个发生遗漏，就会有另一个去监测。可单一扫描硬盘或是一个文件夹或文件，软件更提供密码的保护性，并提供病毒的信息。

⑤ AVG Anti-Virus。

AVG Anti-Virus 功能上相当完整，可即时对任何存取文件侦测，防止电脑病毒感染；可对电子邮件和附加文件进行扫描，防止电脑病毒通过电子邮件和附加文件传播；病毒资料库里面则记录了一些电脑病毒的特性和发作日期等相关资讯；开机保护可在电脑开机时侦测开机型病毒，防止开机型病毒感染。在扫毒方面，可扫描磁碟片、硬盘、光盘机外，也可对网络磁碟进行扫描。在扫描时也可只对磁碟片、硬盘、光盘机上的某个目录进行扫描。可扫描文件型病毒、聚集病毒、压缩文件（支持 ZIP、ARJ、RAR 等压缩文件即时解压缩扫描）。在扫描时如发现文件感染病毒时会将感染病毒的文件隔离至 AVGVirusVauIt，待扫描完成后在一并解毒。支持在线升级。

（2）国内的杀毒软件。

① 金山毒霸。

金山毒霸是金山软件股份有限公司开发的高智能反病毒软件。金山毒霸独创双引擎杀毒技术，内置金山自主研发的杀毒引擎和俄罗斯著名杀毒软件 Dr. Web 杀毒引擎，融合了启发式搜索、代码分析、虚拟机查毒等经业界证明已经成熟可靠的反病毒技术，使其在查杀病毒种类、查杀病毒速度、未知病毒防治等多方面达到世界先进水平。

② 瑞星杀毒软件。

瑞星杀毒软件是北京瑞星科技股份有限公司出品的反病毒软件，它用于对已知病毒和黑客程序进行查找、实时监控和清除，恢复被病毒感染的文件或系统，保护计算机系统的安全。它能全面清除感染 DOS、Windows 系统的病毒以及威胁计算机安全的黑客程序。瑞星杀毒软件的更新速度非常快，几乎每天都有新的升级包。

③ 360 杀毒软件。

360 杀毒软件无缝整合了来自罗马尼亚的国际知名杀毒软件 BitDefender（比特梵德）病毒查杀引擎、国际权威杀毒引擎小红伞、360QVM 人工智能引擎、360 系统修复引擎，以及 360 安全中心潜心研发的云查杀引擎。四引擎智能调度提供完善的病毒防护体系，第一时间防御新出现的病毒、木马。360 杀毒完全免费，无需激活码，轻巧快速不卡机，适合中低端机器，360 杀毒采用全新的“SmartScan”智能扫描技术，使其扫描速度奇快，误杀率远远低于其他杀软，能为电脑提供全面保护，二次查杀速度极快。在各大软件站的软件评测中屡屡获胜，获 2010 年度最佳安全杀毒软件，并接连获得 2011 和 2012 年度 AV-C 测试资格。

360 杀毒具有实时病毒防护和手动扫描功能，为系统提供全面的安全防护。实时防护功能在文件被访问时对文件进行扫描并及时拦截活动的病毒，在发现病毒时会通过提示窗口告警。360 杀毒不是一个传统意义上的独立软件，而是 360 安全卫士内含的一个功能模块，整合在 360 安全卫士最新的版本里。360 杀毒在功能和免费时间上并没有做任何限制，用户可通过下载 360 卫士切换到 360 杀毒模块即可免费启用。杀毒软件包含对恶意软件、木马到病毒的一站式查杀。360 杀毒推出后，在 360 的平台上仍将继续推荐包括卡巴斯基在内的多款杀毒软件。

(3) 杀毒软件的使用举例——Kaspersky（卡巴斯基）。

① 安装好 Kaspersky 杀毒软件中文版后，打开程序的主界面，如图 5—11 所示。

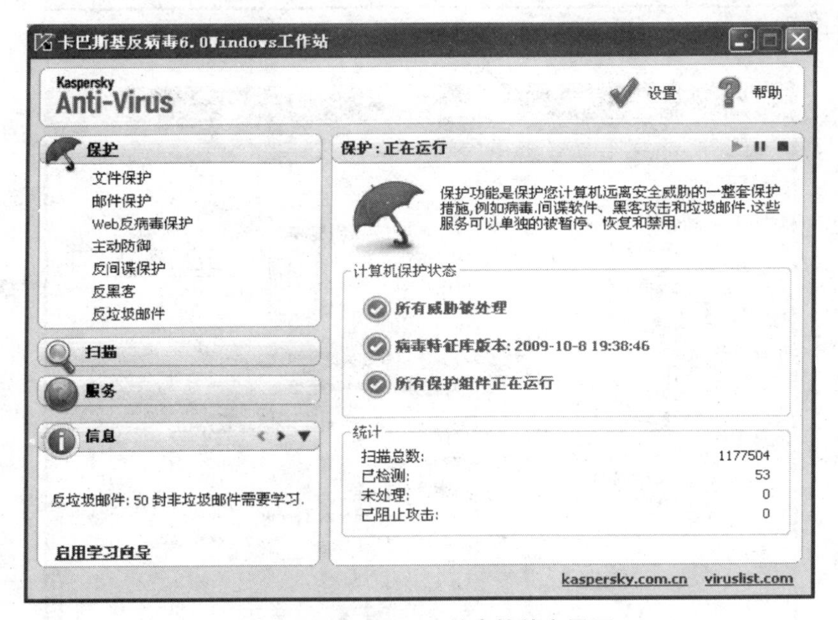

图 5—11　Kaspersky 杀毒软件主界面

② 选择左侧“扫描”选项后，可以对“关键区域”、“我的电脑”以及“启动对象”进行病毒查杀操作，如图 5—12 所示。

③ 点击主界面上方的“设置”按钮，进入 Kaspersky 设置参数的主界面，如图 5—13 所示。可以对“保护”、“扫描”、“服务”3 个项目进行详细的配置。

在局域网的构建中，安装一款优秀的杀毒软件十分重要。对杀毒软件的要求是该杀毒软件必须要有足够强大的杀毒引擎和庞大的病毒库，并且容易升级，同时，对于一些未知病毒应该具有一定的预测能力。但是，目前病毒和反病毒技术都在发展，任何杀毒软件都不能保证操作系统是绝对安全的。

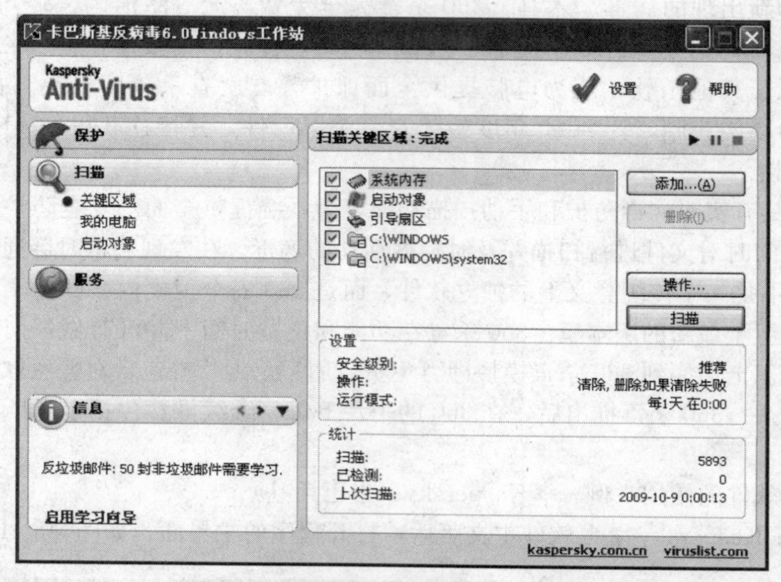

图 5—12　Kaspersky 杀毒软件扫面选项界面

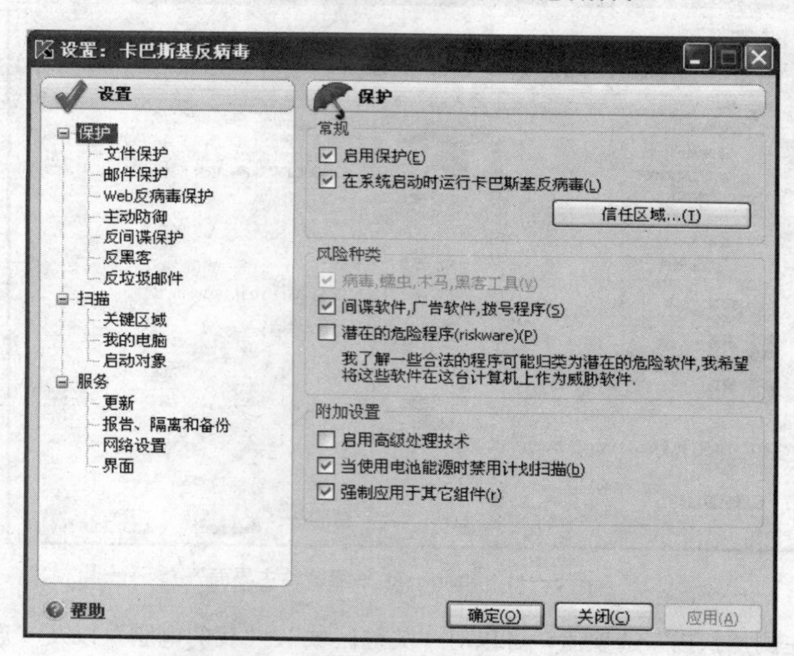

图 5—13　Kaspersky 杀毒软件设置界面

5. *启用软件防火墙等安全策略*

（1）操作系统自带的防火墙。

Windows XP SP2 有自带的网络防火墙。启用防火墙的操作非常简单：执行“控制面板”→“安全中心”→“Windows 防火墙”，如图 5—14 所示。在这个窗口中，可以对防火墙进行一些详细的设置。

另外，通过其他专业的防火墙软件不但可以拦截来自局域网的各种扫描入侵，从软件的日志中，我们还可以查看到数据包的来源和入侵方式等。

(2) 第三方防火墙。

在企业局域网中部署第三方的防火墙，这些防火墙都自带了一些默认的“规则”，可以非常方便地应用或者取消应用这些规则。当然也可以根据具体需要创建相应的防火墙规则，这样可以比较有效地阻止攻击者的恶意扫描。

以天网防火墙为例，如图 5—15 所示。首先运行天网防火墙，点击操作界面中的“IP 规则管理”按钮，弹出“自定义 IP 规则”窗口，去掉“允许局域网的机器用 ping 命令探测”选项，最后点击“保存规则”按钮进行保存即可。例如创建一条防止 Internet 中的主机 ping 的规则，可以点击“增加规则”按钮，输入如图 5—15 所示的相关参数就创建成功了，然后勾选并保存该规则就可以防止网络中的主机恶意扫描局域网了。

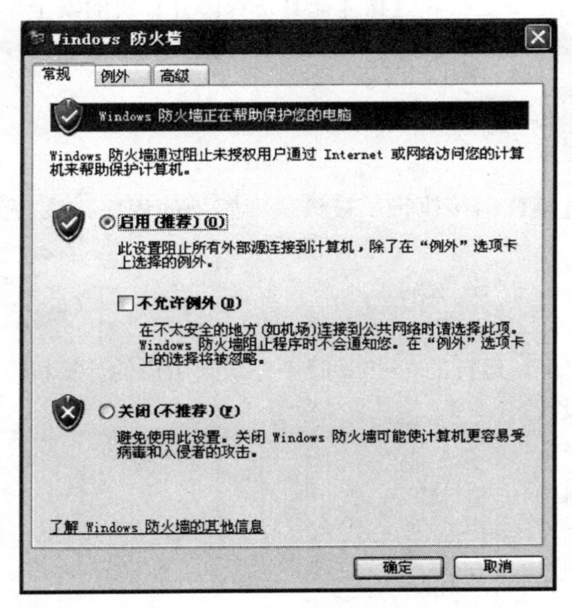

图 5—14　Windows XP 自带防火墙界面

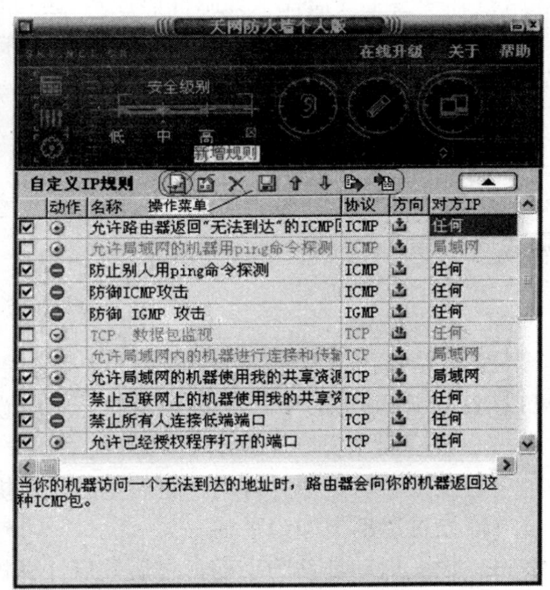

图 5—15　天网防火墙界面

5.1.6　任务小结

网络管理人员在日常工作和生活中，对服务器和客户机日常使用与维护应该做到以下几点，以尽可能减少感染病毒的机会。

(1) 建立良好的安全习惯。例如：对一些来历不明的邮件及附件不要打开，不要上一些不太了解的网站、不要执行从 Internet 下载后未经杀毒处理的软件等，这些必要的习惯会使计算机更安全。

(2) 关闭或删除系统中不需要的服务。默认情况下，许多操作系统会安装一些辅助服务，如 FTP 客户端、Telnet 和 Web 服务器。这些服务为攻击者提供了方便，而又对用户没有太大用处，如果删除它们，就能大大减少被攻击的可能性。

(3) 经常升级安全补丁。据统计，有 80%的网络病毒是通过系统安全漏洞进行传播的，像红色代码、尼姆达等病毒，所以我们应该定期到微软网站去下载最新的安全补丁，以防患于未然。

(4) 使用复杂的密码。有许多网络病毒就是通过猜测简单密码的方式攻击系统的，因此使用复杂的密码，将会大大提高计算机的安全系数。

(5) 迅速隔离被病毒感染的计算机。当您的计算机发现病毒或异常时应立刻断网，以防止计算机受到更多的感染，或者成为传播源，再次感染其他计算机。

(6) 了解一些病毒知识。这样就可以及时发现新病毒并采取相应措施，在关键时刻使自己的计算机免受病毒破坏；如果能了解一些注册表知识，就可以定期看一看注册表的自启动项是否有可疑键值；如果了解一些内存知识，就可以经常看看内存中是否有可疑程序。

(7) 最好是安装专业的防毒软件进行全面监控。在病毒日益增多的今天，使用杀毒软件进行防毒，是越来越经济的选择，不过用户在安装了反病毒软件之后，应该经常进行升级，经常打开一些主要监控（如邮件监控），遇到问题要上报，这样才能真正保障计算机的安全。

(8) 及时备份一些重要的资料，一些特殊的资料最好做到异地容灾备份，以应对一些突发事件甚至灾难的发生。

5.1.7 练习与思考

1. 计算机(　　)感染可执行文件。一旦直接或间接执行了被该病毒感染的程序，该病毒会按照编制者的意图对系统进行破坏。

A. 文件型病毒　　B. 宏病毒

C. 目录病毒　　D. 引导型病毒

2. 为防止攻击者通过 Windows XP 系统中正在运行的 Telnet 服务登录到用户的计算机，可以对 Windows XP 中 Telnet 服务进行如下设置(　　)。

A. 设置启动类型为自动

B. 设置启动类型为自动，之后重启计算机

C. 设置启动类型为手动

D. 设置启动类型为手动，之后重启计算机

3. 以下关于注册表编辑器的说法，不正确的是(　　)。

A. 注册表编辑器只能通过直接编辑注册表才能修改配置时使用

B. 不正确地编辑注册表可能导致计算机无法启动

C. 注册表编辑器中，只能查看有关信息，而不允许人为的对其进行改动

D. 要求只有熟练的管理人员才能使用注册表编辑器

4. 下列操作系统基本类型的分类中，不包括(　　)。

A. 批处理操作系统　　B. 个人计算机操作系统

C. 实时操作系统　　D. 计划操作系统

5. 与 5 类线缆相比，超 5 类在近端串扰、串扰总和、衰减和信噪比四个主要指标上都有较大的改进，其中最重要的标准是(　　)。

A. 近端串扰　　B. 串扰总和　　C. 衰减　　D. 信噪

6. 用“ping”命令确认网络是否连通时，屏幕显示的出错信息为 No answer，引发这种情况的原因是(　　)。

A. 服务器的命名不正确或者网络管理员的系统与远程主机之间的通信线路有故障

B. 路由配置有错误，这是本地系统没有到达远程系统的路由

C. 远程主机没有工作，本地或远程主机网络配置不正确，本地或远程的路由器没有工作，或者通信线路有故障

D. 路由器的连接问题，路由器不能通过，也可能是远程主机已经关机

7. 关于“ping”命令参数解释错误的是（　　）。

A. ping [-t] ping 指定的计算机直到中断

B. ping [-a] 将地址解析为计算机名

C. ping [-n count] 发送 count 指定的 ECHO 数据包数

D. ping [-l length] 发送 ping 包的长度，默认为 32 字节，最大值是 65 527

5.2 交换机的安全配置任务

教学重点：

对安全智能交换机进行设置以提高整个园区网络的安全性。

教学难点：

IEEE 802.1x 标准、交换机安全特性。

5.2.1 应用环境

对企业园区来讲，关于园区网络内部的管理一直是一个非常复杂和令人头痛的问题。一个用户哪怕只是不小心点击一个恶意网站的链接，就会在几秒钟之内感染病毒，然后立刻影响到整个园区网络的稳定和安全，加上现在恶意网站非常泛滥，病毒传播手段花样迭出，园区网络安全必须受到网络管理人员的重视。

网络在不断发展，网络安全环境也随之变化，新的安全形势对局域网安全提出新的考验，网络管理人员也需要及时更新技术，采取适当的应对措施，以保障网络的稳定畅通。一谈到加强网络安全，大家可能第一反应就是使用“防火墙”。但是，防火墙只是用于阻止外网计算机对内部网络的恶意攻击，并不能包治百病。随着互联网以及网络安全状况的发展变化，除了防火墙，现在需要兼顾考虑通过对内部网络设备如交换机进行安全设置以提高整个园区网络的安全性。

5.2.2 需求分析

早期的网络攻击和恶意入侵主要来自外网，而且是少部分学习黑客技术的人所为，因此当时哪怕只是通过一个防火墙简单地封堵一些端口，检测一些特征数据包就能实现内网的安全。然而，自冲击波病毒开始，病毒在局域网疯狂传播所造成的强大杀伤力开始让用户心惊胆战，一旦局域网某台计算机感染了病毒，就会造成大量的计算机掉线甚至整个网络陷入瘫痪，而此时传统的路由器和防火墙却显得毫无办法。

既然路由器和防火墙无法全面解决局域网的安全问题，那么还有一个办法是用交换机来解决。当然，要解决局域网的安全问题，交换机就不能再纯粹完成转发工作了，还需要判断转发的数据包，封堵一些常见病毒所使用的端口，以及进行端口速率限制。虽然路由器上面也具备这些功能，但如前面所说，路由器的这些功能发挥作用已经是在路由器的 LAN 口接

收到数据包之后，而如果这些功能转移到交换机上，就可以防止这些病毒端口发送的数据包到达路由器，从而减轻路由器的负担，保证局域网其他用户的正常上网。

现在需要对企业园区网络的智能安全交换机进行设置，以提高园区网络的安全性。

5.2.3 方案设计

为了能够识别各种恶意数据流量，交换机上要有一款智能芯片，使其具备一定的分析处理能力，可以准确地判断、封堵、限制并记录 ARP 攻击和 DDOS 攻击事件，切断病毒传播的路径，一台这样的安全交换机，应当具有以下特点和要求：

- 支持基于 IP、Mac、应用的访问控制列表功能（ACL）；
- 支持常见病毒端口过滤功能；
- 支持基于端口、IP、Mac、应用的速率限制；
- 支持基于端口、IP、Mac、802.1p 和应用的优先级控制（QoS）；
- 支持基于 Mac＋IP＋vlan＋端口的绑定（ARP 防御）；
- 支持 ARP 攻击和 DDOS 攻击事件记录日志。

图 5—16 所示的是锐捷核心交换机实物图，具备强大的安全管理功能。

图 5—16 锐捷核心交换机实物图

企业园区当初在规划建设园区内部网络的时候就全部使用了安全智能交换机。园区网络的核心层、汇聚层和接入层使用的都是锐捷公司的安全智能交换机，核心层交换机如图 5—16 所示。使用安全智能交换机为园区网络的管理带来了方便，为园区网络的安全提供了可靠的保障。

5.2.4 相关知识：IEEE 802.1x 概述

IEEE 802 LAN 中，用户只要能接到网络设备上，不需要经过认证和授权即可直接使用。这样，一个未经授权的用户，他可以没有任何阻碍地通过连接到局域网的设备进入网络。随着局域网技术的广泛应用，特别是运营网络的出现，对网络的安全认证的需求已经提到了议事日程上。如何在以太网技术简单、廉价的基础上，提供用户对网络或设备访问合法性的认证，已经成为业界关注的焦点。IEEE 802.1x 协议正是在这样的背景下提出的。

IEEE 802.1x（Port-Based Network Access Control）是一个基于端口的网络存取控制标准，为LAN提供点对点式的安全接入。这是IEEE标准委员会针对以太网的安全缺陷而专门制定的标准，能够在利用IEEE 802 LAN优势的基础上，提供一种对连接到局域网设备的用户进行认证的手段。

IEEE 802.1x标准定义了一种基于“客户端 — 服务器”（Client-Server）模式实现了限制未认证用户对网络的访问。客户端要访问网络必须先通过服务器的认证。在客户端通过认证之前，只有EAPOL报文（Extensible Authentication Protocol over LAN）可以在网络上通行。在认证成功之后，正常的数据流便可在网络上通行。802.1x的Authentication，Authorization和Accounting三种安全功能，简称AAA：

Authentication：认证，用于判定用户是否可以获得访问权，限制非法用户；

Authorization：授权，授权用户可以使用哪些服务，控制合法用户的权限；

Accounting：计账，记录用户使用网络资源的情况，为收费提供依据。

5.2.5 相关知识：交换机的安全功能

随着网络应用的普及和不断深化，用户对于二层交换机的需求不再局限于数据转发性能、服务质量（QoS）等各方面，网络安全理念正日益成为局域网交换机选型的重要参考内容。如何过滤用户通信，保障安全有效的数据转发？如何阻挡非法用户，保障网络安全应用？如何进行安全网管，及时发现网络非法用户、非法行为及远程网管信息的安全性呢？这里总结了6条交换机市场上流行的安全设置规则。

1. L2—L4层过滤

现在的新型交换机大都可以通过建立规则的方式来实现各种过滤需求。规则设置有两种模式，一种是MAC模式，可根据用户需要依据源MAC或目的MAC有效实现数据的隔离，另一种是IP模式，可以通过源IP、目的IP、协议、源应用端口及目的应用端口过滤数据封包；建立好的规则必须附加到相应的接收或传送端口上，即当交换机此端口接收或转发数据时，根据过滤规则来过滤封包，决定是转发还是丢弃。另外，交换机通过硬件“逻辑与非门”对过滤规则进行逻辑运算，实现过滤规则确定，完全不影响数据转发速率。

2. 802.1X基于端口的访问控制

为了阻止非法用户对局域网的接入，保障网络的安全性，基于端口的访问控制协议802.1X无论在有线LAN或WLAN中都得到了广泛应用。例如华硕最新的GigaX2024/2048等新一代交换机产品不仅支持802.1X的Local、RADIUS验证方式，而且支持802.1X的Dynamic VLAN的接入，即在VLAN和802.1X的基础上，持有某用户账号的用户无论在网络内的何处接入，都会超越原有802.1Q下基于端口VLAN的限制，始终接入与此账号指定的VLAN组内，这一功能不仅为网络内的移动用户对资源的应用提供了灵活便利，同时又保障了网络资源应用的安全性；另外，GigaX2024/2048交换机还支持802.1X的Guest VLAN功能，即在802.1X的应用中，如果端口指定了Guest VLAN项，此端口下的接入用户如果认证失败或根本无用户账号的话，会成为Guest VLAN组的成员，可以享用此组内的相应网络资源，这一种功能同样可为网络应用的某一些群体开放最低限度的资源，并为整个网络提供了一个最外围的接入安全。

3. 流量控制（traffic control）

交换机的流量控制可以预防因为广播数据包、组播数据包及因目的地址错误的单播数据包数据流量过大造成交换机带宽的异常负荷，并可提高系统的整体效能，保持网络安全稳定的运行。

4. SNMP v3 及 SSH 安全网管

SNMP v3 提出全新的体系结构，将各版本的 SNMP 标准集中到一起，进而加强网管安全性。SNMP v3 建议的安全模型是基于用户的安全模型，即 USM。USM 对网管消息进行加密和认证是基于用户进行的，具体地说就是用什么协议和密钥进行加密和认证均由用户名称（userName）权威引擎标识符（EngineID）来决定（推荐加密协议 CBCDES，认证协议 HMAC-MD5-96 和 HMAC-SHA-96），通过认证、加密和时限提供数据完整性、数据源认证、数据保密和消息时限服务，从而有效防止非授权用户对管理信息的修改、伪装和窃听。

至于 Telnet 远程网络管理，由于 Telnet 服务有一个致命的弱点——它以明文的方式传输用户名及口令，所以，很容易被别有用心的人窃取口令，受到攻击，但采用 SSH 进行通信时，用户名及口令均进行了加密，有效防止了对口令的窃听，便于网管人员进行远程的安全网络管理。

5. Syslog 和 Watchdog

交换机的 Syslog 日志功能可以将系统错误、系统配置、状态变化、状态定期报告、系统退出等用户设定的期望信息传送给日志服务器，网管人员依据这些信息掌握设备的运行状况，及早发现问题，及时进行配置设定和排障，保障网络安全稳定地运行。

Watchdog 设定一个计时器，如果设定的时间间隔内计时器没有重启，则生成一个内在 CPU 重启指令，使设备重新启动，这一功能可使交换机在紧急故障或意外情况下可智能自动重启，保障网络的运行。

6. 双映象文件

一些最新的交换机，像 ASU SGigaX2024/2048 还具备双映象文件。这一功能保护设备在异常情况下（固件升级失败等）仍然可正常启动运行。文件系统分 majoy 和 mirror 两部分进行保存，如果一个文件系统损害或中断，另外一个文件系统会将其重写，如果两个文件系统都损害，则设备会清除两个文件系统并重写为出厂时默认设置，确保系统安全启动运行。

其实，近期出现的一些交换机产品在安全设计上大都下足了功夫——层层设防、节节过滤，想尽一切办法将可能存在的不安全因素最大限度地排除在外。广大企业用户如果能够充分利用这些网络安全设置功能，进行合理的组合搭配，则可以最大限度地防范网络上日益泛滥的各种攻击和侵害，使得企业网络自此更加稳固安全。

5.2.6 实施过程

下面以 S3250 系列交换机为例来说明交换机解决园区网络安全问题的一些实际技术和配置方法。

1. 风暴控制配置

缺省情况下，针对广播、多播和未知名单播的风暴控制功能均被关闭。下面的例子为打开 GigabitEthernet 0/1 上的多播风暴控制功能，并且设置允许的速率为 4M：

```
Ruijie# configure terminal
Ruijie(config)# interface GigabitEthernet 0/1
Ruijie(config-if)# storm-control multicast 4096
Ruijie(config-if)# end
```

当用户按一定的百分比为一个端口限定带宽后，所有端口都必须按这个百分比带宽设置，否则设置失败。在接口配置模式下通过命令“no storm-control broadcast，no storm-control multicast，no storm-control unicast”来关闭接口相应的风暴控制功能。

☞阅读资料

风暴控制

当 LAN 中存在过量的广播、多播或未知名单播包时，就会导致网络变慢和报文传输超时几率大大增加。这种情况我们称之为 LAN 风暴。协议栈的执行错误或对网络的错误配置都有可能导致风暴的产生。我们可以分别针对广播、多播和未知名单播数据流进行风暴控制。当接口接收到的广播、多播或未知名单播包的速率超过所设定的阈值时，设备将只允许通过所设定阈值带宽的报文，超出阈值部分的报文将被丢弃，直到数据流恢复正常，从而避免过量的泛洪报文进入 LAN 中形成风暴。

2. 保护口配置

下面的例子说明了如何把 Gigabitethernet 0/3 设置为保护口：

```
Ruijie# configure terminal
Ruijie(config)# interface gigabitethernet 0/3
Ruijie(config-if)# switchport protected
Ruijie(config-if)# end
```

通过“no switchport protected”接口配置命令将一个端口重新设置为非保护口。

教学提示：

有些应用环境下，要求一台设备上的有些端口之间不能互相通信。在这种环境下，这些端口之间的通信，不管是单址帧，还是广播帧，以及多播帧，都不能在保护口之间进行转发，可以通过将某些端口设置为保护口（Protected Port）来达到目的。将某些端口设为保护口之后，保护口之间互相无法通信，保护口与非保护口之间可以正常通信。

保护口有两种模式，一种是阻断保护口之间的二层转发，但允许保护口之间进行 3 层路由，第二种是既阻断保护口之间的二层转发又阻断 3 层路由；在两种模式都支持的情况下，第一种模式将作为缺省配置模式。

3. 配置安全端口及违例处理方式

下面的例子说明了如何配置接口 gigabitethernet 0/3 上的端口安全功能，设置最大地址个数为 8，设置违例方式为 protect：

```
Ruijie# configure terminal
Ruijie(config)# interface gigabitethernet 0/3
Ruijie(config-if)# switchport mode access
Ruijie(config-if)# switchport port-security
Ruijie(config-if)# switchport port-security maximum 8
Ruijie(config-if)# switchport port-security violation protect
Ruijie(config-if)# end
```

在接口配置模式下，可以使用命令“no switchport port-security”来关闭一个接口的端口安全功能，使用命令“no switchport port-security maximum”来恢复最大安全地址数为缺省值，使用命令“no switchport port-security violation”来将违例处理置为缺省模式。

4. 配置安全端口上的安全地址

下面的例子说明了如何为接口 gigabitethernet 0/3 配置一个安全地址：00d0. f800. 073c，并为其绑定一个 IP 地址：192. 168. 12. 202。

```
Ruijie# configure terminal
Enter configuration commands, one per line. End with CNTL/Z.
Ruijie(config)# interface gigabitethernet 0/3
Ruijie(config-if)# switchport mode access
Ruijie(config-if)# switchport port-security
Ruijie(config-if)# switchport port-security mac-address 00d0. f800. 073c ip-address 192. 168. 12. 202
Ruijie(config-if)# end
```

在接口配置模式下，可以使用命令“no switchport port-security mac-address mac-address”来删除该接口的安全地址。

教学提示：

利用交换机端口安全这个特性，可以通过限制允许访问设备上某个端口的 MAC 地址以及 IP 地址（可选）来实现严格控制对该端口的接入。当为安全端口（打开了端口安全功能的端口）配置了一些安全地址后，则除了源地址为这些安全地址的报文外，这个端口将不转发其他任何报文。此外，还可以限制一个端口上能包含的安全地址最大个数，如果将最大个数设置为 1，并且为该端口配置一个安全地址，则连接到这个端口的客户机（其地址为配置的安全 MAC 地址）将独享该端口的全部带宽。为了增强安全性，可以将 MAC 地址和 IP 地址绑定起来作为安全地址。当然也可以只指定 MAC 地址而不绑定 IP 地址。

5. 配置安全地址的老化时间

可以为一个接口上的所有安全地址配置老化时间。打开这个功能，需要设置安全地址的最大个数，这样，就可以让设备自动增加和删除接口上的安全地址。

下面的例子说明了如何配置一个接口 gigabitethernet 0/3 上的端口安全的老化时间，老化时间设置为 8 分钟，老化时间同时应用于静态配置的安全地址。

```
Ruijie# configure terminal
Enter configuration commands, one per line. End with CNTL/Z.
```

```
Ruijie(config)# interface gigabitthernet 0/3
Ruijie(config-if)# switchport port-security aging time 8
Ruijie(config-if)# switchport port-security aging static
Ruijie(config-if)# end
```

可以在接口配置模式下使用命令“no switchport port-security aging time”来关闭一个接口的安全地址老化功能，使用命令“no switchport port-security aging static”来使老化时间仅应用于动态学习到的安全地址。

6. 配置 ARP 报文检查

例如在端口上添加合法用户 mac 地址 00d0. f822. 33ab，IP 地址为 192. 168. 2. 5 时，端口上的 ARP 报文检查会自动启用。

```
Ruijie#configure terminal
Enter configuration commands,one per line. End with CNTL/Z.
Ruijie(config)# interface fastEthernet 0/5
Ruijie(config-if)# switchport port-security
Ruijie(config-if)# switchport port-security mac-address
00d0. f822. 33ab ip-address 192. 168. 2. 5
```

ARP 报文检查自动启用了，若想关闭 ARP 报文检查，则

```
Ruijie(config-if)# no arp-check
```

☞阅读资料

ARP 报文检查（ARP Check）基于全局或者端口上的 MAC+IP 绑定安全功能，例如 DHCP Snooping，端口安全或者全局地址绑定等，通过丢弃非法用户的 ARP 报文来有效防止欺骗 ARP，防止非法信息点冒充网络关键设备的 IP（如服务器），造成网络通信混乱。

ARP-Check 有三种模式：打开、关闭和自动模式，默认为自动模式。在打开模式下，无论端口上有没有安全配置都检查 ARP 报文。如果端口上没有合法用户，则来自这个端口的所有 ARP 报文都将被丢弃。在关闭模式下，不检查端口上的 ARP 报文。在自动模式下，在端口上没有合法用户的情况下，不检查 ARP 报文；在有合法用户的情况下，检查 ARP 报文。

ARP 报文检查的限制：

（1）打开端口安全地址的 ARP 报文检查会使所有端口的绑定 IP 的安全地址最大数目减少一半。

（2）打开端口安全地址的 ARP 报文检查对已经存在的安全地址不生效。如果您要使以前设置的安全地址生效，可以重新关闭，再打开该端口的安全地址。端口 ARP 报文检查使用了策略管理模块，和其他策略管理模块共享硬件资源。如果硬件资源不足时，可能出现部分安全地址的 ARP 报文检查不生效的现象。

（3）当 MAC+IP 的安全地址表项比较多时，打开 ARP Check CPU，对 CPU 性能影响比较大，会降低 CPU 效率。

7. 802.1x 配置

(1) 配置设备与 Radius Server 之间的通信。

Radius Server 维护了所有用户的信息：用户名、密码、该用户的授权信息以及该用户的记账信息。所有的用户集中于 Radius Server 管理，而不必分散于每台设备，便于管理员对用户的集中管理。设备要能正常地与 Radius Server 通信，必须进行如下设置：

Radius Server 端：要注册一个 Radius Client。注册时要告知 Radius Server 设备的 IP、认证的 UDP 端口（若记账还要添记账的 UDP 端口）、设备与 Radius Server 通信的约定密码，还要选上对该 Client 支持 EAP 扩展认证方式。对于如何在 Radius Server 上注册一个 Radius Client，不同软件的设置方式不同，请查阅相关的文档。

设备端：为了让设备能与 Server 进行通信，设备端要做如下的设置：设置 Radius Server 的 IP 地址，认证（记账）的 UDP 端口，与服务器通信的约定密码。

以下例子中设置 server IP 为 192.168.4.12，认证 UDP 端口为 600，以明文方式设置约定密码：

```
Ruijie# configure terminal
Ruijie(config)# radius-server host 192.168.4.12
Ruijie(config)# radius-server host 192.168.4.12 auth-port 600
Ruijie(config)# radius-server key MsdadShaAdasdj878dajL6g6ga
Ruijie(config)# end
```

使用"no radius-server host ip-address auth-port"命令将 Radius Server 认证 UDP 端口恢复为缺省值。使用"no radius-server key"命令删除 Radius Server 认证密码。

- 官方约定的认证的 UDP 端口为 1812。
- 官方约定的记账的 UDP 端口为 1813。
- 设备与 Radius Server 约定的密码的长度建议不少于 16 个字符。
- 设备与 Radius Server 连接的端口要设置成非受控口。

(2) 设置 802.1x 认证的开关。

当打开 802.1x 认证时，设备会主动要求受控端口上的主机进行认证，未通过认证的主机不允许访问网络。以下例子是打开 802.1x 认证：

```
Ruijie# configure terminal
Ruijie(config)# aaa new-model
Ruijie(config)# radius-server host 192.168.217.64
Ruijie(config)# radius-server key starnet
Ruijie(config)# aaa authentication dot1x authen group radius
Ruijie(config)# dot1x authentication authen
Ruijie(config)# end
Ruijie# show running-config
!
aaa new-model
!
aaa authentication dot1x authen group radius
!
username ruijie password 0 starnet
```

```
!
radius-server host 192.168.217.64
radius-server key 7 072d172e071c2211
!
!
!
dot1x authentication authen
!
interface VLAN 1
ip address 192.168.217.222 255.255.255.0
no shutdown
!
!
line con 0
line vty 0 4
!
end
```

802.1x 在应用 RADIUS 认证方法时，先配置 Radius Server 的 IP 地址，并确保设备与 Radius Server 之间的通信正常。若没有 Radius Server 的配合，设备无法完成认证功能。802.1x 其他项目的配置请查看相关资料。

（3）802.1x 配置

SSH 是英文 Secure Shell 的简写形式。SSH 连接所提供的功能类似于一个 Telnet 链接，与 Telnet 不同的是基于该链接的所有传输都是加密的。当用户通过一个不能保证安全的网络环境远程登录到设备时，SSH 特性可以提供安全的信息保障和强大的认证功能，以保护设备不受诸如 IP 地址欺诈、明文密码截取等攻击。

缺省情况下，SSH Server 处于关闭状态。打开 SSH Server，需要在全局配置模式下，执行"enable service ssh-server"命令，同时需要生成 SSH 密钥，使 SSH Server 的状态成为 ENABLE。关闭 SSH Server，需要在全局配置模式下，执行"no enable service ssh-server"命令，使 SSH Server 的状态成为 DISABLE。

5.2.7 任务小结

对局域网影响最大的是 ARP 病毒。这是一种欺骗性质的病毒，虽然它的目的并不是破坏局域网，但会严重影响其他局域网用户的正常上网活动。所谓 ARP 攻击其实就是内网某台主机伪装成网关，欺骗内网其他主机将所有发往网关的信息发到这台主机上。但是由于此台主机的数据处理转发能力远远低于网关，所以就会导致大量信息堵塞，网速越来越慢，甚至造成网络瘫痪，而且 ARP 病毒这样做的目的就是为了截取用户的信息，盗取诸如网络游戏账号、QQ 密码等用户信息，因此它不仅会造成局域网堵塞，也会威胁到局域网用户的信息安全。

其次是 DDOS 攻击，虽然路由器和防火墙可以利用一些设定好的规则判断出哪些数据包带有 DDOS 攻击的特征，但是它必须在收到这些数据包之后才能对数据包进行分析，而这些数据包在收过来的时候其实就已经占用了 LAN 口的带宽资源，由于路由器和防火墙都在局域网的最外端，这样的网络结构已经决定了它们无法在攻击数据包产生的时候就进行封堵，而且这些设备大部分还是采用100Mb的带宽与LAN交换机相连，加上大部分的局域网交换机都是线速转发的二层交换机，受感染客户端发送的大量数据包可以很快用完这些带宽，因此网络数据传输的压力都加载在路由器的LAN端口，这时候很多正常的请求都无法顺利通过LAN口提交过去，因此即使路由器知道哪些是正常的请求也无济于事。

面对日益严重的园区内网攻击和整网掉线问题，很多路由器和防火墙开发商也在产品中加入了相关技术，例如加入IP-MAC绑定功能可以防止局域网的ARP欺骗。为了全面解决内网安全问题，目前研发和应用具有多种安全功能的局域网交换机已成为保障企业园区网络安全的重要手段之一。

5.2.8 练习与思考

1. 通常情况下，对交换机进行访问可以通过两种方法，一种是通过Telnet远程登录交换机，另一种是通过(　　)。

A. 交换机中的控制台端口　　B. 交换机中的登录地址
C. 交换机中的任一端口　　D. 交换机中的指定地址

2. 仿真终端与交换机控制台端口Console(　　)。

A. 通过因特网连接　　B. 用RS-232电缆连接
C. 用电话线连接　　D. 通过局域网连接

3. 下列(　　)命令可以通过参数all产生关于网卡设置的完整显示。

A. ipconfig　　B. ping　　C. tracert　　D. arp

4. 端口安全存在哪些限制？(　　)

A. 必须配置在access口上，而不能配置在truck口上
B. 不能配置在聚合端口上
C. 不能配置在SPAN端口上
D. 只能配置在快速以太网端口上

5. 如果管理员需要对接入层交换机进行远程管理，可以在交换机的哪一个接口上配置管理地址？(　　)

A. fastethernet 0/1　　B. console 0　　C. vty 0 4　　D. vlan 1

6. 下列哪项不是交换机端口安全的基本功能(　　)。

A. 限制交换机端口的最大连接数　　B. 数据包过滤
C. 端口的安全地址绑定　　D. 端口的MAC地址绑定

7. 下列哪项不是关于交换机端口安全的描述(　　)。

A. 端口安全功能只能在access端口上进行配置
B. 端口安全功能只能在aggregate端口上进行配置
C. 端口的安全地址绑定方式有：单MAC、单IP、MAC+IP
D. 交换机默认的最大安全地址数为128

8. 当交换机接收的分组的目的MAC地址在其映射表中没有对应的表项时，采取的策略是？(　　)

A. 丢掉该分组　　B. 将该分组分片
C. 向其他端口广播该分组　　D. 不转发此帧并将其保存起来

5.3　企业园区网络出口安全设置任务

教学重点：

选择和使用硬件防火墙，通过对硬件防火墙的一系列安全配置以提高整个园区网络的安全性。

教学难点：

防火墙系统的工作原理、防火墙的过滤规则。

5.3.1　应用环境

企业园区网络的互联网出口面临着黑客、蠕虫病毒、网络入侵、不良内容、垃圾邮件等攻击。如何使用合适的安全产品进行全方位的保护，如何选择、配置和维护防火墙、防病毒网关、入侵检测系统、内容过滤、VPN 等一系列安全产品，已经成为目前许多企业正在考虑的关键课题。企业园区网络必须使用硬件防火墙来解决网络的安全问题，一般来说，园区网络的防火墙安装位置如图 5—17 所示。

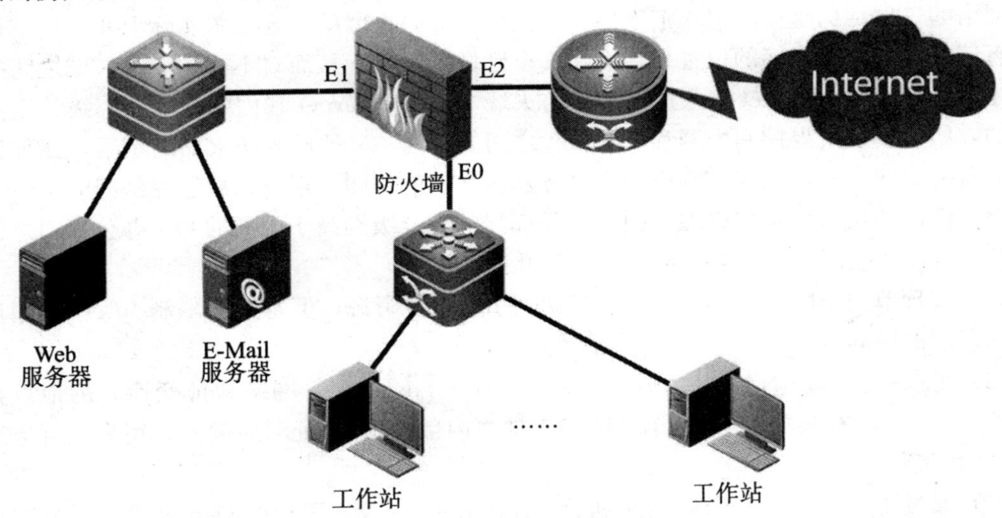

图 5—17　安装有防火墙的网络

防火墙是一个访问控制策略强制执行点。无论其设计和实施有多么复杂，防火墙都是通过检查所接收到的数据和跟踪链接判定什么样的数据应该被允许，什么样的数据应该被拒绝。另外，防火墙也可以作为对被保护主机发起的中间媒介和代理，同时提供了一套接入访问认证方法去更好地保证只有被许可的访问才能被允许接入。通过正确地实施和配置防火墙来升级安全策略来减少安全威胁所造成的风险。尽管防火墙不能阻止所有的攻击，但是它仍然是保护资源的最好方式之一，并且不可否认的是，通过防火墙来保护资源肯定优于不使用防火墙，我们需要了解不同类型的防火墙安全策略和如何去构建一个高效的安全策略。

5.3.2　需求分析

随着企业园区的发展，网络故障也不断增多，特别是出现了一些网络安全方面的问题，使园区网络面临很大的威胁。防火墙是一种行之有效的网络安全机制，它在网络内部和外部之间实施安全防范的系统。通过防火墙能够定义一个接入访问控制要求并且保证仅当流量或数据匹配这个要求的时候才能穿越防火墙或者接入被保护的系统。从根本上说，防火墙能执行以下工作：管理和控制网络流量、认证接入、担当中间媒介、保护资源、报告和记录事件。

企业园区及时地引进了一台硬件防火墙，现在需要对硬件防火墙进行设置，以更好地保证园区网络的安全。

5.3.3 方案设计

在配置防火墙之前最重要的事情便是选择防火墙的放置位置。一个周密有效的设计方案是成功保护网络资源最重要的一步。对于放置位置的选择，通常是将防火墙放置在被保护网络资源的前方，这样会起到一定程度的保护作用，但是如果通过详细了解需要保护的资源的情况与防火墙的自身功能后进行方案设计及实施，将会更加全面地保护网络不受侵害，更好地发挥防火墙在网络中的作用。总之，需要做预先的设计工作以使防火墙安置在能够发挥其效率并符合整体网络策略的位置。

网络的三层结构是核心层、汇聚层、接入层，而防火墙的放置位置实际上和三层结构是没有直接关系的。防火墙的位置是在放在安全区域的边界，从而对不同的安全区域之间的访问做控制。如：在 Internet 接入边界放置防火墙，因为 Internet 和内网的安全等级肯定是不一样的，所以要在边界控制内网和 Internet 之间的访问；其他放置防火墙的位置，比如说在内部的服务器区出口，用于控制内网和服务器区之间的访问；还可以放置在部门的出口，比如在财务部门的出口放置防火墙，因为财务部门的安全级别高于内部的 OA 办公部门。针对内网和 Internet 之间的防火墙，应具有以下几种功能：

(1) 实现单向访问，允许局域网用户访问 Internet 资源，但是严格限制 Internet 用户对局域网资源的访问。

(2) 可以作为部署 NAT（Network Address Translation，网络地址变换）的地点，利用 NAT 技术，将有限的 IP 地址动态或静态地与内部的 IP 地址对应起来，用来缓解地址空间短缺的问题。

(3) 通过防火墙，将整个局域网划分为 Internet、DMZ 区和内网访问区这三个逻辑上分开的区域，有利于对整个网络进行管理。

(4) 局域网所有客户机和服务器处于防火墙的整体防护之下，只要通过防火墙设置的修改，就能防止绝大部分来自 Internet 上的攻击，网络管理员只需要关注 DMZ 区对外提供服务的相关应用的安全漏洞即可。

(5) 通过防火墙的过滤规则，实现端口级控制，限制局域网用户对 Internet 的访问。

(6) 进行流量控制，确保重要业务对流量的要求。

(7) 通过过滤规则，以时间为控制要素，限制大流量网络应用在上班时间的使用。

(8) 通过防火墙的过滤规则，限制 Internet 用户对 WWW 服务器的访问，将访问权限控制在最小的限度，在这种情况下，网络管理员可以忽略服务器系统的安全漏洞，只需要关注 WWW 应用服务软件的安全漏洞即可。

(9) 通过过滤规则，对远程更新的时间、来源（通过 IP 地址）进行限制。

5.3.4　相关知识：防火墙原理与分类

1. 按防火墙的实现技术分类

防火墙系统的工作原理因实现技术不同，大致可分为三种。

（1）包过滤防火墙。

包过滤技术是一种基于网络层的防火墙技术。根据设置好的过滤规则，通过检查 IP 数据包来确定该数据包是否通过。而那些不符合规定的 IP 地址会被防火墙过滤掉，由此保证网络系统的安全。该技术通常可以过滤基于某些或所有下列信息组的 IP 包：源 IP 地址；目的 IP 地址；TCP/UDP 源端口；TCP/UDP 目的端口。包过滤技术实际上是一种基于路由器的技术，其最大优点就是价格便宜，实现逻辑简单便于安装和使用。而缺点有：

- 过滤规则难以配置和测试。
- 包过滤只访问网络层和传输层的信息，访问信息有限，对网络更高协议层的信息无理解能力。
- 对一些协议，如 UDP 和 RPC 难以有效地过滤。

（2）代理防火墙。

代理技术是与包过滤技术完全不同的另一种防火墙技术。其主要思想就是在两个网络之间设置一个“中间检查站”，两边的网络应用可以通过这个检查站相互通信，但是它们之间不能越过它直接通信。这个“中间检查站”就是代理服务器，它运行在两个网络之间，对网络之间的每一个请求进行检查。当代理服务器接收到用户请求后，会检查用户请求合法性。若合法，则把请求转发到真实的服务器上，并将答复再转发给用户。代理服务器是针对某种应用服务而写的，工作在应用层。

优点：它将内部用户和外界隔离开来，使得从外面只能看到代理服务器而看不到任何内部资源。与包过滤技术相比，代理技术是一种更安全的技术。

缺点：在应用支持方面存在不足，执行速度较慢。

（3）状态监视防火墙。

状态监视技术是第三代防火墙技术，集成了前两者的优点。能对网络通信的各层实行检测。同包过滤技术一样，它能够通过检测 IP 地址、端口号以及 TCP 标记，过滤进出的数据包。它允许受信任的客户机和不受信任的主机建立直接连接，不依靠与应用层有关的代理，而是依靠某种算法来识别进出的应用层数据，这些算法通过已知合法数据包的模式来比较进出数据包，这样从理论上就能比应用级代理在过滤数据包上更有效。状态监视器的监视模块支持多种协议和应用程序，可方便地实现应用和服务的扩充。此外，它还可监测 RPC 和 UDP 端口信息，而包过滤和代理都不支持此类端口。这样，通过对各层进行监测，状态监视器实现网络安全的目的。目前，多使用状态监测防火墙，它对用户透明，在 OSI 最高层上加密数据，而无需修改客户端程序，也无需对每个需在防火墙上运行的服务额外增加一个代理。

2. 按防火墙的软硬件形式分类

从防火墙的软、硬件形式来分的话，防火墙可以分为软件防火墙和硬件防火墙以及芯片级防火墙。

（1）软件防火墙。

运行于特定的计算机上，它需要客户预先安装好的计算机操作系统的支持，一般来说这台计算机就是整个网络的网关，俗称“个人防火墙”。软件防火墙就像其他的软件产品一样需要先在计算机上安装并做好配置才可以使用。防火墙厂商中做网络版软件防火墙最出名的莫过于 Checkpoint。使用这类防火墙，需要网管对所工作的操作系统平台比较熟悉。

（2）硬件防火墙。

它指针对芯片级防火墙来说的。它们最大的差别在于是否基于专用的硬件平台。目前市场上大多数防火墙都是这种所谓的硬件防火墙，它们都基于 PC 架构，就是说，它们和普通的家庭用的 PC 没有太大区别。值得注意的是，由于此类防火墙采用的依然是别人的内核，因此依然会受到 OS（操作系统）本身的安全性影响。

（3）芯片级防火墙。

基于专门的硬件平台，没有操作系统。专有的 ASIC 芯片促使它们比其他种类的防火墙速度更快，处理能力更强，性能更高。做这类防火墙最出名的厂商有 NetScreen、FortiNet、Cisco、锐捷等。这类防火墙由于是专用 OS（操作系统），因此防火墙本身的漏洞比较少，不过价格相对比较高昂。

5.3.5 实施过程

现在以锐捷 RG-WALL160M 防火墙为例，介绍硬件防火墙的配置方法。

1. 防火墙基础配置

RG-WALL160M 防火墙是锐捷网络推出的接口丰富、配置灵活、网络适应能力好的准千兆防火墙产品。该产品基于自主开发的 RG-SecOS，在高性能硬件平台的支撑下，处理能力最高可达 1000Mbps。主要功能包括：扩展的状态检测功能、防范入侵及其他附加功能（如 URL 过滤、HTTP 透明代理、SMTP 代理、分离 DNS、NAT 功能和审计/报告等）。

RG-WALL160M 防火墙产品广泛应用于政府、金融、教育、军队、医疗等行业的准千兆网络环境。配合锐捷网络的交换机、路由器产品，可以为用户提供完整的端到端解决方案，是网络出口和不同策略区域之间安全互联的理想选择。

RG-WALL160M 防火墙通过 CONSOLE 口命令行进行管理，利用随机附带的串口线连接管理主机的串口和防火墙串口 CONSOLE，启动超级终端工具，以 Windows 自带“超级终端”为例，如图 5—18 所示：点击“开始→所有程序→附件→通信→超级终端”，选择用于连接的串口设备，制定通信参数：

- 每秒位数：9600；
- 数据位：8；
- 奇偶校验：无；
- 停止位：1；
- 数据流控制：无。

连接成功以后，提示输入管理员账号和口令时，输入出厂默认账号“admin”和口令“firewall”即可进入登录界面，注意所有的字母都是小写的，如图 5—19 所示。

RG-WALL160M 防火墙也可以通过 Web 界面进行管理，利用随机附带的网线直接连接管理主机网口和防火墙 FE1 网口（初始配置，只能将管理主机连接在防火墙的第一个网口上），把管理主机 IP 设置为 192.168.10.200，掩码为 255.255.255.0。

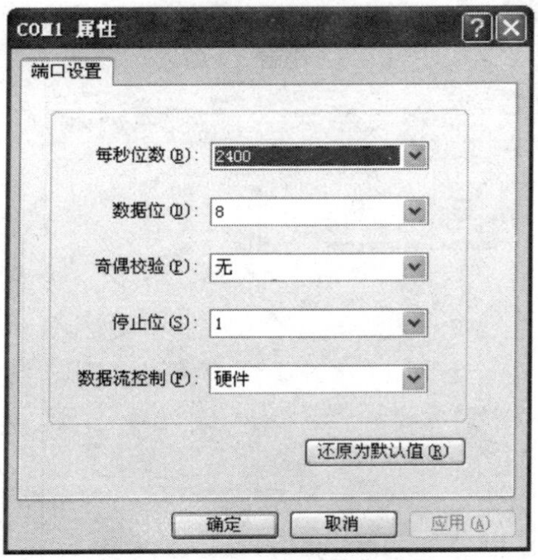

图 5—18　启动超级终端工具

图 5—19　RG-WALL160M 防火墙登录界面

在管理主机运行“ping 192.168.10.100”，验证是否真正连通，如不能连通，请检查管理主机的 IP（192.168.10.200）是否设置在与防火墙相连的网络接口上。

可以通过电子钥匙进行登录，插入 USB 时运行 IE 浏览器，在地址栏输入 https：// 192.168.10.100：6667，等待约 20 秒钟会弹出一个对话框提示接受证书，选择确认即可。系统提示输入管理员账号和口令。缺省情况下，管理员账号是 admin，密码是：firewall。

也可以使用独立证书文件进行登录，如果使用独立证书文件，则运行 IE 浏览器，在地址栏输入 https：// 192.168.10.100：6666，弹出一个对话框提示接受证书，选择确认即可。系统提示输入管理员账号和口令。缺省情况下，管理员账号是 admin，密码是：firewall。

2. 配置举例

在开始配置防火墙之前，我们先设置一些要求，以方便进行下一步的配置工作，这些要求是：

● 某企业为了提高网络的安全性，购买了一台 RG-WALL160M 防火墙。现在需要登录到防火墙并对其进行配置，使其满足基本的网络安全需求。

● 防火墙的初始化向导可以帮助用户在防火墙第一次上线前进行基本功能的配置。

具体实验拓扑如图 5—20 所示。

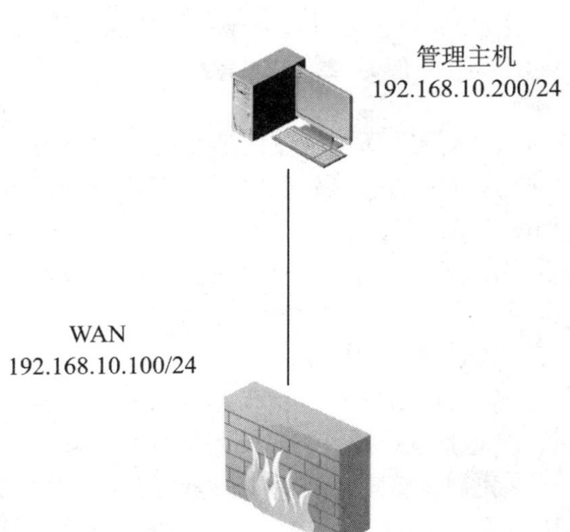

图 5—20　RG-WALL160M 防火墙实验拓扑图

3. 初始配置

（1）安装管理员证书。

管理员证书在防火墙随机光盘的 Admin Cert 文件夹中，见图 5—21。

双击 admin.p12 文件，该文件将初始 Windows 的证书导入向导，点击“下一步”按钮，如图 5—22 所示。

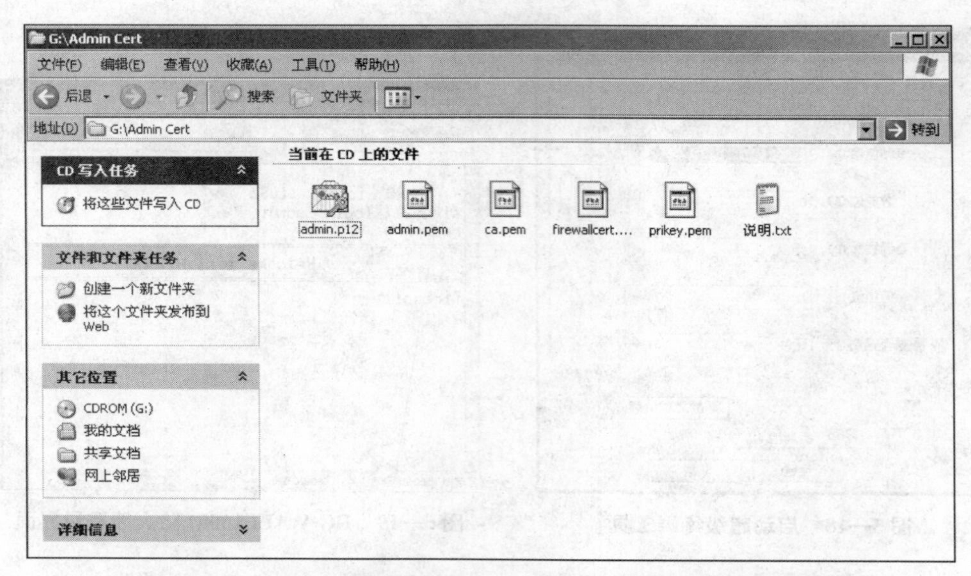

图 5—21　在防火墙随机光盘的 Admin Cert 文件夹中的管理员证书

指定证书所在的路径，点击“下一步”按钮，如图 5—23 所示。

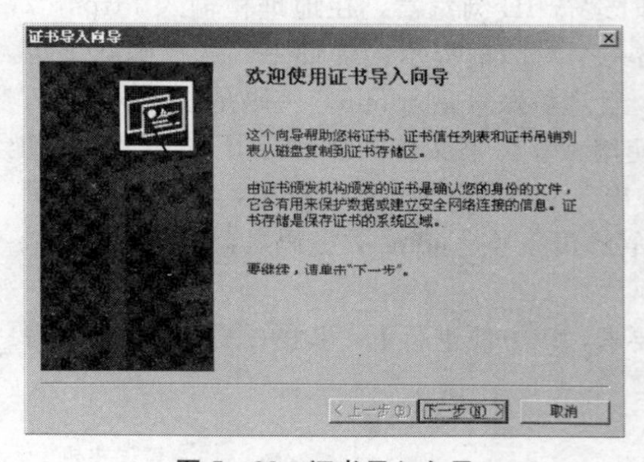

图 5—22　证书导入向导

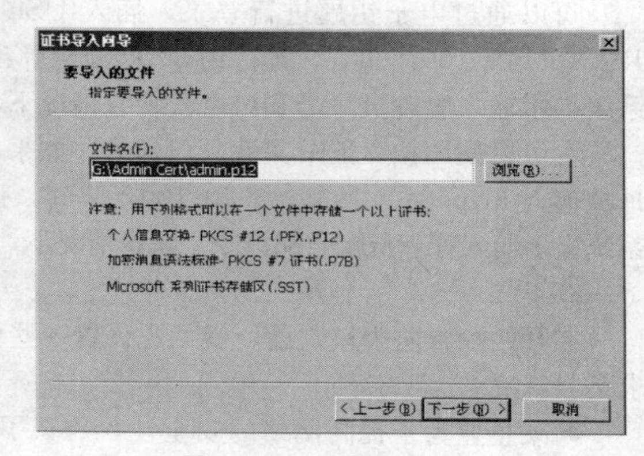

图 5—23　证书导入文件

输入导入证书时使用的密码，密码为 123456，点击“下一步”按钮，如图 5—24 所示。

选择证书的存放位置，我们让 Windows 自动选择证书存储区，点击“下一步”按钮，如图 5—25 所示。

点击“完成”按钮，完成证书的导入，系统会提示证书导入成功，如图 5—26、图 5—27 所示。

(2) 登录防火墙。

防火墙出厂时，默认在 WAN 接口配置了一个 IP 地址 192.168.10.100/24，并且只允许 IP 地址为 192.168.10.200 的主机对其进行管理。

我们将管理主机的 IP 地址配置为 192.168.10.200/24，在 Web 浏览器的地址栏中输入 https://192.168.10.100:6666。注意，这里使用的是“https”，这样所有的管理流量都是通过 SSL 进行加密的，并且端口号为 6666，这是使用文件证书登录防火墙时使用的端口。如果使用 USB-KEY 登录，端口号为 6667。

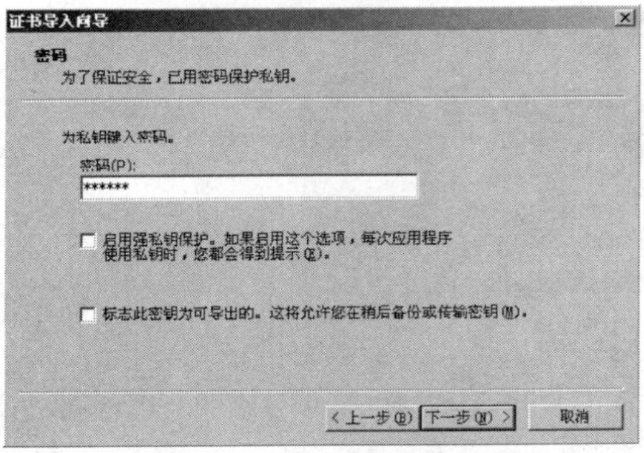

图 5—24　输入导入证书时使用的密码

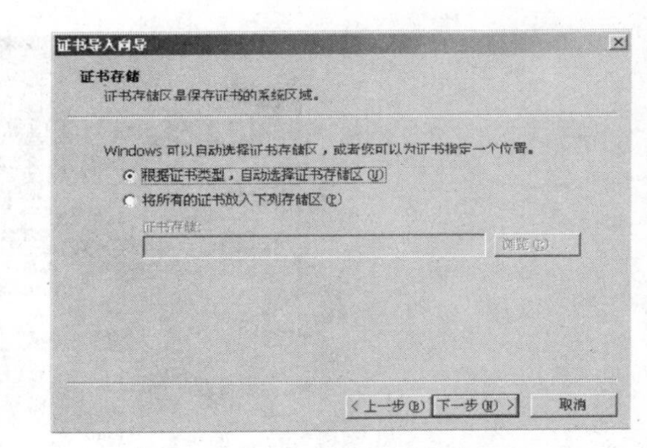

图 5—25　选择证书的存放位置

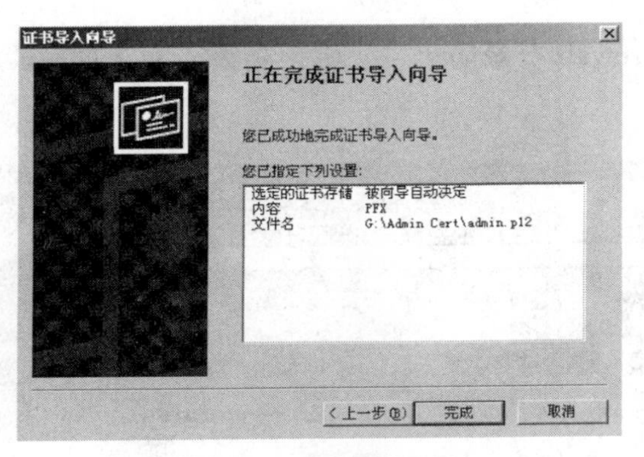

图 5—26　完成证书的导入

图 5—27　证书导入成功

当使用 https：//192.168.10.100：6666 登录防火墙时，防火墙将提示管理主机初始管理员证书，该证书就是之前导入的管理员证书，点击〈确定〉按钮，如图 5—28 所示。

之后 Windows 提示验证防火墙的证书，点击“确定”按钮，如图 5—29 所示。

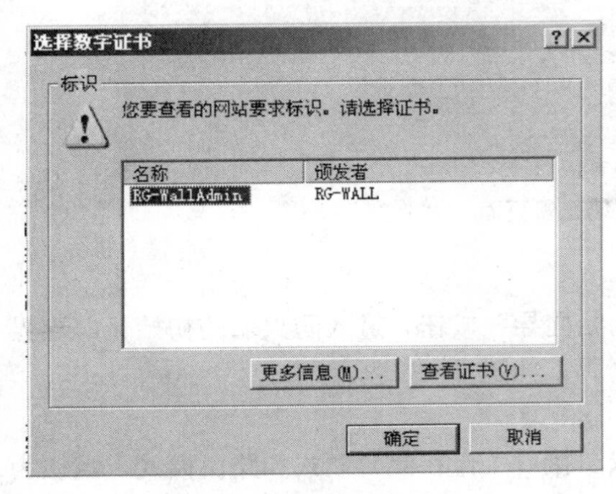

图 5—28　选择数字证书

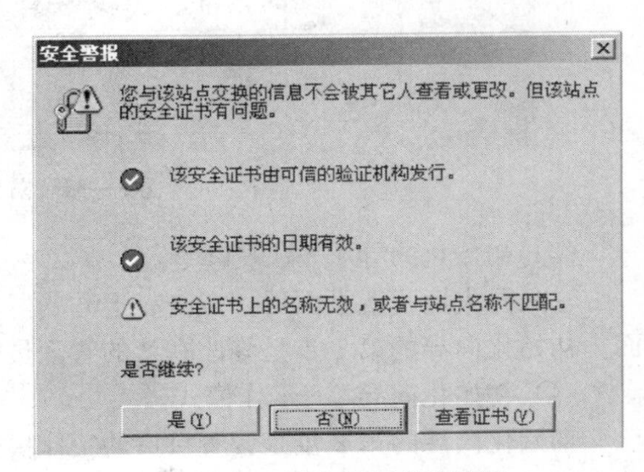

图 5—29　防火墙证书的验证

通过验证后，此时就可以进入到防火墙的登录界面，如图 5—30 所示。

图 5—30 防火墙登录界面

使用默认的用户名 admin、密码 firewall 登录防火墙，进入防火墙配置页面，如图 5—31 所示。

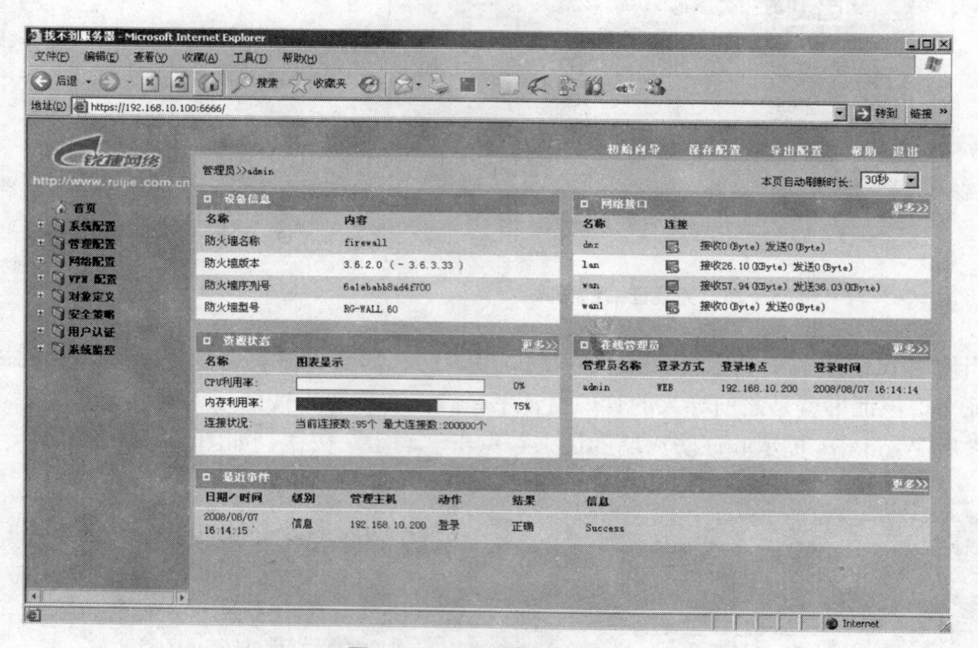

图 5—31 防火墙配置页面

（3）初始化向导 1—修改口令。

进入防火墙配置页面后，点击右上方的“初始向导”按钮，进入防火墙的初始化向导界面。初始化向导的第 1 步是修改默认的管理员密码，如图 5—32 所示。

（4）初始化向导 2—工作模式。

初始化向导的第 2 步是设置接口的工作模式。接口工作在混合模式和路由模式，默认为路由模式，如图 5—33 所示。路由模式是指接口对报文进行路由转发，混合模式是指接口对报文进行透明桥接转发。

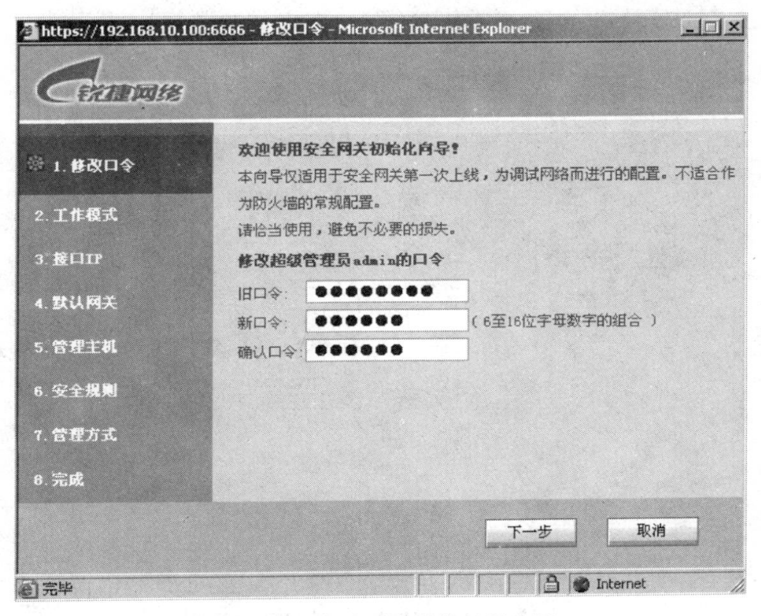

图 5—32　修改默认的管理员密码

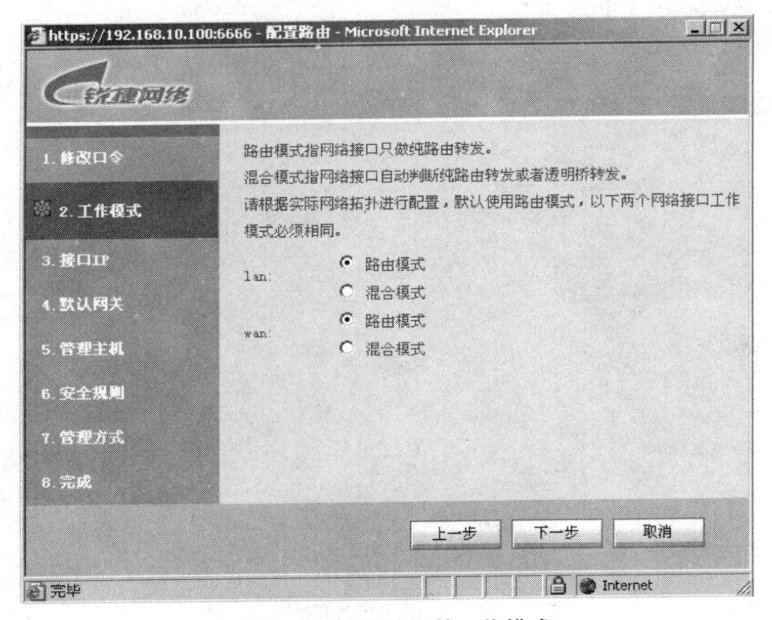

图 5—33　设置接口的工作模式

(5) 初始化向导 3—接口 IP。

初始化向导的第 3 步是设置接口的 IP 地址和掩码信息，并且可以设置该地址是否作为管理地址，是否允许主机 ping 等选项，如图 5—34 所示。

(6) 初始化向导 4—默认网关。

初始化向导的第 4 步是设置防火墙的默认网关，通常这都是 ISP 侧路由器的地址，如图 5—35 所示。

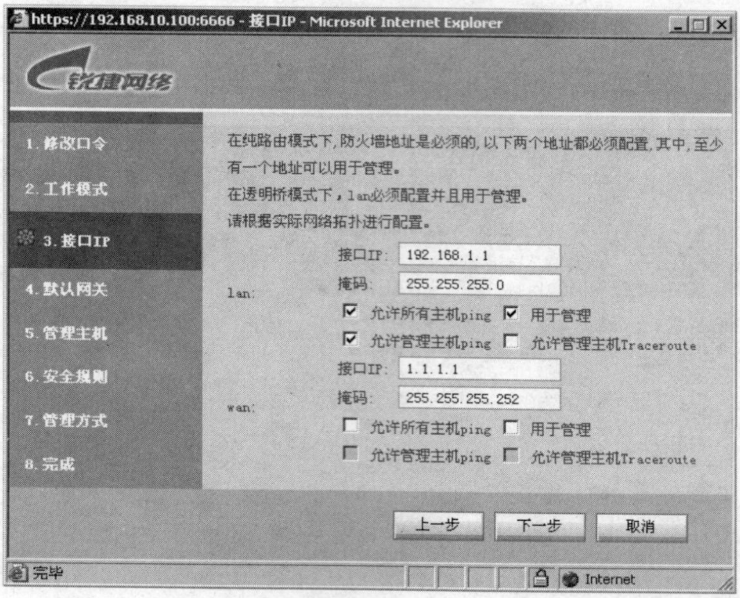

https://192.168.10.100:6666 - 接口IP - Microsoft Internet Explorer
锐捷网络
1. 修改口令
2. 工作模式
3. 接口IP
4. 默认网关
5. 管理主机
6. 安全规则
7. 管理方式
8. 完成
在纯路由模式下，防火墙地址是必须的，以下两个地址都必须配置，其中，至少有一个地址可以用于管理。
在透明桥模式下，lan必须配置并且用于管理。
请根据实际网络拓扑进行配置。
lan:
接口IP: 192.168.1.1
掩码: 255.255.255.0
允许所有主机ping
用于管理
允许管理主机ping
允许管理主机Traceroute
wan:
接口IP: 1.1.1.1
掩码: 255.255.255.252
允许所有主机ping
用于管理
允许管理主机ping
允许管理主机Traceroute
上一步
下一步
取消
完毕
Internet

图 5—34　设置接口的 IP 地址和掩码信息

https://192.168.10.100:6666 - 默认网关 - Microsoft Internet Explorer
锐捷网络
1. 修改口令
2. 工作模式
3. 接口IP
4. 默认网关
5. 管理主机ip
6. 安全规则
7. 管理方式
8. 完成
通常是与安全网关直接相连的路由器或网关地址，非必填项
请根据实际网络拓扑进行配置。
默认网关: 1.1.1.2
上一步
下一步
取消
完毕
Internet

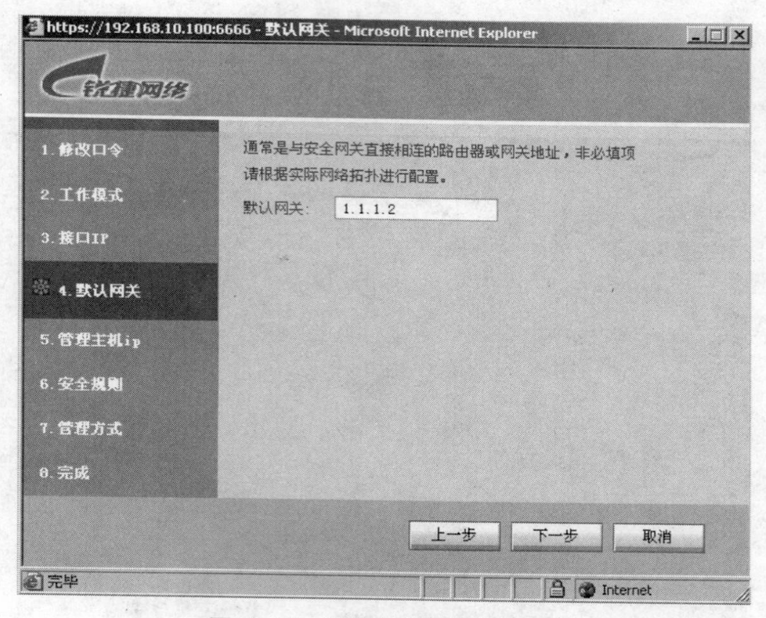

图 5—35　设置防火墙的默认网关

（7）初始化向导 5—管理主机 IP。

初始化向导的第 5 步是管理主机 IP，只有该地址可以对防火墙进行管理，如图 5—36 所示。后续在配置界面中还可以添加多个管理主机。默认的管理主机为 192.168.10.200。

（8）初始化向导 6—安全规则。

初始化向导的第 6 步是添加安全规则，这里可以根据内部和外部的子网信息进行配置，如图 5—37 所示。

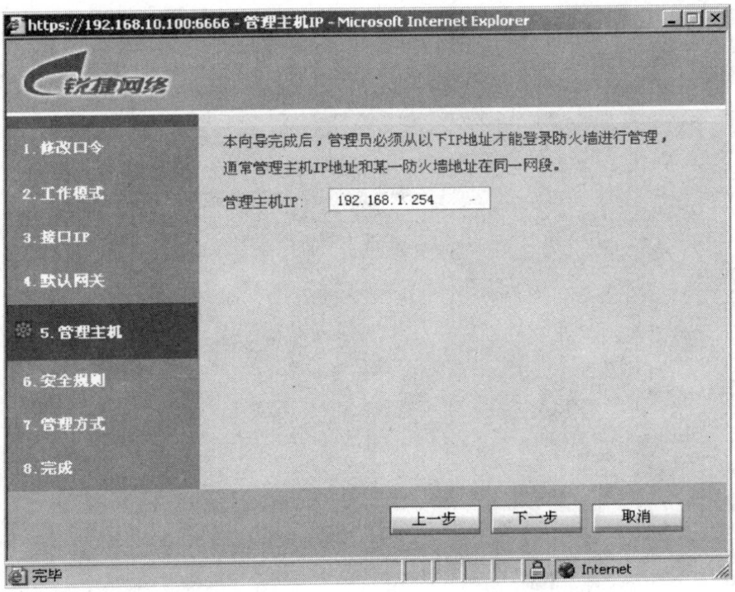

图 5—36　管理主机 IP

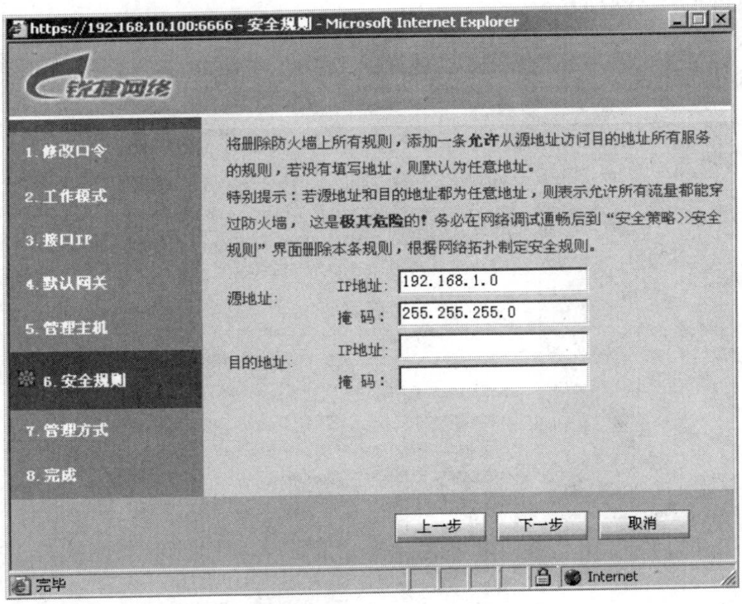

图 5—37　添加安全规则

(9) 初始化向导 7—管理方式。

初始化向导的第 7 步是设置管理防火墙的方式，这里可以选择三种方式：使用串口连接 Console 接口进行命令行管理；使用 Web 的 https 方式，即我们现在登录的方式；使用 SSH 加密连接进行命令行管理，如图 5—38 所示。

(10) 初始化向导 8—完成。

初始化向导的第 8 步是完成向导的配置，此时页面会显示之前步骤配置的结果，点击

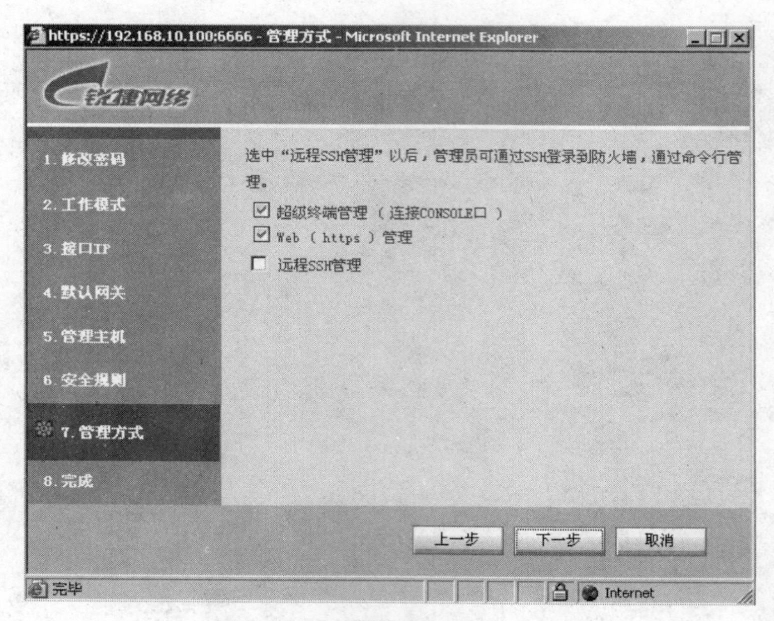

图 5—38　设置管理防火墙的方式

“完成”按钮，如图 5—39 所示。

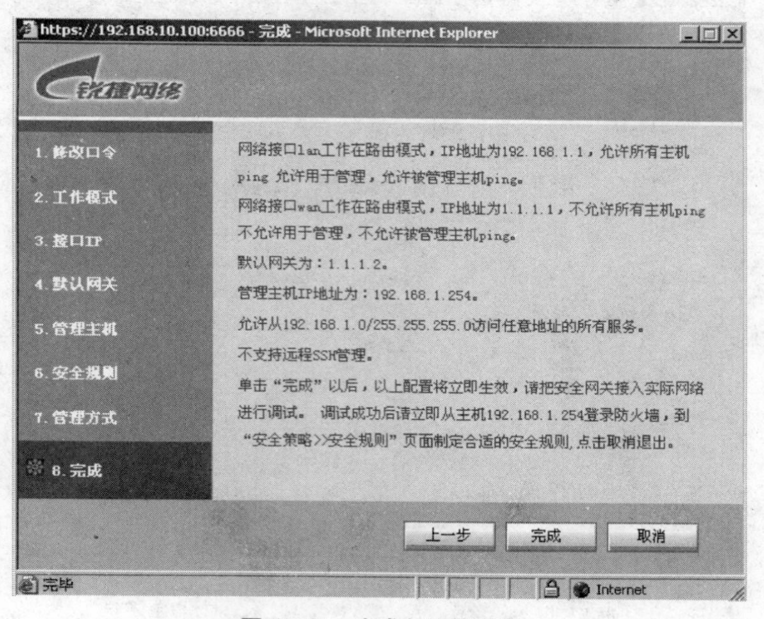

图 5—39　完成向导的配置

4. 网络地址解析

由于我们有 IP 地址连接，我们需要使用网络地址解析让内部用户连接到外部网络。我们将使用一种称作“PAT”或者“NAT Overload”的网络地址解析。这样，所有内部设备都可以共享一个公共的 IP 地址。通过下面示例来说明具体配置。

某企业园区网络的出口使用了一台防火墙作为接入 Internet 的设备，并且内部网络使用私有 IP 地址（RFC 1918）。现在需要使用防火墙的安全 NAT 功能使内部网络中使用私有地址的主机访问 Internet 资源，并且还需要进行访问控制，只允许必要的流量通过防火墙，企业园区网络拓扑如图 5—40 所示。

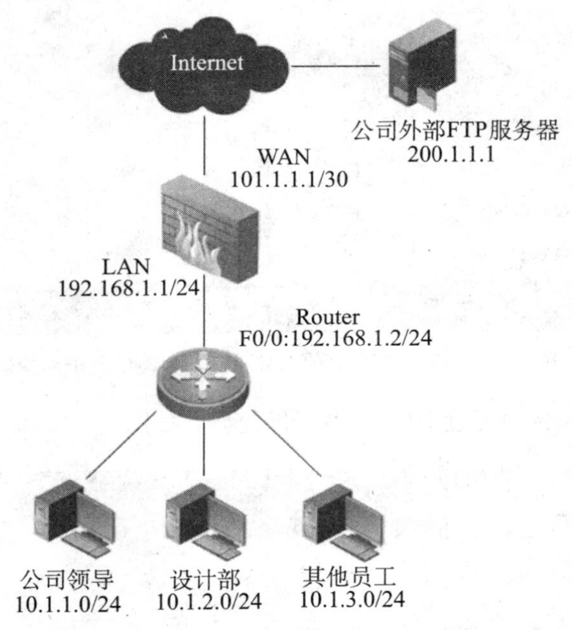

图 5—40　企业园区网络拓扑图

企业园区内部网络使用的私有地址段为 10.1.1.0/24、10.1.2.0/24、10.1.3.0/24。公司领导使用的子网为 10.1.1.0/24，设计部使用的子网为 10.1.2.0/24，其他员工使用的子网为 10.1.3.0/24。并且公司在公网上有一台 IP 地址为 200.1.1.1 的外部 FTP 服务器。

现在需要在防火墙上进行访问控制，使经理的主机可以访问 Internet 中的 Web 服务器和公司的外部 FTP 服务器，并能够使用邮件客户端（SMTP/POP3）收发邮件；设计部的主机可以访问 Internet 中的 Web 服务器和公司的外部 FTP 服务器；其他员工的主机只能访问公司的外部 FTP 服务器。

企业网络需要让使用私有编址的内部网络能够访问 Internet，并且对内部网络到达 Internet 的流量进行限制，防火墙的安全 NAT 功能可以同时满足这两个需求。

（1）配置防火墙接口的 IP 地址。

进入防火墙的配置页面：网络配置→接口 IP，单击“添加”按钮为接口添加 IP 地址，如图 5—41 所示。

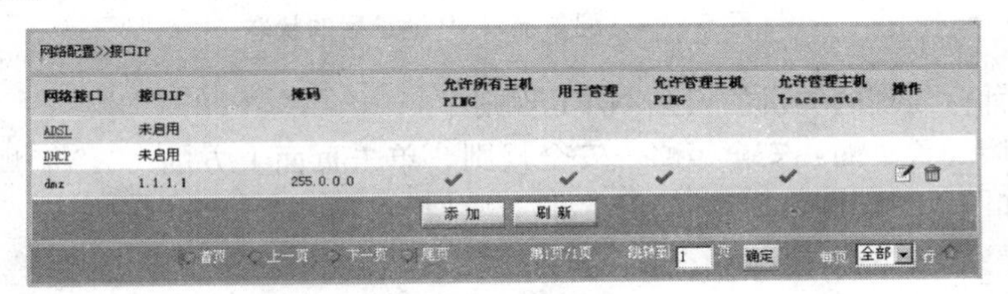

图 5—41　网络接口 IP 配置页面

为防火墙的 LAN 接口配置 IP 地址及子网掩码，如图 5—42 所示。

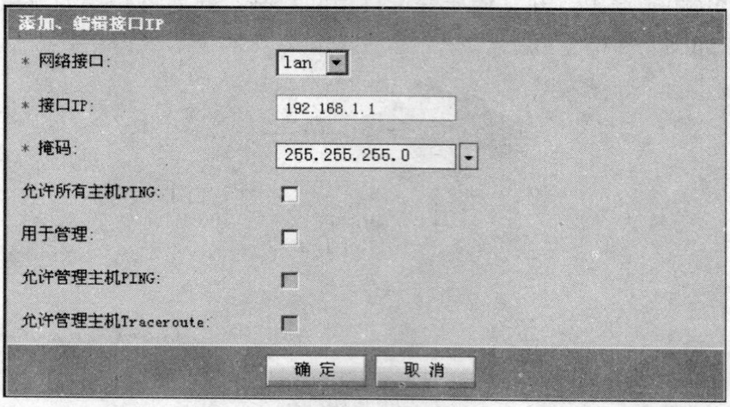

添加、编辑接口IP

* 网络接口: lan

* 接口IP: 192.168.1.1

* 掩码: 255.255.255.0

允许所有主机PING:

用于管理:

允许管理主机PING:

允许管理主机Traceroute:

确 定 取 消

图 5—42 配置防火墙的 LAN 接口 IP 地址及子网掩码

为防火墙的 WAN 接口配置 IP 地址及子网掩码，如图 5—43 所示。

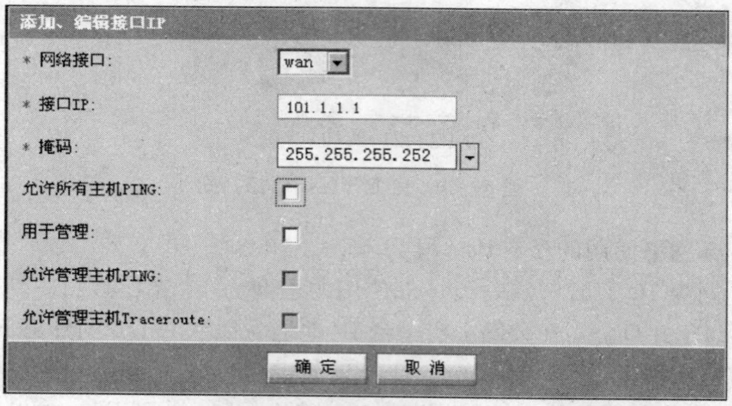

添加、编辑接口IP

* 网络接口: wan

* 接口IP: 101.1.1.1

* 掩码: 255.255.255.252

允许所有主机PING:

用于管理:

允许管理主机PING:

允许管理主机Traceroute:

确 定 取 消

图 5—43 配置防火墙的 WAN 接口的 IP 地址及子网掩码

接口配置 IP 地址后的状态如图 5—44 所示。

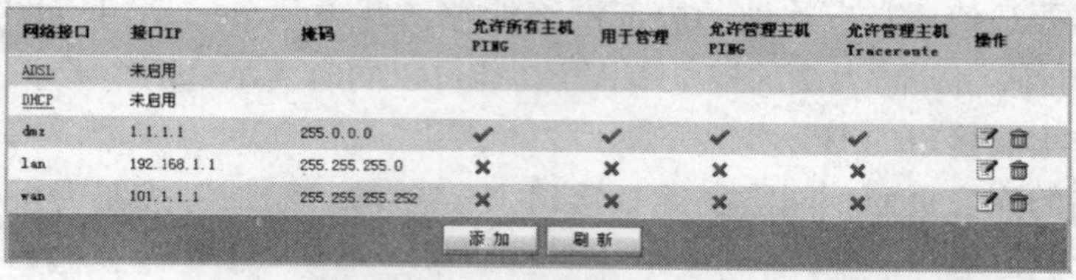

网络接口	接口IP	掩码	允许所有主机PING	用于管理	允许管理主机PING	允许管理主机Traceroute	操作
ADSL	未启用						
DHCP	未启用						
dmz	1.1.1.1	255.0.0.0	✔	✔	✔	✔	
lan	192.168.1.1	255.255.255.0	✖	✖	✖	✖	
wan	101.1.1.1	255.255.255.252	✖	✖	✖	✖	

添 加 刷 新

图 5—44 配置接口 IP 地址后的状态

（2）配置针对经理的主机的安全 NAT 规则。

进入防火墙配置页面：安全策略→安全规则，单击页面上方的“NAT 规则”按钮添加 NAT 规则，如图 5—45 所示。

添加允许经理的主机访问 Internet 中 Web 服务器的 NAT 规则，如图 5—46 所示。

添加允许经理的主机进行 DNS 域名解析的 NAT 规则，如图 5—47 所示。

安全策略>>安全规则
跳转到 全部
序号
规则名
源地址
目的地址
服务
类型
选项
生效
无 记 录
首页
上一页
下一页
尾页
确定
100

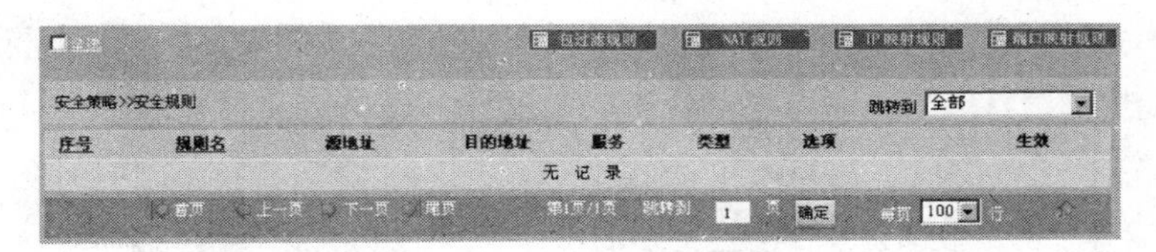

图 5—45　安全规则配置页面

NAT规则维护
满足条件
规则名:
manager_http
(1-15位 字母、数字、减号、下划线的组合)
源地址:
手工输入
IP地址 10.1.1.0
掩 码 255.255.255.0
目的地址:
any
IP地址
掩 码
* 源地址转换为:
101.1.1.1
服务:
http
执行动作
检查流入网口:
lan
检查流出网口:
wan
时间调度:
流量控制:
用户认证:
日志记录:
URL 过滤:
隧道名:
*序号:
1
连接限制:
保护主机
保护服务
限制主机
限制服务
添加下一条
确 定
取 消

图 5—46　添加允许经理的主机访问 Internet 中 Web 服务器的 NAT 规则

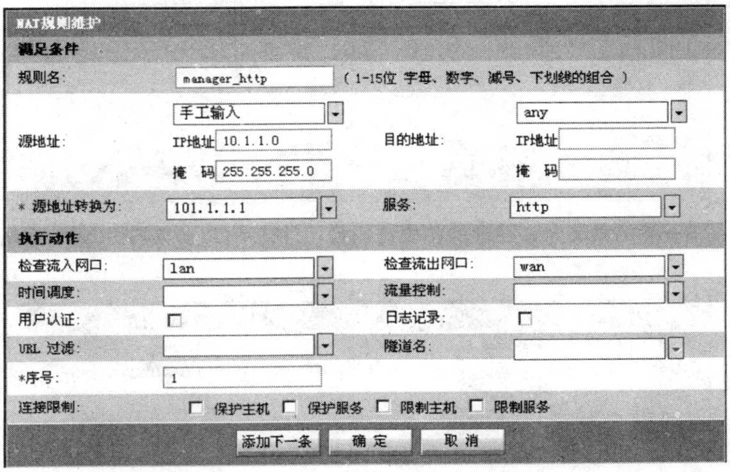

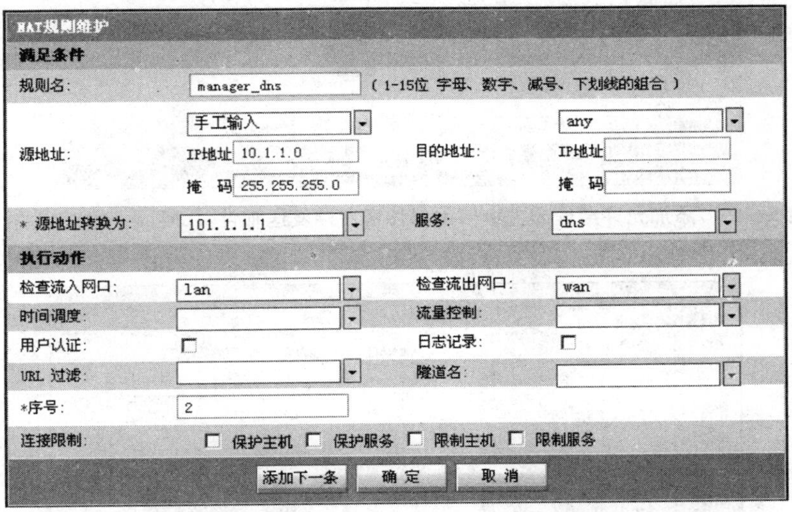

NAT规则维护
满足条件
规则名:
manager_dns
(1-15位 字母、数字、减号、下划线的组合)
源地址:
手工输入
IP地址 10.1.1.0
掩 码 255.255.255.0
目的地址:
any
IP地址
掩 码
* 源地址转换为:
101.1.1.1
服务:
dns
执行动作
检查流入网口:
lan
检查流出网口:
wan
时间调度:
流量控制:
用户认证:
日志记录:
URL 过滤:
隧道名:
*序号:
2
连接限制:
保护主机
保护服务
限制主机
限制服务
添加下一条
确 定
取 消

图 5—47　添加允许经理的主机进行 DNS 域名解析的 NAT 规则

添加允许经理的主机访问公司外部 FTP 服务器的 NAT 规则，如图 5—48 所示。

添加允许经理的主机使用邮件客户端发送邮件（SMTP）的 NAT 规则，如图 5—49 所示。

添加允许经理的主机使用邮件客户端接收邮件（POP3）的 NAT 规则，如图 5—50 所示。

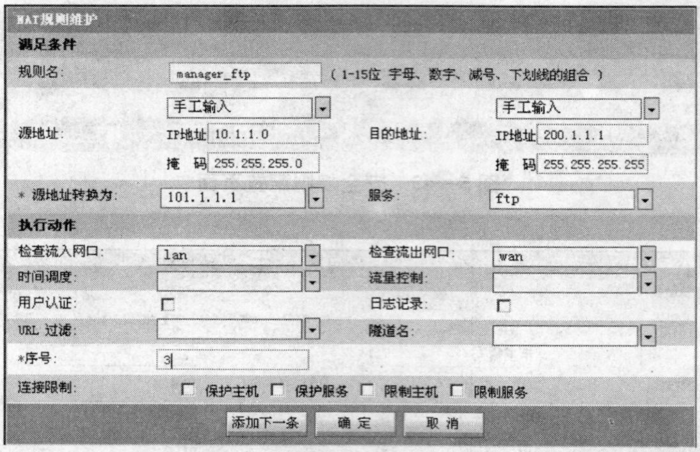

NAT规则维护

满足条件

规则名: manager_ftp （1-15位 字母、数字、减号、下划线的组合）

源地址: 手工输入 IP地址 10.1.1.0 掩 码 255.255.255.0

目的地址: 手工输入 IP地址 200.1.1.1 掩 码 255.255.255.255

* 源地址转换为: 101.1.1.1

服务: ftp

执行动作

检查流入网口: lan

检查流出网口: wan

时间调度:

流量控制:

用户认证: □

日志记录: □

URL 过滤:

隧道名:

*序号: 3

连接限制: □ 保护主机 □ 保护服务 □ 限制主机 □ 限制服务

添加下一条　确 定　取 消

图 5—48　添加允许经理的主机访问公司外部 FTP 服务器的 NAT 规则

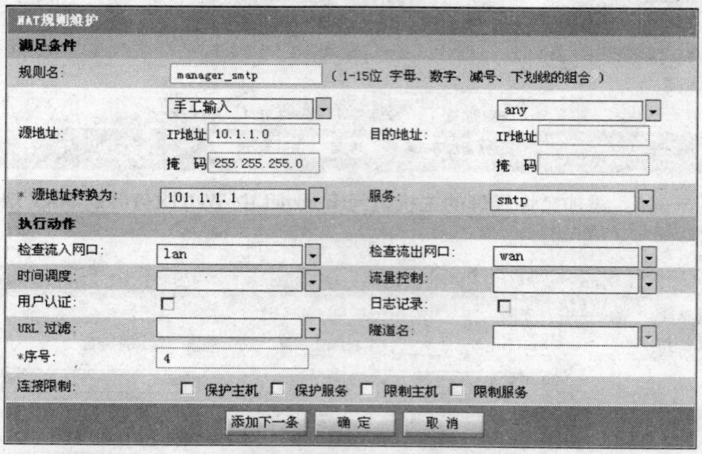

NAT规则维护

满足条件

规则名: manager_smtp （1-15位 字母、数字、减号、下划线的组合）

源地址: 手工输入 IP地址 10.1.1.0 掩 码 255.255.255.0

目的地址: any IP地址 掩 码

* 源地址转换为: 101.1.1.1

服务: smtp

执行动作

检查流入网口: lan

检查流出网口: wan

时间调度:

流量控制:

用户认证: □

日志记录: □

URL 过滤:

隧道名:

*序号: 4

连接限制: □ 保护主机 □ 保护服务 □ 限制主机 □ 限制服务

添加下一条　确 定　取 消

图 5—49　添加允许经理的主机使用邮件客户端发送邮件（SMTP）的 NAT 规则

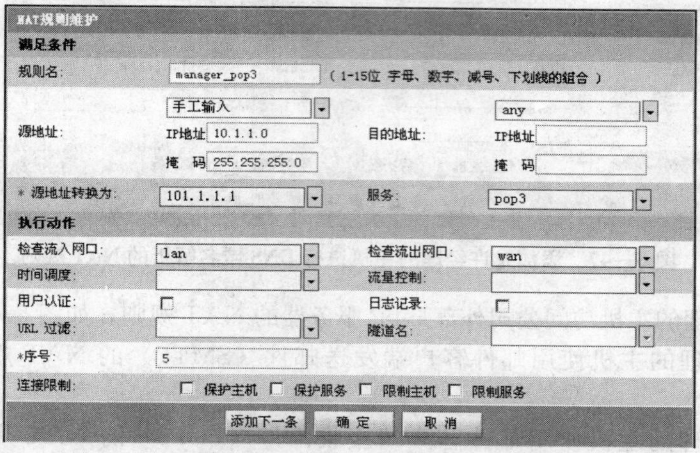

NAT规则维护

满足条件

规则名: manager_pop3 （1-15位 字母、数字、减号、下划线的组合）

源地址: 手工输入 IP地址 10.1.1.0 掩 码 255.255.255.0

目的地址: any IP地址 掩 码

* 源地址转换为: 101.1.1.1

服务: pop3

执行动作

检查流入网口: lan

检查流出网口: wan

时间调度:

流量控制:

用户认证: □

日志记录: □

URL 过滤:

隧道名:

*序号: 5

连接限制: □ 保护主机 □ 保护服务 □ 限制主机 □ 限制服务

添加下一条　确 定　取 消

图 5—50　添加允许经理的主机使用邮件客户端接收邮件（POP3）的 NAT 规则

（3）配置针对设计部的主机的安全 NAT 规则。

添加允许设计部的主机访问 Internet 中 Web 服务器的 NAT 规则，如图 5—51 所示。

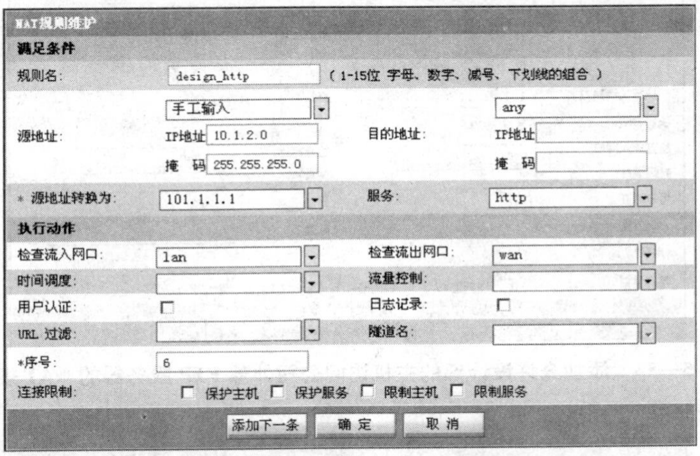

NAT规则维护
满足条件
规则名: design_http （1-15位 字母、数字、减号、下划线的组合）
源地址: 手工输入 IP地址 10.1.2.0 掩 码 255.255.255.0
目的地址: any IP地址 掩 码
* 源地址转换为: 101.1.1.1
服务: http
执行动作
检查流入网口: lan
检查流出网口: wan
时间调度:
流量控制:
用户认证:
日志记录:
URL 过滤:
隧道名:
*序号: 6
连接限制: 保护主机 保护服务 限制主机 限制服务
添加下一条 确 定 取 消

图 5—51　添加允许设计部的主机访问 Internet 中 Web 服务器的 NAT 规则

添加允许设计部的主机进行 DNS 域名解析的 NAT 规则，如图 5—52 所示。

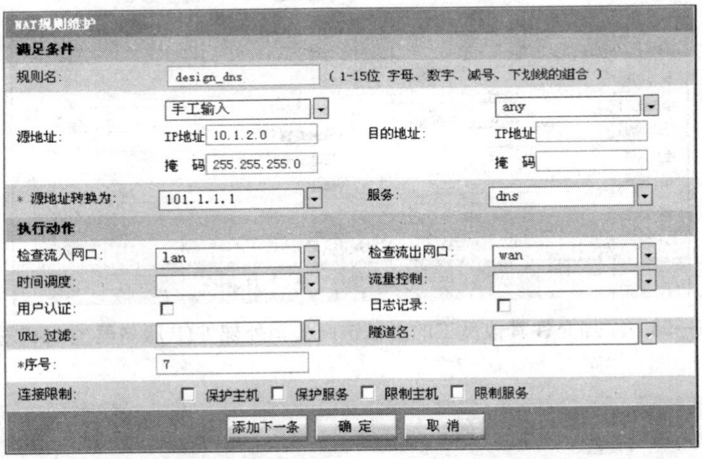

NAT规则维护
满足条件
规则名: design_dns （1-15位 字母、数字、减号、下划线的组合）
源地址: 手工输入 IP地址 10.1.2.0 掩 码 255.255.255.0
目的地址: any IP地址 掩 码
* 源地址转换为: 101.1.1.1
服务: dns
执行动作
检查流入网口: lan
检查流出网口: wan
时间调度:
流量控制:
用户认证:
日志记录:
URL 过滤:
隧道名:
*序号: 7
连接限制: 保护主机 保护服务 限制主机 限制服务
添加下一条 确 定 取 消

图 5—52　添加允许设计部的主机进行 DNS 域名解析的 NAT 规则

添加允许设计部的主机访问公司外部 FTP 服务器的 NAT 规则，如图 5—53 所示。

（4）配置针对其他员工的主机的安全 NAT 规则。

添加允许其他员工的主机访问公司外部 FTP 服务器的 NAT 规则，如图 5—54 所示。

（5）查看配置的访问规则，如图 5—55 所示。

5. 防火墙规则

这些在内部网络的客户机有一个网络地址解析。但是，这并不意味着允许它们访问。它们现在需要一个允许它们访问外部网络（互联网）的规则。通过下边的示例来说明防火墙安全规则的配置过程。

某企业园区网络的出口使用了一台防火墙作为接入 Internet 的设备，现在需要使用防火墙的安全策略实现严格的访问控制，以允许必要的流量通过防火墙，并且阻止到 Internet 的

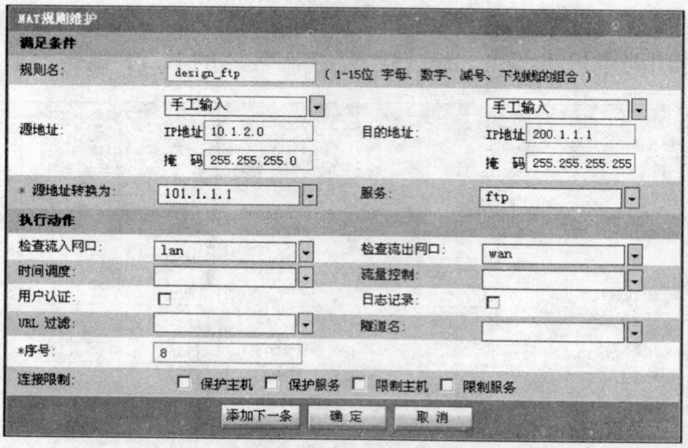

NAT规则维护

满足条件

规则名: design_ftp （1-15位 字母、数字、减号、下划线的组合）

源地址: 手工输入 IP地址 10.1.2.0 掩 码 255.255.255.0

目的地址: 手工输入 IP地址 200.1.1.1 掩 码 255.255.255.255

* 源地址转换为: 101.1.1.1

服务: ftp

执行动作

检查流入网口: lan

检查流出网口: wan

时间调度:

流量控制:

用户认证:

日志记录:

URL 过滤:

隧道名:

*序号: 8

连接限制: 保护主机 保护服务 限制主机 限制服务

添加下一条 确 定 取 消

图 5—53 添加允许设计部的主机访问公司外部 FTP 服务器的 NAT 规则

NAT规则维护

满足条件

规则名: employee_ftp （1-15位 字母、数字、减号、下划线的组合）

源地址: 手工输入 IP地址 10.1.3.0 掩 码 255.255.255.0

目的地址: 手工输入 IP地址 200.1.1.1 掩 码 255.255.255.255

* 源地址转换为: 101.1.1.1

服务: ftp

执行动作

检查流入网口: dmz

检查流出网口: wan

时间调度:

流量控制:

用户认证:

日志记录:

URL 过滤:

隧道名:

*序号: 9

连接限制: 保护主机 保护服务 限制主机 限制服务

添加下一条 确 定 取 消

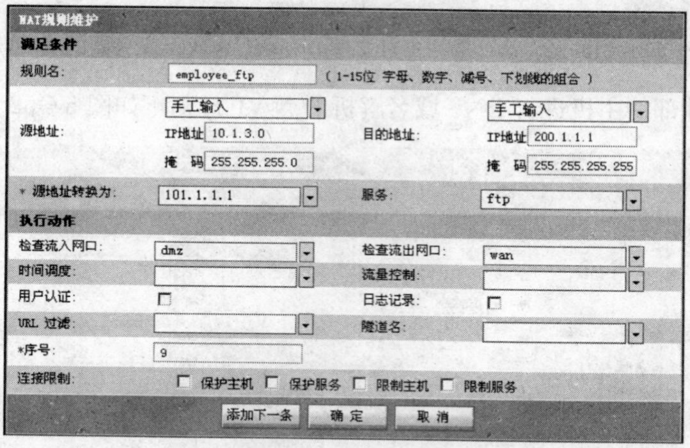

图 5—54 添加允许其他员工的主机访问公司外部 FTP 服务器的 NAT 规则

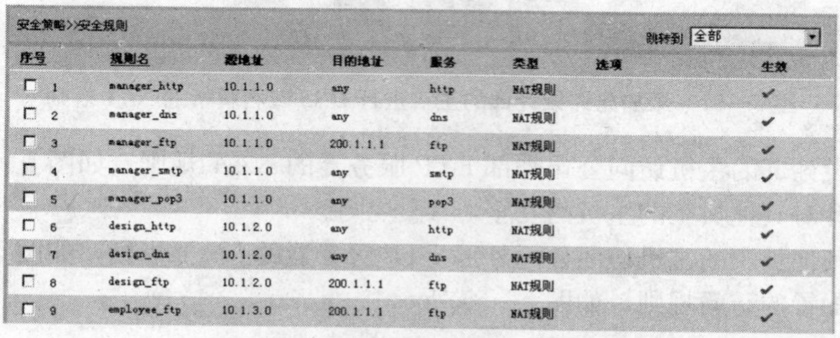

安全策略>>安全规则　　跳转到 全部

序号	规则名	源地址	目的地址	服务	类型	选项	生效
1	manager_http	10.1.1.0	any	http	NAT规则		✔
2	manager_dns	10.1.1.0	any	dns	NAT规则		✔
3	manager_ftp	10.1.1.0	200.1.1.1	ftp	NAT规则		✔
4	manager_smtp	10.1.1.0	any	smtp	NAT规则		✔
5	manager_pop3	10.1.1.0	any	pop3	NAT规则		✔
6	design_http	10.1.2.0	any	http	NAT规则		✔
7	design_dns	10.1.2.0	any	dns	NAT规则		✔
8	design_ftp	10.1.2.0	200.1.1.1	ftp	NAT规则		✔
9	employee_ftp	10.1.3.0	200.1.1.1	ftp	NAT规则		✔

图 5—55 查看配置的访问规则

未授权的访问。

企业园区内部网络使用的地址段为 100.1.1.0/24。公司经理的主机的 IP 地址为 100.1.1.100/24，设计部的主机的 IP 地址为 100.1.1.101/24～100.1.1.103/24，其他员工使用 100.1.1.2/24～100.1.1.99/24 范围内的地址。并且公司在公网上有一台 IP 地址为

200.1.1.1 的外部 FTP 服务器。

现在需要在防火墙上进行访问控制，使经理的主机可以访问 Internet 中的 Web 服务器和公司的外部 FTP 服务器，并能够使用邮件客户端（SMTP/POP3）收发邮件；设计部的主机可以访问 Internet 中的 Web 服务器和公司的外部 FTP 服务器；其他员工的主机只能访问公司的外部 FTP 服务器。

企业园区网络需要对内部网络到达 Internet 的流量进行限制，防火墙的安全策略（包过滤规则）可以满足这个需求，实现内部网络到 Internet 的访问的严格控制。

具体拓扑如图 5—56 所示。

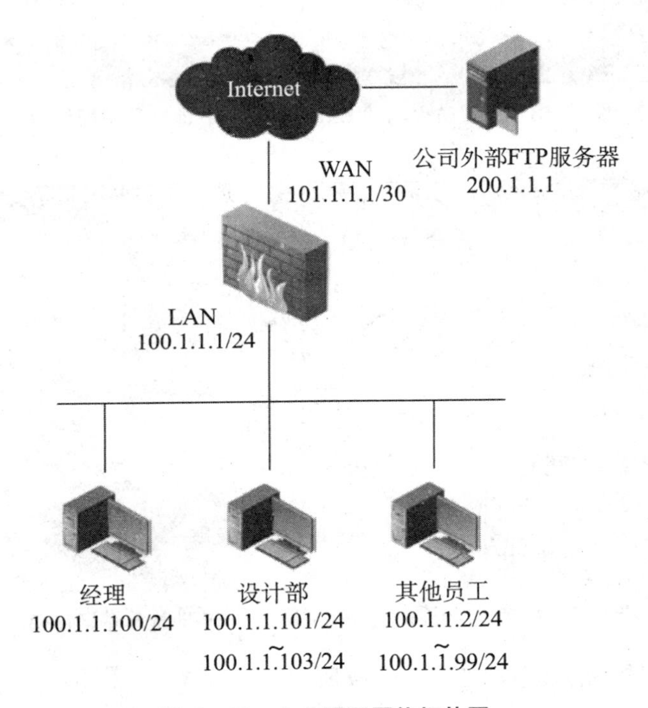

图 5—56　企业园区网络拓扑图

（1）配置防火墙接口的 IP 地址。

进入防火墙的配置页面：网络配置→接口 IP，单击“添加”按钮为接口添加 IP 地址，如图 5—57。

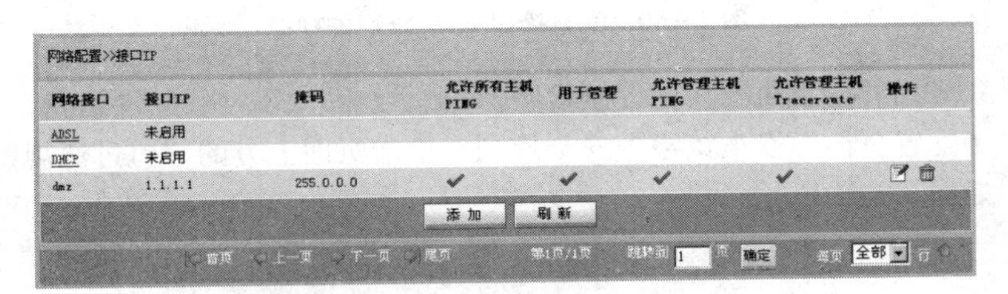

图 5—57　网络接口 IP 配置页面

为防火墙的 LAN 接口配置 IP 地址及子网掩码，如图 5—58 所示。

为防火墙的 WAN 接口配置 IP 地址及子网掩码，如图 5—59 所示。

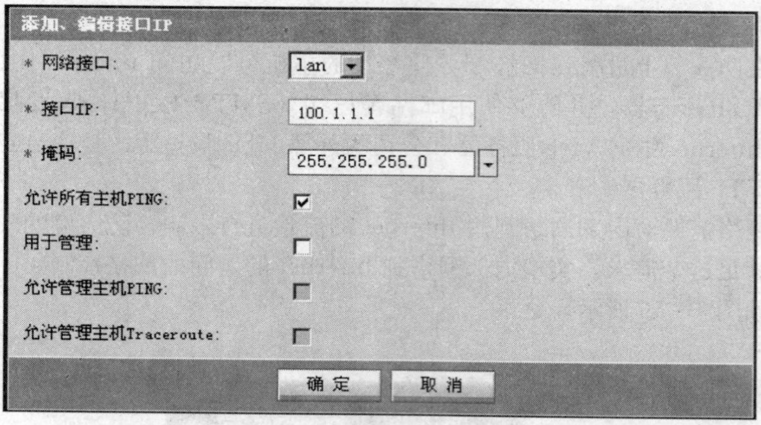

添加、编辑接口IP
* 网络接口:
lan
* 接口IP:
100.1.1.1
* 掩码:
255.255.255.0
允许所有主机PING:
用于管理:
允许管理主机PING:
允许管理主机Traceroute:
确 定
取 消

图 5—58　配置防火墙的 LAN 接口的 IP 地址及子网掩码

添加、编辑接口IP
* 网络接口:
wan
* 接口IP:
101.1.1.1
* 掩码:
255.255.255.252
允许所有主机PING:
用于管理:
允许管理主机PING:
允许管理主机Traceroute:
确 定
取 消

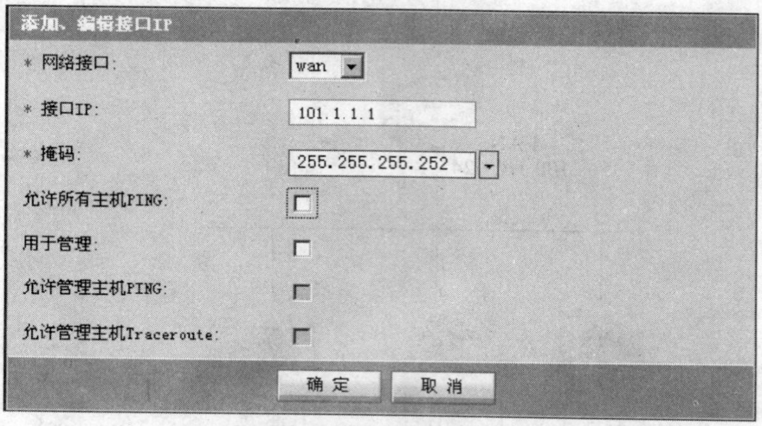

图 5—59　配置防火墙的 WAN 接口的 IP 地址及子网掩码

接口配置 IP 地址后的状态，如图 5—60 所示。

网络接口
接口IP
掩码
允许所有主机PING
用于管理
允许管理主机PING
允许管理主机Traceroute
操作
ADSL 未启用
DHCP 未启用
dmz 1.1.1.1 255.0.0.0
lan 100.1.1.1 255.255.255.0
wan 101.1.1.1 255.255.255.252
添 加
刷 新

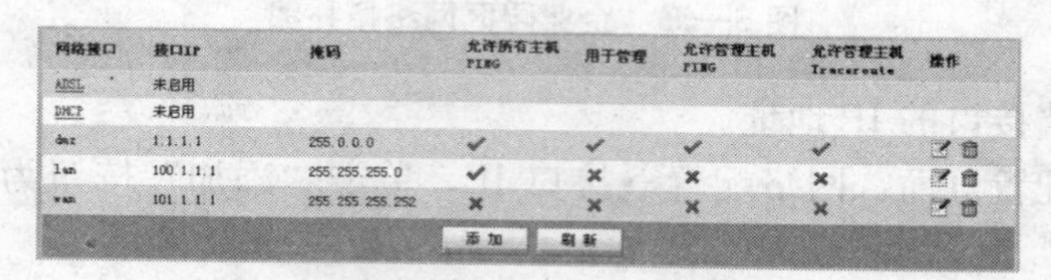

图 5—60　配置接口 IP 地址后的状态

(2) 配置针对经理的主机的访问控制规则。

进入防火墙配置页面：安全策略→安全规则，单击页面上方的“包过滤规则”按钮添加包过滤规则，如图 5—61 所示。

安全策略>>安全规则
全部
序号
规则名
源地址
目的地址
服务
类型
选项
生效
无 记 录

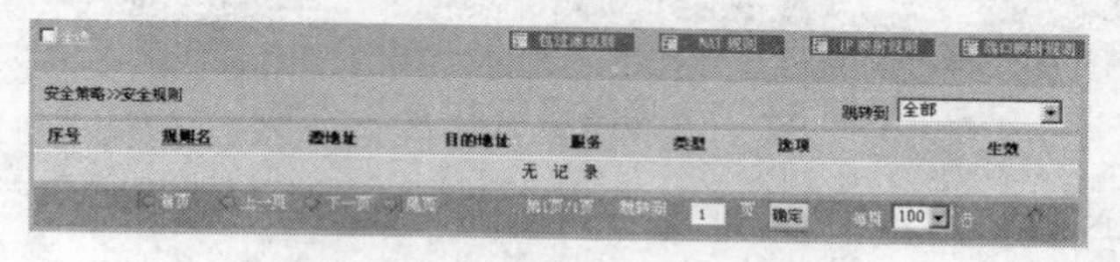

图 5—61　防火墙安全规则配置

添加允许经理的主机访问 Internet 中 Web 服务器的包过滤规则，如图 5—62 所示。

包过滤规则维护			
满足条件			
规则名:	manager_http （1-15位 字母、数字、减号、下划线的组合）		
源地址:	手工输入 IP地址 100.1.1.100 掩 码 255.255.255.255	目的地址:	 IP地址 掩 码
服务:	http		
执行动作			
动作:	⊙ 允许 ○ 禁止	URL 过滤:	
检查流入网口:		检查流出网口:	
时间调度:		流量控制:	
用户认证:	□	日志记录:	□
隧道名:		序号:	1
连接限制:	□ 保护主机 □ 保护服务 □ 限制主机 □ 限制服务		
添加下一条 确 定 取 消			

图 5—62 添加允许经理的主机访问 Internet 中 Web 服务器的包过滤规则

添加允许经理的主机进行 DNS 域名解析的访问规则，如图 5—63 所示。

包过滤规则维护			
满足条件			
规则名:	manager_dns （1-15位 字母、数字、减号、下划线的组合）		
源地址:	手工输入 IP地址 100.1.1.100 掩 码 255.255.255.255	目的地址:	any IP地址 掩 码
服务:	dns		
执行动作			
动作:	⊙ 允许 ○ 禁止	URL 过滤:	
检查流入网口:		检查流出网口:	
时间调度:		流量控制:	
用户认证:	□	日志记录:	□
隧道名:		序号:	2
连接限制:	□ 保护主机 □ 保护服务 □ 限制主机 □ 限制服务		
添加下一条 确 定 取 消			

图 5—63 添加允许经理的主机进行 DNS 域名解析的访问规则

添加允许经理的主机访问公司外部 FTP 服务器的访问规则，如图 5—64 所示。

添加允许经理的主机使用邮件客户端发送邮件（SMTP）的访问规则，如图 5—65 所示。

添加允许经理的主机使用邮件客户端接收邮件（POP3）的访问规则，如图 5—66 所示。

（3）配置针对设计部的主机的访问控制规则。

添加允许设计部的主机访问 Internet 中 Web 服务器的访问规则，如图 5—67 所示。

添加允许设计部的主机进行 DNS 域名解析的访问规则，如图 5—68 所示。

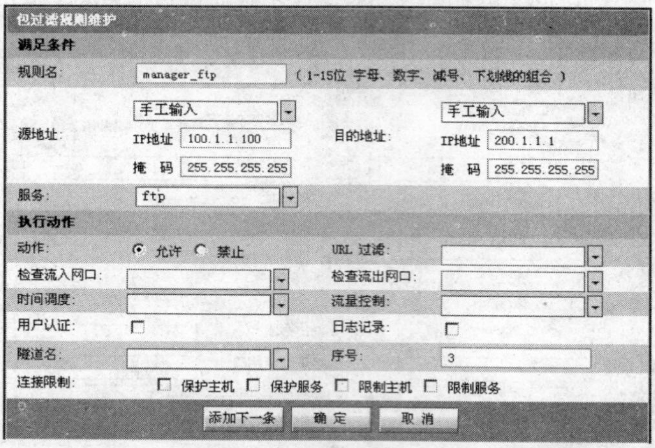

包过滤规则维护

满足条件

规则名: manager_ftp （1-15位 字母、数字、减号、下划线的组合）

源地址: 手工输入 IP地址 100.1.1.100 掩 码 255.255.255.255

目的地址: 手工输入 IP地址 200.1.1.1 掩 码 255.255.255.255

服务: ftp

执行动作

动作: ⊙ 允许 ○ 禁止　URL 过滤:

检查流入网口:　检查流出网口:

时间调度:　流量控制:

用户认证: □　日志记录: □

隧道名:　序号: 3

连接限制: □ 保护主机 □ 保护服务 □ 限制主机 □ 限制服务

添加下一条　确 定　取 消

图 5—64　添加允许经理的主机访问公司外部 FTP 服务器的访问规则

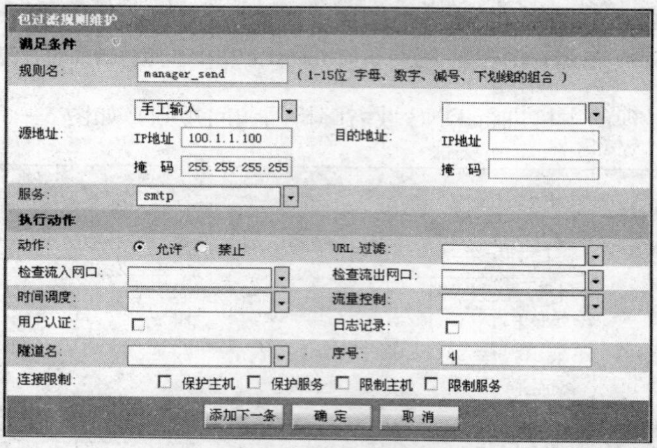

包过滤规则维护

满足条件

规则名: manager_send （1-15位 字母、数字、减号、下划线的组合）

源地址: 手工输入 IP地址 100.1.1.100 掩 码 255.255.255.255

目的地址: IP地址 掩 码

服务: smtp

执行动作

动作: ⊙ 允许 ○ 禁止　URL 过滤:

检查流入网口:　检查流出网口:

时间调度:　流量控制:

用户认证: □　日志记录: □

隧道名:　序号: 4

连接限制: □ 保护主机 □ 保护服务 □ 限制主机 □ 限制服务

添加下一条　确 定　取 消

图 5—65　添加允许经理的主机使用邮件客户端发送邮件（SMTP）的访问规则

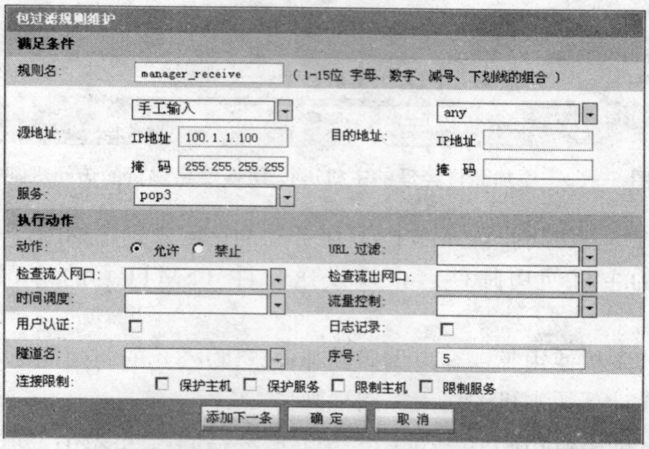

包过滤规则维护

满足条件

规则名: manager_receive （1-15位 字母、数字、减号、下划线的组合）

源地址: 手工输入 IP地址 100.1.1.100 掩 码 255.255.255.255

目的地址: any IP地址 掩 码

服务: pop3

执行动作

动作: ⊙ 允许 ○ 禁止　URL 过滤:

检查流入网口:　检查流出网口:

时间调度:　流量控制:

用户认证: □　日志记录: □

隧道名:　序号: 5

连接限制: □ 保护主机 □ 保护服务 □ 限制主机 □ 限制服务

添加下一条　确 定　取 消

图 5—66　添加允许经理的主机使用邮件客户端接收邮件（POP3）的访问规则

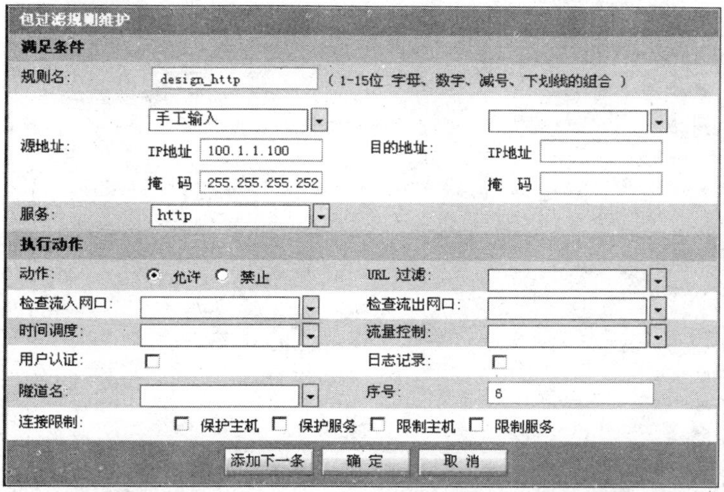

图 5—67　添加允许设计部的主机访问 Internet 中 Web 服务器的访问规则

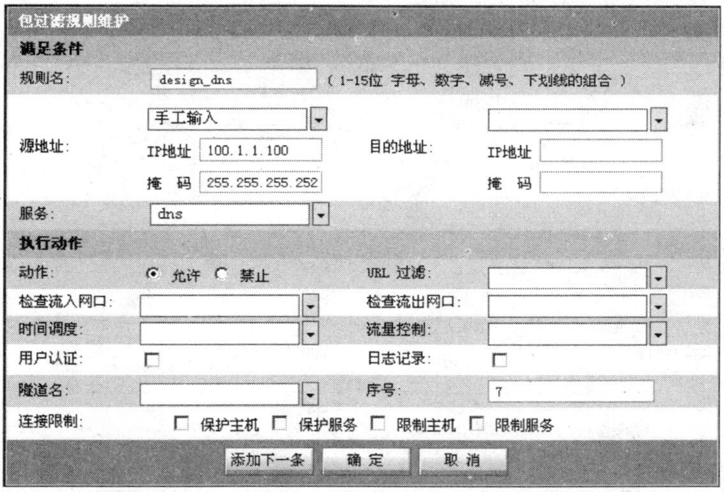

图 5—68　添加允许设计部的主机进行 DNS 域名解析的访问规则

添加允许设计部的主机访问公司外部 FTP 服务器的访问规则，如图 5—69 所示。

(4) 配置针对其他员工的主机的访问控制规则。

添加允许其他员工的主机访问公司外部 FTP 服务器的访问规则，如图 5—70 所示。

(5) 查看配置的访问规则，如图 5—71 所示。

5.3.6　任务小结

防火墙是一个系统或一组系统，在内部网与因特网间执行一定的安全策略，它实际上是一种隔离技术。一个有效的防火墙应该能够确保所有从因特网流入或流向因特网的信息都将经过防火墙，所有流经防火墙的信息都应接受检查。通过防火墙可以定义一个关键点以防止外来入侵；监控网络的安全并在异常情况下给出报警提示，尤其对于重大的信息通过时除进行检查外，还应做日志登记；提供网络地址转换功能，有助于缓解 IP 地址资源紧张的问题。

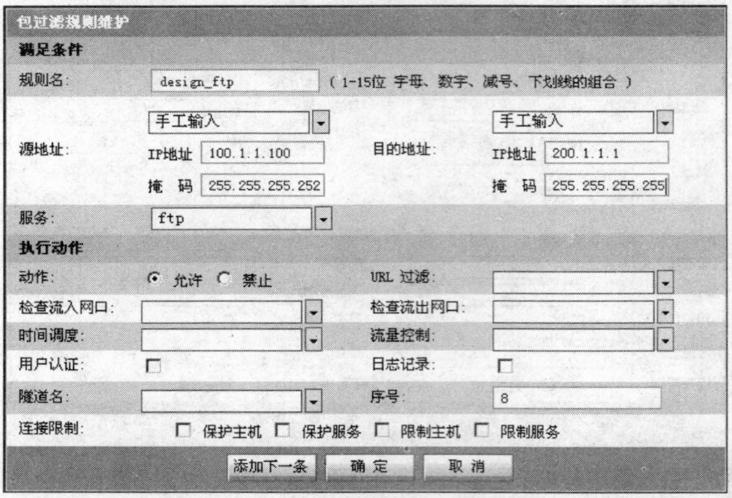

包过滤规则维护

满足条件

规则名: design_ftp （1-15位 字母、数字、减号、下划线的组合）

源地址: 手工输入 IP地址 100.1.1.100 掩 码 255.255.255.252

目的地址: 手工输入 IP地址 200.1.1.1 掩 码 255.255.255.255

服务: ftp

执行动作

动作: ⊙ 允许 ○ 禁止 URL 过滤:

检查流入网口: 检查流出网口:

时间调度: 流量控制:

用户认证: □ 日志记录: □

隧道名: 序号: 8

连接限制: □ 保护主机 □ 保护服务 □ 限制主机 □ 限制服务

添加下一条 确 定 取 消

图 5—69 添加允许设计部的主机访问公司外部 FTP 服务器的访问规则

包过滤规则维护

满足条件

规则名: employee_ftp （1-15位 字母、数字、减号、下划线的组合）

源地址: 手工输入 IP地址 100.1.1.0 掩 码 255.255.255.0

目的地址: 手工输入 IP地址 200.1.1.1 掩 码 255.255.255.255

服务: ftp

执行动作

动作: ⊙ 允许 ○ 禁止 URL 过滤:

检查流入网口: 检查流出网口:

时间调度: 流量控制:

用户认证: □ 日志记录: □

隧道名: 序号: 9

连接限制: □ 保护主机 □ 保护服务 □ 限制主机 □ 限制服务

添加下一条 确 定 取 消

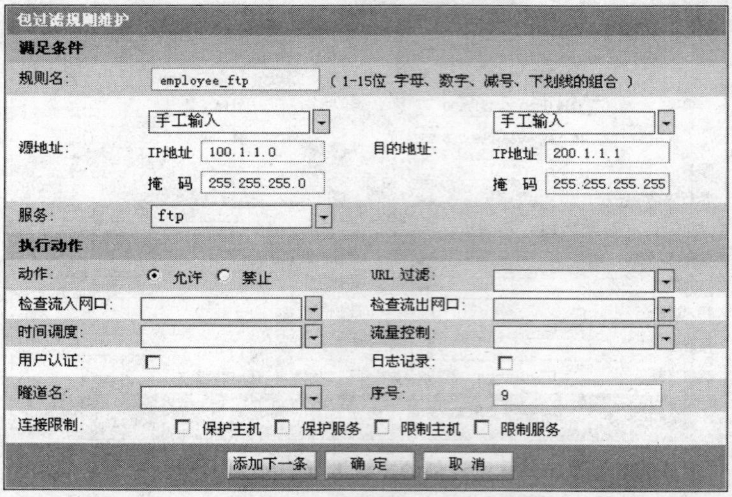

图 5—70 添加允许其他员工的主机访问公司外部 FTP 服务器的访问规则

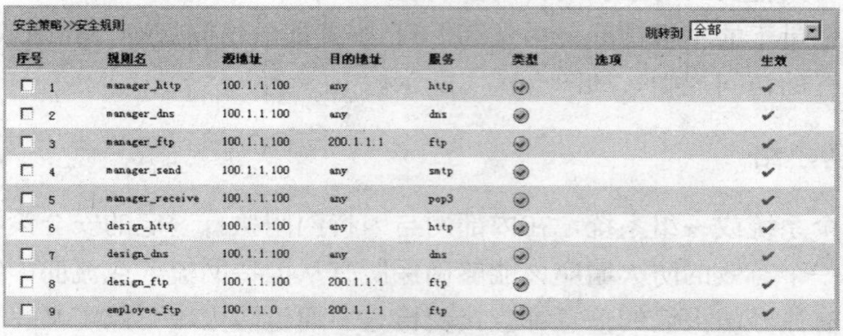

安全策略>>安全规则 跳转到 全部

序号	规则名	源地址	目的地址	服务	类型	选项	生效
□ 1	manager_http	100.1.1.100	any	http	✔		✔
□ 2	manager_dns	100.1.1.100	any	dns	✔		✔
□ 3	manager_ftp	100.1.1.100	200.1.1.1	ftp	✔		✔
□ 4	manager_send	100.1.1.100	any	smtp	✔		✔
□ 5	manager_receive	100.1.1.100	any	pop3	✔		✔
□ 6	design_http	100.1.1.100	any	http	✔		✔
□ 7	design_dns	100.1.1.100	any	dns	✔		✔
□ 8	design_ftp	100.1.1.100	200.1.1.1	ftp	✔		✔
□ 9	employee_ftp	100.1.1.0	200.1.1.1	ftp	✔		✔

图 5—71 查看配置的访问规则

5.3.7 练习与思考

1. 关于防火墙不正确的说法是(　　)。

A. 防火墙通常被安装在被保护的内网与因特网的连接点上

B. 防火墙可以根据安全策略规定的规则，仅允许“许可的服务”和授权的用户通过

C. 防火墙能够防止病毒在网上蔓延

D. 防火墙不能防止网络内部的破坏

2. 以下关于防火墙技术的描述，哪个是错误的(　　)。

A. 防火墙分为数据包过滤和应用网关两类

B. 防火墙可以控制外部用户对内部系统的访问

C. 防火墙可以阻止内部人员对外部的攻击

D. 防火墙可以分析和统管网络使用情况

3. 关于防火墙技术的描述中，正确的是(　　)。

A. 防火墙不能支持网络地址转换

B. 防火墙可以布置在企业内部网和 Internet 之间

C. 防火墙可以查、杀各种病毒

D. 防火墙可以过滤各种垃圾文件

4. 防火墙是(　　)。

A. 审计内外网间数据的硬件设备　　B. 审计内外网间数据的软件设备

C. 审计内外网间数据的策略　　D. 以上都是

5. 防火墙的主要作用不包括(　　)。

A. 抵抗外部攻击　　B. 保护内部网络

C. 防止恶意访问　　D. 利用 NAT 技术缓解 IP 地址的消耗

6. 包过滤技术的优点不包括(　　)。

A. 包过滤防火墙易于维护　　B. 处理包的速度比代理技术快

C. 不需要额外费用　　D. 对用户是透明的

7. 关于状态检测技术，以下说法错误的是（　　）。

A. 跟踪流经防火墙的所有通信信息

B. 对通信连接的状态进行跟踪与分析

C. 不允许内外网的主机直接建立连接

D. 状态检测防火墙工作在协议的最底层，因此不能有效地检测应用层的数据

8. 关于屏蔽子网的防火墙体系结构中堡垒主机的说法，错误的是(　　)。

A. 不属于整个防御体系的核心　　B. 位于周边网络

C. 可被认为是应用层网关　　D. 可以运行各种代理程序

参考文献

[1] 张选波. 企业网络构建与安全管理项目教程 [M]. 北京：机械工业出版社，2012. 3.

[2] 汪双顶，张选波. 局域网构建与管理项目教程 [M]. 北京：机械工业出版社，2012. 2.

[3] 汪双顶，徐江峰. 计算机网络构建与管理 [M]. 北京：高等教育出版社，2008. 2.

图书在版编目（CIP）数据

中小企业网络运营与维护教程/施吉鸣主编．—北京：中国人民大学出版社，2012
全国高等院校计算机职业技能应用规划教材
ISBN 978-7-300-16457-1

Ⅰ.①中… Ⅱ.①施… Ⅲ.①中小企业-计算机网络管理-高等职业教育-教材 Ⅳ.①TP393.187

中国版本图书馆 CIP 数据核字（2012）第 244311 号

全国高等院校计算机职业技能应用规划教材
中小企业网络运营与维护教程
主　编　施吉鸣
副主编　张选波　陈俞强

出版发行　中国人民大学出版社
社　　址　北京中关村大街 31 号　　**邮政编码**　100080
电　　话　010－62511242（总编室）　010－62511398（质管部）
　　　　　010－82501766（邮购部）　010－62514148（门市部）
　　　　　010－62515195（发行公司）　010－62515275（盗版举报）
网　　址　http://www.crup.com.cn
　　　　　http://www.ttrnet.com(人大教研网)
经　　销　新华书店
印　　刷　三河市汇鑫印务有限公司
规　　格　185 mm×260 mm　16 开本　　**版　　次**　2012 年 11 月第 1 版
印　　张　13.5　　**印　　次**　2012 年 11 月第 1 次印刷
字　　数　321 000　　**定　　价**　26.00 元
